Publié avec le soutien de l'université de La Rochelle

En couverture : ms. fr. 100, f° 107, *Lamorat de Galles sauvé par les pêcheurs* (© BnF).

ANNALES

DE

BRETAGNE

ET DES

PAYS DE L'OUEST

ANJOU · MAINE · POITOU-CHARENTE · TOURAINE

2013

Tome 120

Numéro 2


# Face aux risques maritimes

## La pluriactivité et la mutualisation comme stratégies individuelles et collectives (XIII^e^-XVIII^e^ siècle)


Textes réunis par Mathias TRANCHANT



PRESSES UNIVERSITAIRES DE RENNES

UNIVERSITÉ DE HAUTE-BRETAGNE – RENNES 2

CAMPUS DE LA HARPE

2, RUE DU DOYEN-DENIS-LEROY

35044 RENNES CEDEX

Traductions anglaises et relecture :
Malcolm WALSBY

Cette publication est issue d'un encodage en TEI (*http://www.tei-c.org/index.xml*), réalisé avec des outils Apsed (*apsed.fr@orange.fr*).

***www.pur-editions.fr***
***http://abpo.revues.org***

Annie ANTOINE
Secrétaire de l'Association
pour la publication des *ABPO*

ISBN : 978-2-7535-2838-3 (édition papier)
978-2-7535-2842-0 (édition numérique – e-pub)
978-2-7535-2843-7 (édition numérique – pdf)

ISSN : 0399-0826

Commission paritaire : 08122


Dépôt légal : juin 2013

# Sommaire

## Seconde partie

### LES ATOUTS DE LA MUTUALISATION : ASSUMER À PLUSIEURS DES RISQUES PARTAGÉS

*The advantages of mutualisation: taking on shared risk together*

# Introduction

## Pluriactivité et mutualisation des risques maritimes par les sociétés littorales : problématique et éléments de définition

Mathias TRANCHANT
UMR 7266 LIENSs, Université de La Rochelle

Entre 2006 et 2011, un groupe d'une vingtaine de chercheurs français et étrangers, médiévistes et modernistes, spécialistes des sociétés littorales, a entrepris de collaborer dans le cadre d'un programme scientifique consacré à la culture du risque propre aux populations usagères de la mer. Ce dernier, financé en très grande partie par le Contrat de Projet État-Région 2007-2013, prévoyait l'exploration de la question selon une série de séminaires thématiques organisés dans les universités de la Rochelle et de Nantes. Après avoir posé les termes de la problématique à partir de l'étude de la sécurisation des accès portuaires[1], les participants se penchèrent successivement sur les questions de l'extranéité, de la pluriactivité, de la mutualisation des risques et enfin sur celle des réglementations publiques. Après avoir consacré leur tome 117 aux risques inhérents aux échanges avec les étrangers, les *Annales de Bretagne et des Pays de l'Ouest* nous permettent de rendre compte d'un autre volet de ces recherches[2]. Nous réunissons ici les travaux qui furent présentés à l'occasion de deux journées d'étude. La première s'est tenue le 12 octobre 2007; elle s'intitulait « La pluriactivité : forme de gestion des risques économiques chez les sociétés littorales en Europe atlantique (XI^e^-XVI^e^ siècles) ? ». La seconde a eu lieu le 16 octobre 2009; elle abordait « La mutualisation des risques inhérents aux activités maritimes : le rôle des réseaux, des associations professionnelles et des gouvernements urbains ».

---

1. *Risque, sécurité et sécurisation maritimes depuis le Moyen Âge*, TRANCHANT, Mathias et POUSSOU, Jean-Pierre (dir.), *Revue d'Histoire Maritime*, n° 9, Paris, PUPS, 2008.

2. *Au risque de l'étranger : le protéger et s'en protéger dans les sociétés littorales de l'Europe atlantique au Moyen Âge et à l'époque moderne*, TRANCHANT, Mathias (dir.), *Annales de Bretagne et des pays de l'Ouest,* tome 117, 2010.

Au contraire de leurs collègues géographes ou sociologues par exemple, les historiens ne sont pas encore – loin s'en faut – familiers du concept de risque. En dépit de plusieurs publications individuelles et collectives produites au cours des vingt dernières années et qui ont fait la démonstration de la forte valeur historique de cette thématique, le retard pris reste encore loin d'être comblé[3]. Le constat est particulièrement sensible pour la période médiévale dont on a pu penser que cette question lui était étrangère, en raison des explications religieuses qui entouraient alors les catastrophes. Or il a été démontré que la notion de risque et le terme qui la désigne sont nés en Europe occidentale à la fin du Moyen Âge, spécialement au sein des milieux intéressés au commerce maritime. Son étude s'est construite à partir d'une conception fonctionnelle, aujourd'hui admise par tous. Selon cette dernière, chaque risque peut être appréhendé à partir des différents facteurs qui le composent et déterminent sa dynamique, dans l'espace et dans le temps. Il repose sur l'existence d'un aléa, c'est-à-dire d'un phénomène naturel ou anthropique produisant un danger, dont il faut décrire et quantifier le fonctionnement, l'occurrence et l'intensité. Cet aléa est susceptible d'affecter un élément à risque – autrement dit, un ou plusieurs individus et tout ce qui est attaché à leur existence – dont on apprécie la vulnérabilité (fragilité) et la résilience (capacité du ou des individus à absorber et supporter l'impact de l'aléa et à se réorganiser pour retrouver un état d'équilibre) afin de mettre en évidence la menace auquel il est soumis. En conséquence, le risque est un concept qui s'analyse comme une succession chronologique de faits. Celle-ci commence par l'expérience, la détection ou le souvenir d'un évènement initial dangereux subi par les hommes (une atteinte, une blessure, une destruction, voire un anéantissement) qu'ils produisent ou qu'ils s'approprient; elle se poursuit par la représentation, l'anticipation et l'appréhension d'une réplique de l'évènement initial ou de son dérivé. Voilà bien un objet pleinement historique.

L'étude des risques auxquels étaient soumises les populations littorales suppose donc la prise en compte de l'ensemble des ingrédients qui les composent. Parmi les vulnérabilités exposées aux dangers maritimes, les économies étaient naturellement en première ligne. L'objectif des travaux que nous présentons ici est de les appréhender dans leur globalité. Au Moyen Âge, elles relevaient principalement de deux secteurs d'activité : le secteur primaire, au travers de la production de sel, de la pêche et des cultures littorales de céréales et de la vigne; le secteur tertiaire, celui du commerce maritime, auquel sont rattachées les opérations de prêt, de négoce et de transport. Il faut y ajouter la construction navale sans laquelle ces deux ensembles d'activités n'auraient pas connu la croissance qui les caractérise

3. Pour une synthèse historiographique de la question : TRANCHANT, Mathias, « La "culture" du risque chez les populations usagères des mers et littoraux du Ponant (XI^e^-XVI^e^ siècles) : première approche d'une histoire à construire », dans : *Risque, sécurité et sécurisation maritimes…*, *op. cit.*, p. 9-45. Une nouvelle publication collective est venue récemment alimenter la réflexion : *Pour une histoire du risque. Québec, France, Belgique*, NIGET, David, et PETITCLERC, Martin (dir.), Rennes, PUR, 2012.

au cours de cette période. Intrinsèquement, ces pratiques étaient soumises aux aléas naturels du climat et de ses manifestations extrêmes : tempêtes, submersions, intempéries, sécheresses printanières et estivales. Les circonstances politiques n'étaient pas moins dangereuses. Chaque tension – et il y en eu beaucoup à cette époque – pouvait à tout moment sombrer dans l'affrontement militaire, avec pour conséquences les interdictions de commercer et le développement de la course et des razzias. L'instabilité économique elle-même pesait de tout son poids sur la production et les échanges. Le rapport entre l'offre et la demande pouvait varier de façon brutale et sensible, modifiant dans la foulée les prix des marchandises, du transport et de la monnaie et laissant la spéculation s'emparer des marchés. Et puis, au gré des besoins du pouvoir en argent frais, le contexte fiscal était susceptible d'être modifié, parfois dans des proportions insupportables. Face à ces périls potentiels, les activités de production et d'échange étaient d'autant plus exposées qu'elles n'étaient appuyées que par des moyens technologiques médiocres et fragiles. Afin de lutter contre ces risques, les populations usagères de la mer s'efforcèrent d'augmenter la résilience de leurs économies. Pour résumer les mécanismes des stratégies qu'elles mirent en oeuvre, disons qu'elles s'évertuèrent à fractionner autant que possible les menaces dont elles souffraient pour les répartir sur plusieurs agents. Dans le cas de la pluriactivité, il s'agissait de ne pas dépendre d'une seule source de subsistance. En exerçant simultanément ou saisonnièrement plusieurs activités, un même individu était non seulement en mesure de compléter ses revenus mais aussi de moins souffrir des crises qui pouvaient affecter l'une d'entre-elle. Dans le cadre d'une même entreprise de production, de transport ou de négoce, la solution pouvait consister à mutualiser le risque entre ses acteurs. Dans ce cas, les pertes éventuelles étaient réparties sur la communauté, ce qui limitait la probabilité de faillite et laissait espérer un regain ultérieur. Ce sont ces deux types de réponse, assez caractéristiques des sociétés de l'époque, qui fondent les travaux présentés dans ce numéro.

La pluriactivité est une notion empirique qui n'a été mise en évidence qu'assez récemment. Depuis une vingtaine d'années, des économistes, des géographes, des juristes, des sociologues et les ethnologues en ont fait un thème de recherche à part entière. En toile de fond de leur réflexion se trouve la crise du travail dont souffrent nos pays depuis le milieu des années 1970. Constatant que le plein emploi, au sens traditionnel, avait disparu du fait des gains considérables de productivité réalisés au cours du XX^e^ siècle, certains ont proposé l'idée de l'émergence d'une société de la pluriactivité, corrélative au passage d'une société industrielle à une société de services. Dans ces nouvelles circonstances, l'individu ne pourrait plus être considéré comme un simple producteur. L'emploi salarié ne serait désormais qu'une activité parmi d'autres, qu'elles soient rémunératrices ou non[4].

---

4. GAULLIER, Xavier, « Pluriactivité à tout âge », *Esprit*, n° 12, déc. 1995, p. 9-31.

Le traitement historique de cette question est en revanche resté plus en retrait. Comme nous le rappelle Lise Casaux, « l'histoire de la pluriactivité est intimement liée à celle du monde rural[5] ». Ronald Hubsher la considère comme « une donnée permanente et structurelle des campagnes ». Aussi, ce sont les ruralistes qui ont jusqu'ici ouvert la voie. Dans une récente communication, Annie Antoine et Martine Cocaud ont dressé le parcours historiographique de ce thème[6]. D'abord, en 1981, l'Association des ruralistes français organisa un colloque sur le thème de « La pluriactivité dans les familles agricoles[7] ». Une seconde réunion scientifique donna lieu à la publication en 1988, sous la direction de Gilbert Garrier et Ronald Hubscher, d'un ouvrage intitulé « Entre faucilles et marteaux : pluriactivité et stratégies paysannes[8] ». Ces deux initiatives sont à la base des recherches ultérieures. Elles ont permis de comprendre globalement le phénomène, dressant à la fois une première typologie et une analyse périodique de la pluriactivité rurale. Forts de ces travaux fondateurs, Gérard Le Bouëdec, François Ploux, Christophe Cérino et Aliette Geistdoerfer envisagèrent en 2002 de déplacer le terrain des recherches sur les sociétés littorales, en organisant un colloque à l'université de Bretagne Sud-Lorient[9]. Les communicants y ont donné libre cours à leurs positions à la fois économiques, politiques, sociales et culturelles. Enfin, tout dernièrement, Jean-François Boudy s'est essayé à une histoire de la pluriactivité dont il analyse en réalité les phénomènes et les empreintes sur la société contemporaine[10].

Ce rapide tour d'horizon historiographique nous conduit à faire deux constats : les recherches n'ont concerné pour le moment qu'une période couvrant les XVIIIe-XXe siècles, et elles ont été, pour l'essentiel, tournées vers le monde des campagnes. Pourtant, le champ d'investigation scientifique est à l'évidence potentiellement beaucoup plus large. Pensons qu'au Moyen Âge les familles paysannes étaient soumises à une obligation d'autosuffisance. Pour cette raison, elles avaient pris l'habitude d'exécuter, en dehors du travail des champs, de multiples tâches grâce auxquelles elles répondaient à leurs propres besoins et, le cas échéant, dégageaient des sources

5. CASAUX, Lise, *La pluriactivité, ou l'exercice par une même personne physique de plusieurs activités professionnelles*, Paris, LGDJ, 1993 (coll. « Bibliothèque de droit privé », t. 231), p. 25. Voir aussi : BENOIT, Aude et GERBAUX, Françoise, *La pluriactivité : pratiques sociales et réponses juridiques*, Grenoble, IEP-CERAT, 1998.

6. ANTOINE, Annie et COCAUD, Martine, « La pluriactivité dans les sociétés rurales. Approche historiographique », dans *Entre terre et mer. Sociétés littorales et pluriactivités (XVe-XXe siècle)*, Actes du colloque tenu à l'Université Bretagne-Sud de Lorient les 17, 18 et 19 octobre 2002, Rennes, PUR, 2004, p. 13-33.

7. *La pluriactivité dans les familles agricoles*, Actes du colloque de l'Association des ruralistes français tenu à l'Isle-d'Abeau les 19 et 20 novembre 1981, Paris, ARF Éditions, 1984.

8. *Entre faucilles et marteaux : pluriactivité et stratégies paysannes*, GARRIER, Gilbert et HUBSCHER, Ronald (dir.), Lyon, Presses universitaires de Lyon, 1988.

9. *Entre terre et mer…, op. cit.*

10. BOUDY, Jean-François, *Histoire de la pluriactivité. Du polisseur de pierres au webmaster*, Paris, L'Harmattan, 2013.

complémentaires de revenus. On repère par exemple chez les populations littorales que, durant les périodes creuses dévolues à l'agriculture, certains louaient leurs bras et leurs services tandis que d'autres se muaient en petits marchands ambulants. C'est d'ailleurs une réalité qui distingue la pluriactivité de la simple diversification : elle n'existe qu'à partir du moment où l'individu exerce au moins une activité qui sort du périmètre habituel de son spectre professionnel. Concevant la pluriactivité selon une approche déterministe, comme une nécessité évidente à la subsistance des communautés anciennes aux faibles moyens technologiques et financiers, les médiévistes ont délaissé ce sujet en tant que tel. Il ne figure pour cette raison que de façon sous-jacente dans nombre d'études sur l'économie et les sociétés rurales, sans être réellement mis en lumière. Quant au périmètre social dans lequel se jouaient les différents modes pluriactifs, il est évident qu'il ne concerna pas seulement les milieux ruraux. En réalité, partout où le salariat ne s'était pas encore imposé, c'est-à-dire dans la grande majorité des secteurs économiques, le recours à plusieurs sources de revenus était envisagé. La saisonnalité de beaucoup des activités pratiquées par les sociétés littorales, qu'il s'agisse de la saliculture, de la pêche, du transport maritime voire du commerce, invitait leurs acteurs à sortir du champ de leur principale occupation pour aller chercher ailleurs de quoi sécuriser leur existence. Évidemment, nous ne proposons pas ici de dresser un tableau de tous les processus ni de toutes les formes conduisant à l'exercice par une même personne de plusieurs travaux. Les auteurs envisagent plutôt de comprendre le rôle tenu par la pluriactivité dans la résolution spécifique des risques qui pesaient alors sur les économies des populations usagères de la mer et des littoraux.

Pour cela il convient aussi d'examiner la sémantique d'un terme qui, de toute évidence, n'avait pas d'équivalent dans les langues médiévales. Remarquons tout d'abord que le mot pluriactivité ne désigne pas un concept, mais une réalité concrète, polymorphe et mouvante. C'est ce qui motive le renoncement de Jean-François Boudy à le définir[11]. D'autre part, il ne figure pas dans les dictionnaires classiques de langue française mais dans des ouvrages et des sites spécialisés traitant des conditions juridiques de son exercice. Ces deux constats ne signifient pas qu'il s'agit là d'une pratique nouvelle, mais qu'elle mérite, dans le contexte des normes actuelles qui régissent le travail, d'être aujourd'hui plus précisément identifiée et encadrée. La définition proposée par Lise Casaux dans l'encyclopédie Dalloz en donne des contours suffisamment larges pour qu'elle soit retenue comme base de réflexion : elle « vise simplement l'exercice simultané ou successif par une même personne physique de plusieurs activités professionnelles ». Mentionnant toutefois, comme le font les ruralistes, qu'elle peut s'appliquer à une seule personne comme à un groupe familial. Sur son site internet, le Centre de ressources interrégional alpin sur la pluriactivité et la saisonnalité ajoute une donnée importante : « La pluriactivité, c'est un

11. *Ibidem*, p. 7-8.

moyen de compléter des revenus professionnels insuffisants, et de réduire les risques liés à la perte d'un emploi, en continuant d'exercer ses autres activités professionnelles[12]. » Certes, d'autres stratégies comme l'ascension sociale ou la recherche d'indépendance peuvent également expliquer ce choix. Mais il semble bien que la recherche de sécurité économique ait, de tout temps, déterminé chez les individus ou les cellules familiales l'élargissement de leurs activités de subsistance.

En l'espèce, la pluriactivité était un moyen de lutter contre certains aléas et d'augmenter la résilience des économies littorales. Elle pouvait être pratiquée de façon horizontale : un saunier louait ses bras pour réaliser des opérations de manutention, un marin participait aux travaux d'un chantier naval, un paysan viticulteur se livrait à un petit commerce de proximité. En diversifiant leurs ressources, ces individus ne faisaient pas que trouver un complément de subsistance : ils diluaient les risques d'accident économique qui pesaient sur leur activité principale. La pluriactivité pouvait également être pratiquée de façon verticale : le maître d'un navire pouvait en être aussi l'armateur, l'affréteur et le marchand, un négociant de vin pouvait détenir les vignes et les pressoirs qui le produisaient. Dans ces cas, la pluriactivité autorisait le contrôle d'une filière ce qui réduisait d'autant les risques dus à la concurrence. Toutefois, la pluriactivité ne fut pas toujours recherchée. La mono-agriculture était, par exemple, courante chez certaines communautés d'entre Loire et Gironde. L'éventail des formes d'assurance inventées durant la fin du Moyen Âge proposait une autre gamme de solutions. D'ailleurs, prenant le risque de concentrer leurs moyens humains, techniques et financiers dans un seul domaine d'activité, certains acteurs de l'économie maritime n'ont-ils pas contribué à forger l'esprit d'entreprise et le capitalisme des expansions modernes ?

C'est un des intérêts majeurs de ce sujet que de nous aider à mettre en évidence des processus de protection mais aussi des facteurs de croissance ou d'entrave économique propres aux sociétés littorales. La pluriactivité y était en général défensive, surtout lorsqu'elle répartissait le risque de crise sur des secteurs disjoints. C'était le cas par exemple du personnel naval qui avait l'habitude de s'affairer dans les champs de vigne au moment des labours ou des vendanges. En Saintonge, encore au XVIII$^{e}$ siècle, cette forme d'organisation du travail constituait même une sorte de modèle social. Elle offrait aussi la possibilité de diluer les risques commerciaux en favorisant la répartition ou la rotation des investissements. La pluriactivité pouvait cependant, comme pour le « producteur-marchand », relever d'une stratégie offensive quand l'objectif projeté consistait pour un même individu à cumuler des « métiers » de façon verticale afin de maîtriser une partie du marché sur lequel il était établi. Le maître propriétaire d'un navire, qui en plus d'être pêcheur se muait en affréteur ou en négociant, augmentait ses chances de rentabiliser son embarcation et pouvait espérer disposer de capitaux suffisants pour se livrer plus tard à un nouvel investissement. Il

12. [*http://www.pluriactivite.org/spip.php?rubrique47*], consulté le 14 mai 2013.

ne sécurisait donc pas seulement son entreprise, il lui offrait une chance supplémentaire de croître. Il est aussi à remarquer que, potentiellement, la pluriactivité liait davantage les « métiers » les uns aux autres, atténuait leur cloisonnement, imbriquait entre eux les secteurs d'activité. Celui qui les exerçait, grâce à la parfaite connaissance qu'il en avait, devenait un opérateur plus réactif. C'était la position qu'occupaient les « hôtes-vendeurs » de Dieppe et qui leur permit souvent d'atteindre une place remarquable au sein de la bourgeoisie urbaine. Mais ce modèle d'organisation avait aussi ses limites, un seul individu n'étant pas en mesure de réaliser à lui seul toutes les tâches nécessaires à des initiatives plus ambitieuses. Voir plus grand, entreprendre la production d'une denrée ou son commerce à plus large échelle, c'était nécessairement accepter de spécialiser le travail et de concentrer les capitaux. En cela, la pluriactivité médiévale et moderne tranche avec le capitalisme contemporain.

L'autre forme de résolution des risques afférents aux économies maritimes et littorales procédait de leur mutualisation entre plusieurs acteurs. Sa forme la plus simple, qui était aussi la plus primitive, consistait en une opération commerciale temporaire, organisée par un chef – un « cap-marchand » – pour le compte d'un groupe de négociants. Ce responsable était aussi, en général, l'initiateur du projet et l'investisseur principal. Son rôle consistait à gérer les intérêts des affréteurs, à s'occuper de trouver le bâtiment ou l'armateur nécessaire à l'expédition des denrées, à se charger de régler pour le compte de la communauté les taxes portuaires ainsi que les frais d'équipage et de transport. L'affaire était intéressante pour celui qui, simultanément, participait à plusieurs opérations de ce type. En répartissant ainsi ses marchandises sur des navires différents, il réduisait d'autant l'impact économique qu'aurait produit un accident de parcours sur les biens qu'il aurait pu charger sur un seul bateau. Cette stratégie est aussi contenue dans une forme associative plus élaborée appelée *parsonnerie*, que Jacques Bernard a longuement décrite à partir du cas bordelais. Elle n'était pas l'outil des affréteurs mais celui des fréteurs, des armateurs[13]. Il s'agissait d'une association financière grâce à laquelle des investisseurs acquéraient et équipaient un navire pour le transport commercial. Le contrat classique unissait trois ou quatre parsonniers, mais parfois bien davantage. Il prévoyait le partage des frais et des bénéfices entre les propriétaires du bâtiment, au prorata de la somme qu'ils avaient engagée. Par ce moyen, des marchands au petit capital pouvaient acquérir un bateau, ce qu'ils n'auraient pas pu espérer faire seuls. Quant aux entrepreneurs aux capacités financières plus importantes, ils pouvaient, en fractionnant leurs investissements dans plusieurs unités, réduire les risques de perte si d'aventure un écumeur, une tempête ou une mauvaise manœuvre venait à emporter l'une d'elles. C'est par ce moyen, en diluant le coût des dommages potentiels, que la flotte bretonne put construire son ascension

13. Bernard, Jacques, *Navires et gens de mer à Bordeaux (vers 1400-vers 1550)*, Paris, SEVPEN, 1968, t. 2, p. 527-588.

durant la seconde moitié du XVe siècle. Pour concurrencer les grands bâtiments castillans, anglais ou allemands de plus de 100 tonneaux, détenus par de puissants armateurs spécialisés depuis des décennies dans le transport maritime entre les principaux ports internationaux, les Bretons offraient les services de leurs carvelles. Propriétés d'une multitude de parsonniers, ces unités certes modestes étaient aussi très nombreuses et leurs navigations étaient plus souples et plus réactives, ce qui leur permit de se hisser au rang des flottes rivales. De surcroît, en expédiant son vin dans plusieurs bateaux bretons, aux côtés d'autres marchandises comme des céréales ou du bois, un négociant rochelais ou bordelais réduisait les risques que la navigation, toujours dangereuse, faisait peser sur son capital : le naufrage de l'un d'entre eux ne grevait pas l'ensemble de son expédition ; et ses tonneaux, chargés parmi des marchandises de moindre valeur, attiraient moins la convoitise des pirates et des pillards. Les marchands hollandais qui au XVIe siècle mêlaient dans leurs cargaisons des marchandises précieuses à des denrées de faible valeur se livraient à un calcul similaire.

Enfin, à une échelle supérieure, la création de sociétés de gens de mer, de compagnies d'armateurs, de guildes de marchands, de communautés urbaines, d'associations de villes, procédait partout dans les grands ports du Ponant de la même volonté d'éviter la banqueroute. Au nombre des exemples les plus connus citons la *Societas navium* fondée entre 1204 et 1213 par les Bayonnais, la *Companha das naus* portugaise, la *Hermandad de la Marina* de Castille, la Hanse germanique. Selon des modalités propres à chaque organisation, on cherchait à réduire les risques pris par les individus en les rassemblant et en les répartissant sur l'ensemble du groupe. L'entraide et l'assistance fondaient la relation entre les membres. Et des caisses à l'allure mutualiste, alimentées par des taxes ou des cotisations, permettaient aux naufragés ou aux victimes de larrons de ne pas tout perdre et de retrouver autant que possible leurs capacités initiales.

Voilà en quelques mots le tableau général dans lequel s'inscrivent les différents travaux qui suivent[14]. Comme toujours, ils n'épuiseront pas le sujet parce que les situations sont extrêmement riches et complexes, selon les lieux et les époques, selon les activités concernées et selon l'armature institutionnelle qui encadrait les producteurs et les marchands. Ces études ont toutefois, entre autres mérites, celui de mettre en évidence une dynamique encore largement inexplorée de l'évolution économique et sociale européenne. Et qu'il nous soit permis d'ajouter combien elles traduisent le caractère singulier des sociétés littorales, dont les inlassables défis adressés à l'océan depuis le Moyen Âge ont forgé l'esprit, les conceptions et les outils des aventures modernes.

14. Le travail de relecture et de traduction des différents articles a été réalisé avec l'aimable concours de Michel Bochaca et de Jean-Pierre Poussou.

Première partie

# *De la pluralité des activités à la pluriactivité : la diversification pour obvier les risques*

# La pluriactivité dans le port de Dieppe : hôtes-vendeurs et guerre de course à la fin du Moyen Âge

Philippe LARDIN
EA 3831 GRHIS – Université de Rouen

Dans les ports normands, la pêche était une activité fondamentale qui apportait une relative aisance aux habitants et des revenus importants aux seigneurs. À Dieppe, les taxes qui pesaient sur la pêche fournissaient ainsi à l'archevêque de Rouen, seigneur de la ville, une part considérable de ses revenus. Pourtant, cette activité reposait essentiellement sur la prise des harengs qui ne durait que cinq à six semaines par an et constituait ce qu'on appelait la « harengaison ». Pendant le reste de l'année, l'activité des pêcheurs et de ceux qui écoulaient leur production se réduisait considérablement même si d'autres espèces de poisson pouvaient encore être pêchées beaucoup plus loin au large. Ceux qui vivaient de la pêche aux harengs devaient donc trouver d'autres activités, à l'instar de ceux qui écoulaient les produits de la pêche et qui s'adonnaient à d'autres activités commerciales ou politiques.

Les pêcheurs, eux, ne pouvaient guère que continuer à aller en mer, en changeant de proie, c'est-à-dire en pratiquant « la guerre de course » qui les amenait à attaquer les bateaux marchands ou pêcheurs qui passaient au large de Dieppe et à ramener leurs prises dans le port où ils devaient payer des droits d'entrée à l'archevêque qui prenait donc, lui aussi, sa part sur cette activité guerrière généralement illégale. Les comptabilités de la seigneurie archiépiscopale, les registres de tabellionage qui nous sont parvenus, même s'ils sont incomplets, nous permettent de décrire partiellement cette pluriactivité pratiquée par les principaux acteurs de la vie économique et sociale du port.

## Le système des hôtes

Lorsqu'ils rentraient au port, les pêcheurs devaient payer à l'archevêché des droits d'entrée appelés « coutumes » qui représentaient l'essentiel des recettes de la seigneurie. Un bateau qui apportait moins de 4450 harengs devait laisser le dixième de la valeur de sa pêche[1]. S'il en rapportait davantage, il devait la valeur d'un millier de harengs à la meilleure vente, c'est-à-dire au meilleur prix à la date du déchargement. Cette législation locale ne s'appliquait pas à tous les pêcheurs puisque de nombreuses exemptions avaient été accordées aux occupants de ce qu'on appelait les francs fiefs dès lors « que l'entrée dudit franc-fief, le feu et le lit [étaient] sur le lieu franc[2] ». En principe, les pêcheurs qui habitaient ces francs-fiefs auraient donc dû pouvoir décharger leur cargaison sans avoir à payer de coutume mais ce n'était pourtant pas ainsi que les choses se passaient.

En effet, si les pêcheurs avaient dû se rendre à l'hôtel de la Vicomté pour y obtenir les « congés », autrement dit les autorisations de déchargement, en faisant valoir leurs franchises, ils auraient perdu beaucoup de temps du fait que les navires arrivaient presque tous en même temps et que l'attente aurait été assez longue parce que les clercs étaient plutôt lents à rédiger les documents, ce qui provoquait parfois un décalage de plusieurs jours entre la livraison du poisson et son enregistrement par les responsables locaux. Or, dans le même temps, les marins devaient surveiller le déchargement et le décompte de leurs prises, « le hareng de chaque vaisseau [étant] jeté par milliers et parti en cent ou deux cents parties », tout en préparant la marée suivante, c'est-à-dire avant tout l'avitaillement du bateau.

C'est pourquoi les pêcheurs avaient été amenés depuis très longtemps à faire appel à des intermédiaires que les textes appellent des hôtes[3]. Cette institution n'était pas propre à la ville de Dieppe et se retrouvait dans de nombreux autres ports, notamment à Boulogne-sur-Mer et à Fécamp[4]. Le terme avait, comme aujourd'hui, un double sens. Il désignait d'abord ceux que le *Coutumier* de la ville appelle les « hôtes-vendant » ou les « hôtes-vendeurs » qui se chargeaient des formalités administratives à la place des pêcheurs qui, dès lors, devenaient eux-mêmes leurs « hôtes », puisqu'ils étaient en leur « hostage ». Ces bourgeois allaient théoriquement chercher les autorisations de déchargement sans distinguer sur le moment les

1. Une queue contenait en principe 4450 poissons (Arch. dép. de Seine-Maritime, G 499, f° 22).

2. Arch. dép. de Seine-Maritime, G 908.

3. Mollat, Michel, « Les hôtes et les courtiers dans les ports normands à la fin du Moyen Âge », *Revue historique de droit français et étranger*, 4e série, t. XXIV, Paris, 1946-47, p. 49-67; repris dans *Études d'histoire maritime*, Turin, 1977.

4. Ernest Deseille y voit une « *sorte de corporation entre hôtes bourgeois et hôtes mariniers* » (*Étude sur les origines de la pêche à Boulogne-sur-mer (932-1550)*, Boulogne-sur-Mer, impr. de C. Aigre, 1874, p. 19-20). On retrouvait aussi des hôtes à Saint-Valery-en-Caux. Hellot, Amédée, *Les Travaux des ports de pêche pendant le Moyen Âge au Pays de Caux*, Paris, E. Dumont, 1891, p. 20 et p. 28. Morinière, Noël de la, *Histoire générale des pêches*, Paris, Imprimerie Royale, 1815, pièce n° 80. Les hôtes existaient aussi à Bayonne dès le xiie siècle (Balasque, Jules, *Études historiques sur la ville de Bayonne*, 3 vol., Bayonne, E. Lasserre, 1862-1875, p. 140).

poissons francs des autres[5]. En réalité, le passage devant la recette de la Vicomté n'était pas toujours réellement fait par l'hôte-vendeur car les plus puissants d'entre eux avaient engagé des clercs qui se déplaçaient à leur place et surtout tenaient leurs comptes[6]. Les hôtes-vendeurs fournissaient aussi aux pêcheurs qui dépendaient d'eux l'« estorement » des navires, c'est-à-dire le ravitaillement en nourriture, en boisson et en matériel de pêche qui leur était nécessaire pour pouvoir repartir aussi vite que possible. Pendant qu'ils étaient à terre, les marins pouvaient également leur demander de leur avancer de la nourriture ou de la boisson, les comptes étant apurés à la fin de la campagne de pêche. En 1429, par exemple, le marin Laurençon Clémence qui était entré dans une maison de prostitution, uniquement pour y prendre un repas, disait-il, avait demandé à son compagnon d'aller avec deux pots vides en l'hôtel de Colin de Greiges, son hôte-vendeur, pour y quérir deux pots de cervoise qu'ils boiraient en mangeant. Cette fourniture n'avait pas posé de problème puisque le marin était revenu presque immédiatement avec la cervoise sans rien payer sur le moment puisque les comptes seraient apurés à la fin de la harengaison[7].

Les hôtes pouvaient aussi garder les biens de certains particuliers. En 1414, ce même Colin de Greiges avait, par exemple, accepté de placer chez lui un coffre ferré recouvert de cuir contenant cent vingt-neuf écus et des biens estimés à deux mille francs, appartenant à un certain Colard de Calleville dont on ignore s'il participait à la harengaison[8]. Les hôtes-vendeurs se chargeaient enfin d'écouler les poissons pêchés par ceux qu'ils représentaient. Cela concernait avant tout les harengs mais éventuellement tous les autres poissons. En novembre 1426, c'est Jean Loutrel qui avait vendu à l'archevêque un marsouin pris dans les filets d'un de ses hôtes lors de la harengaison et, en mai suivant, Jean Doublet avait, quant à lui, vendu une oie de mer prise par un autre pêcheur[9].

Certains hôtes-vendeurs, tels Baudouin Eude et Jean Loutrel, étaient propriétaires de bateaux de pêche, parfois en association avec les pêcheurs eux-mêmes et ils recevaient ainsi tout ou partie de la cargaison dont ils faisaient la déclaration devant la Vicomté[10]. Enfin, les hôtes-vendeurs, comme leur nom l'indique, se chargeaient aussi de l'écoulement des poissons livrés par les pêcheurs qui dépendaient d'eux. Ils se comportaient donc un peu comme des mareyeurs achetant et revendant les poissons amenés sur les

---

5. Certaines années, le paiement des droits d'entrée était reporté à la fin de la campagne. En 1377, le sergent royal qui agissait au nom du chapitre de la cathédrale de Rouen prit en sa main les sommes que huit hôtes conservaient par-devers eux au titre de la harengaison (Arch. dép. de Seine-Maritime, G 3705, cote 49).

6. En 1414-1415, Jeannin Labbé était le clerc d'Étienne Vasselin et il négocia notamment les droits que devrait payer un certain Tassart Houel pour faire sortir du port des harengs et d'autres denrées (*Ibid.*, G 500, f° 8).

7. Arch. nat., JJ 174, n° 281, f° 124 v°.

8. Arch. nat., X1ᵃ/60, f° 423, 22 décembre 1414.

9. Arch. dép. de Seine-Maritime, G 502, f° 53 v°.

10. Arch. dép. de Seine-Maritime, G 504, f° 5.

quais de Dieppe, et il est probable que c'est de cette activité qu'ils tiraient la plus grande part de leurs revenus. C'étaient d'ailleurs les mêmes hommes qui dominaient la harengaison et qui faisaient enregistrer les arrivées de harengs de « saffare » et de maquereaux pêchés assez loin au large ainsi que les importations et exportations de poissons ou d'autres marchandises, par l'intermédiaire de marchands, à destination de la Flandre ou de l'Angleterre[11].

L'activité des hôtes était donc théoriquement fondée sur la confiance et l'honnêteté. C'est pourquoi ils devaient prêter serment de donner la quantité exacte de harengs déchargés par ceux qu'ils représentaient, ainsi que le prix auquel ils avaient été vendus; ils en devenaient de surcroît les représentants légaux. C'est pour cela qu'en décembre 1408, Naudin Eude se chargea de l'amende qu'aurait dû payer l'un de ses hôtes-pêcheurs qui avait vendu 250 harengs, déjà cédés à une autre personne par son frère Baudouin Eude. Les mêmes poissons ayant été vendus deux fois, c'est Naudin Eude qui paya l'amende et se fit sans doute rembourser par le pêcheur à la fin de la campagne de pêche[12].

Ces bourgeois manipulaient donc, en théorie, les sommes d'argent destinées à payer les « congés » de débarquement et celles qui auraient dû être versées aux pêcheurs pour la vente de leurs poissons. Ils devaient donc disposer de ressources relativement importantes et de fait, plusieurs d'entre eux appartenaient aux familles bourgeoises les plus riches de la ville. De leur côté, les moins puissants étaient amenés à leur emprunter de l'argent en vendant des rentes. En septembre 1407, à la veille de la harengaison, Jean Bouchart l'aîné, dont le père qui portait le même nom venait de mourir, fut amené, pour être en mesure de continuer à exercer cette activité, à vendre au procureur Jean Le Cauchois une rente de 112 livres qu'il dut gager sur les biens de sa femme Alison[13].

## Les activités des hôtes-vendeurs

On le voit, les interventions des hôtes-vendeurs dans les activités de pêche étaient variées mais ils agissaient aussi dans les secteurs les plus divers. L'hôte-vendeur Jean Bouchart, qui n'avait qu'un rôle modeste lors

11. Degryse, R., « Het schip en de zeevisserij te Dieppe in de 15de eeuw (Le navire et la pêche maritime à Dieppe au xv^e^ siècle) », *Académie de Marine de Belgique*, Anvers, 1975, p. 62.

12. Arch. dép. de Seine-Maritime, G 499, fol. 33. Toutefois, en décembre de la même année un des marins, hôte de Bérenger Vasselin, qui avait essayé de vendre sept cents harengs à un habitant de Saint-Saëns sans payer de droit d'acquit fut condamné à 26 deniers d'amende qu'il paya lui-même.

13. Arch. dép. de Seine-Maritime, 2E1/162, f° 58, 2 septembre 1407 et 64 v°, 23 septembre 1407. Comme il avait oublié d'associer sa femme à cette vente, il lui fallut repasser devant le tabellion trois semaines après le premier acte. Il n'est pas certain qu'il y ait eu deux opérations car les deux actes fixent la vente à cent douze livres et demie mais donnent des modes de paiements différents.

de la harengaison, était aussi qualifié de seigneur de l'Écu parce qu'il tenait l'auberge du même nom[14]. Si Jean Bouchart, comme son père, n'était pas un personnage puissant dans la ville et devait souvent emprunter, il n'en allait pas de même pour les autres hôtes-vendeurs qui appartenaient au monde des notables et qui, grâce à leur puissance financière et à leur importance sociale, participaient à toutes sortes d'opérations économiques ou politiques.

Ce fut le cas pour la famille Vasselin qui joua un rôle essentiel à Dieppe au cours des derniers siècles du Moyen Âge, au moins dans le commerce et la distribution des produits de la pêche. Les Vasselin avaient de ce fait une autorité certaine dans la ville, ce qui leur permettait d'intervenir dans les actes officiels. En 1369, Étienne Vasselin fut le témoin d'un mineur à qui il confirma la possession d'une maison. Son cousin Bérenger Vasselin fit la même chose en 1382 pour une maison de la Grande Rue appartenant aux héritiers d'un certain Richard Bénard. Bérenger Vasselin participait à toutes les activités commerciales de la ville, intervenant comme hôte-vendeur, non seulement dans le commerce du hareng mais aussi dans celui du vin, du sel, du fer et des produits divers rassemblés par les receveurs dans le chapitre des denrées mêlées[15]. C'est d'ailleurs pour y entreposer du fer en attendant de le vendre qu'en 1408, Bérenger Vasselin loua aux hommes de l'archevêque une « seulle » dans sa maison de la Grande Rue[16]. Il plaçait aussi son argent en rentes pesant sur plusieurs maisons de la ville[17] et percevait ainsi des revenus complémentaires. Le titre de Maître qui lui fut donné à partir de 1408, et jusqu'à sa mort, par les receveurs prouve qu'il jouait aussi un rôle important dans l'administration municipale.

De même, la famille Loutrel, qui dominait le milieu des hôtes-vendeurs, fut incontestablement une des plus puissantes de la ville[18]. Dès 1360, Guillaume Loutrel avait pris à ferme, avec Martin de Ronchoy, l'imposition sur les cuirs entrant dans la ville. En 1364, son fils Ancel fit partie de la délégation de bourgeois qui ratifia l'autorisation de décharger du blé venant de Flandre accordée aux Rouennais Jacques le Lieur et Ricard Oger, ce qui signifie qu'il devait être conseiller de la ville. En 1376, c'est auprès d'Ancel Loutrel qu'un sergent royal essaya de connaître le montant des revenus de la pêche à Dieppe cette année-là, ce qui montre que la famille dominait déjà l'activité d'hôte-vendeur[19].

---

14. Arch. dép. de Seine-Maritime, G 501, f° 22 v° et 24. Un Jean Bouchart était tavernier à Villejuif en 1446. Peut-être avait-il quitté Dieppe après la prise de la ville par les Français (*Comptes du domaine de la ville de Paris*, éd. Alexandre Vidier, Léon Le Grand et Paul Dupieux, Paris, Imprimerie Nationale, 1948, t. 1, p. 489).

15. Arch. dép. de Seine-Maritime, G 499, f° 17 v°, 23 v°, 25 v°, 28 v° et 33 v°.

16. Bibliothèque nationale de France (BnF), Manuscrits français (fr.) 26022 [1104].

17. Il percevait par exemple quarante sous sur une maison appartenant à Denis Plomme, Arch. dép. de Seine-Maritime, 2E1/172, f° 125 v°, 21 avril 1426.

18. Tieullier, Guillaume, *Le Coustumier de la Vicomté de Dieppe*, éd. E. Coppinger, Dieppe 1884, p. 58-59.

19. Arch. dép. de Seine-Maritime, G 3705, cote 49.

À partir du moment où les impôts royaux devinrent réguliers, la famille se tourna vers cette activité qui ne pouvait pas manquer d'être lucrative. En 1382, Bérenger, le cousin d'Ancel, était receveur des aides, en particulier de l'aide nouvellement ordonnée pour le passage de la mer, dans les vicomtés d'Aumale, de Neufchâtel et de Gournay et dans les comtés d'Eu et de Longueville[20]. Cette aide s'appliquait évidemment à Dieppe et Bérenger Loutrel se chargeait d'envoyer à Paris l'argent que réclamaient les receveurs[21]. Il était en contact régulier avec les élus installés à Rouen et se chargeait des transferts d'argent destinés au roi et au duc de Bourgogne[22]. Il s'était installé à Arques et resta en fonction au moins jusqu'en janvier 1393. À la fin du XIVe siècle, la famille était également représentée par Richard Loutrel, qui profitait lui aussi des impôts royaux et, en 1395, était associé à David Miffant, Jean Carrel et plusieurs autres hôtes-vendeurs pour la ferme de l'aide de douze deniers par livre perçue sur les transactions de harengs et de poissons de mer[23]. En 1417, en tant que conseiller de la ville, il fit partie du groupe de bourgeois qui participa, en présence de Guy Le Bouteiller, à l'éviction du grenetier armagnac Mahieu Le Cat et à son remplacement par le bourguignon Colin de Neufville[24].

En 1408, un autre Loutrel, Motin, également hôte-vendeur notamment pour la harengaison, était associé avec des Espagnols pour le commerce des vins. Depuis 1402, son frère Jean, surnommé Finet ou Finot, qui était lui aussi, et comme ses ancêtres, impliqué dans le commerce du hareng et du maquereau, était, à cette date, le plus important des hôtes représentant des pêcheurs[25]. Il plaçait son argent en rentes, parfois devant les tabellions rouennais, et avait également une activité politique dans la ville. Les deux frères, Motin et Jean, quittèrent la ville lorsque les Français s'en emparèrent en 1435 et Jean Loutrel fut parmi les Dieppois dont le roi Henri VI confirma les privilèges. En juillet 1442, ce même roi lui donna un délai de six mois pour faire la prisée de tous les fiefs et de toutes les terres qu'il était supposé posséder dans les bailliages de Rouen, Alençon et Caen, parce qu'ils se trouvaient dans des zones difficiles d'accès à cause de la guerre[26]. À une date inconnue, il devint receveur du roi dans le diocèse de Lisieux où il resta apparemment en poste jusqu'en 1461[27], ce qui explique qu'il apparaît peu dans le tabellionage rouennais.

D'autres Loutrel étaient restés à Dieppe après 1435. C'était le cas en particulier pour Jeannin, le fils de Richard, qui avait participé en 1425 à la production nouvelle de la bière et à sa commercialisation. Il possédait également des bateaux de pêche et en fit notamment réparer un peu avant

20. BnF, fr. 26021 [902].
21. BnF, fr. 26022 [1035].
22. BnF, Nouvelles acquisitions françaises (NAF) 2320 [91, 92, 93 et 94].
23. BnF, fr 26026 [2107]. Ce qui donna lieu à un procès.
24. BnF, fr 26042 [5232].
25. Arch. dép. de Seine-Maritime, G 498, f° 4 v° et G 499, f° 20.
26. BnF, Pièces originales 1760, dossier 40454, Loutrel [5].
27. BnF, Pièces originales 1760, dossier 40454, Loutrel [4 et 7] et fr. 26073 [5225].

la harengaison de 1425[28]. En 1429, il se retrouva aux côtés de Robert Eude, de Robert de Carcuit et de son cousin Rogerin pour s'opposer aux représentants de l'archevêque à propos des franchises de la harengaison[29]. Lorsque la ville redevint française, il se rallia au nouveau pouvoir et accepta la charge de « sénéchal de Dieppe pour le roi notre sire » jusqu'à sa mort, en 1438[30]. Un autre Loutrel, prénommé Thomas, s'intéressait plutôt aux fermes, notamment à celle de la foire Saint-Jacques qu'il prit en 1426[31]. Il exerçait la fonction de mercier et pouvait se fournir en marchandises assez facilement grâce aux activités marchandes du reste de sa famille

L'autre grande famille dieppoise d'hôtes-vendeurs de la période est celle des Eude. Dès 1347, un certain Baudouin était déjà engagé dans les affaires liées à la pêche et au commerce portuaire. Il possédait, en 1364, au moins une saline dans le bourg voisin de Bouteilles car son activité dans le commerce du poisson l'obligeait à disposer de grandes quantités de sel[32]. Il faisait le commerce de nombreux produits, comme le plâtre qu'il faisait venir de Rouen[33]. Comme Ancel Loutrel, il fit partie, avec son fils Roger, de la commission qui, en novembre 1364, autorisa Jacques Le Lieur et Richard Ogier à décharger dans le port du blé venant de Flandre qui commençait à s'échauffer[34]. En 1407, son petit-fils, Vincent, acheta à un Rouennais une autre maison dans la rue de la poissonnerie, c'est-à-dire proche du lieu où il exerçait son activité principale : il était également hôte-vendeur[35] mais il s'intéressait aussi à la production de cervoise et possédait au moins un moulin à gruau en 1409[36].

À cette date, son cousin, appelé lui aussi Baudouin, exerçait la fonction d'hôte-vendeur comme la plupart des membres de sa famille et il se consacrait également au commerce du poisson et des marchandises passant par le port[37]. En 1395, il faisait notamment le commerce du sel inutilisé pendant la harengaison, qu'il entreposait dans sa maison et pour lequel il devait payer la gabelle[38]. Avec ses compagnons hôtes-vendeurs moins puissants, Jean Bouchart, Raoullin Le Moigne et Vivian Painteur, qui représentaient aussi le marchand de sel Guillaume Le Cauf, il avait pris à ferme l'imposition royale de douze deniers par livre perçue sur les harengs et autres poissons de mer dans la ville de Dieppe. Le fils aîné de Baudouin, prénommé

28. Arch. dép. de Seine-Maritime, G 501, f° 18 v°.
29. Arch. dép. de Seine-Maritime, G 504, f° 35 v°. Tous les trois firent l'objet de l'enquête menée par Jacques Cochon.
30. Arch. dép. de Seine-Maritime, G 505, f° 31 v°. Il touchait 50 livres par an. L'article est rayé et la mention de sa mort est indiquée dans la marge.
31. Arch. dép. de Seine-Maritime, G 502, f° 18.
32. Arch. dép. de Seine-Maritime, G 851, f° LXXI et f° LXXVIII.
33. BnF, fr. 26008 [599]. Le plâtre fut ensuite livré à Arques, en décembre 1368.
34. TIEULLIER, Guillaume, *Le Coustumier de la Vicomté de Dieppe*..., *op. cit.*, p. 59.
35. Arch. dép. de Seine-Maritime, 2E1/162, f° 4 v°, 23 mars 1407. La famille du vendeur, Guillaume Gouel, avait vécu à Dieppe quelques décennies plus tôt.
36. Arch. dép. de Seine-Maritime, G 499, f° 15 v°.
37. Arch. dép. de Seine-Maritime, G 3705, cote 49.
38. BnF, fr. 26026 [2078].

Regnault, fut d'ailleurs anobli par un acte officiel du roi Charles VI daté du 9 mai 1389, ce qui était pour la famille la reconnaissance officielle de sa puissance locale et nationale. Les raisons de cette décision ne sont pas mentionnées dans l'acte royal qui se contente de constater que Regnault Eude et ses descendants pourraient, à l'avenir, jouir des privilèges découlant de leur nouveau statut tout en en assumant les devoirs, en particulier dans le domaine militaire[39].

Au moment de la conquête anglaise de la Normandie, le chef de la famille était un autre Baudouin, qui avait hérité de la noblesse de son grand-père Regnault[40]. Il était en relations étroites avec des marchands de poisson parisiens qui étaient ses correspondants en particulier sur le plan financier. Il achetait aussi des produits de valeur dans les régions du nord de l'Europe. En 1425, c'est lui qui vendit, par exemple, les « bors d'Illande » utilisés pour réparer les portes et fenêtres de l'hôtel de la Vicomté. C'est également lui qui livra une pièce de cent trente-huit livres de plomb en masse qui provenait sans doute d'Angleterre[41]. Michel Mollat a attiré, à juste titre, l'attention sur ce personnage qui fut, avec plusieurs autres membres de sa famille, un des plus fervents partisans des Anglais au cours des années où ceux-ci contrôlèrent la ville[42]. Très tôt, il se rallia aux Bourguignons et fut un proche de Guy Le Bouteiller, d'abord capitaine de la ville avant d'exercer la même fonction à Rouen au moment du siège. Son rôle dans la ville et dans la municipalité l'amena à signer la capitulation de la ville, ce qui lui permit de conserver son titre de noblesse et la totalité de ses biens. Il obtint, peu de temps après, l'office de contrôleur du grenier à sel, ce qui lui permettait d'être sûr d'avoir du sel pour les poissons dont il assurait la commercialisation et surtout d'accroître son pouvoir dans la ville puisqu'il était chargé des montres de la garnison. En 1435, la prise de Dieppe par Charles des Marets et les partisans de Charles VII le mit temporairement en difficulté. Il fut d'abord jeté en prison et ne put sortir qu'en payant une rançon que lui avança le roi d'Angleterre. Il se réfugia à Rouen où des lettres royales lui permirent, comme à Jean Loutrel, de conserver ses privilèges et, en particulier, les franchises dont il jouissait à Dieppe[43]. Il obtint aussi des sauf-conduits pour exporter de la laine vers l'Angleterre[44].

Au moment des trêves de 1444, il était qualifié d'« écuyer, seigneur des terres et héritages qui furent et appartinrent à Jean Bérengault en son vivant prêtre », c'est-à-dire de terres nobles de la région d'Omonville, voisine de Dieppe, dont il avait obtenu le droit de retarder la prisée de six

39. Arch. nat., JJ 135 [236], f° 118.

40. Arch. dép. de Seine-Maritime, 2E1/176, 14 janvier 1433.

41. Arch. dép. de Seine-Maritime, G 501, f° 62 et 65.

42. Mollat, Michel, *Le Commerce maritime normand à la fin du Moyen Âge*, Paris, Plon, 1952, p. 45-46 et surtout p. 479-481.

43. Arch. dép. de Seine-Maritime, 2E1/163, f° 153, 5 février 1414.

44. Bréquigny, Louis Georges de, « Rôles normands et français et autres pièces tirées des archives de Londres par Bréquigny en 1764,1765 et 1766 », publiées par L. Puiseux, *Mémoires de la société des Antiquaires de Normandie*, t. XXIII, 1858, [1340].

mois parce qu'elle était située « en pays où nos adversaires fréquentent souventes fois et, à cause de cela, n'avait pas encore pu faire la juste valeur de ses héritages ». Il craignait, en effet, que les gens des comptes à Rouen ne mettent « empêchement au jouissement de ces terres » notamment, s'il y avait « patronage d'église ou garde de sous-âgé ou présentation de bénéfices[45]. »

Il conserva ses fiefs nobles après la reconquête de la Normandie par Charles VII et rentra presque aussitôt à Dieppe[46]. Il se qualifiait désormais de marchand et redevint hôte-vendeur dès la harengaison de 1450, année où il se classa au cinquième rang pour le total des acquits qu'il paya à la Vicomté. Ses intérêts avaient donc été préservés et il avait retrouvé une partie de ses hôtes parmi les pêcheurs. Peut-être avait-il été remplacé dans ses activités par Ancelot Miffant dont la part dans la harengaison qui avait augmenté en son absence baissa de manière spectaculaire à son retour. Il intervenait d'ailleurs aussi dans le commerce et, en mars 1451, paya des acquits de chargement de cuirs, de draps et de poissons au nom de quatre marchands non dieppois[47]. En outre, en mai 1451, il servit de témoin lorsque Colin Coulombel, originaire de la paroisse Saint-Sauveur de Rouen, devint bourgeois de Dieppe[48]. Ainsi, non seulement son statut de bourgeois n'avait pas été remis en cause par les autorités archiépiscopales, mais son honorabilité était restée intacte dans la ville, à tel point qu'il était qualifié de conseiller par le receveur qui évoquait sans doute une charge qu'il avait assumée au temps de l'occupation anglaise[49]. En 1457, il était qualifié d'écuyer, ce qui prouve que le roi Charles VII lui avait conservé son titre et n'avait pas sanctionné son soutien actif aux Anglais au cours des décennies précédentes. Ses revenus étaient néanmoins inférieurs à ce qu'ils avaient été et, en juin de la même année, il transforma en une rente de 20 livres, la somme de 130 écus d'or qu'il avait empruntée au vicomte d'Arques pour

45. BnF, Pièces originales 1089, dossier 24956, Eudes, [9]. On peut se demander toutefois dans quelle mesure cette demande n'était pas destinée aussi à échapper au « service féodal » qu'il devait pour ces fiefs (Curry, Anne, « Le service féodal en Normandie pendant l'occupation anglaise (1417-1450) », dans *La France anglaise au Moyen Âge*, Actes du 111$^{e}$ congrès national des Sociétés savantes, (Poitiers, 1986), Paris, Éd. du CTHS, t. 1, p. 249).

46. Preuve que ses intérêts à Dieppe avaient été sauvegardés car il était possible de l'accuser de lèse-majesté et de lui confisquer ses biens. Le roi avait toutefois accordé de nombreuses amnisties aux villes normandes (Bossuat, André, « Le rétablissement de la paix sociale sous le règne de Charles VII », *Le Moyen Âge*, t. 70, 1954, p. 160. *Ordonnances des rois de France de la troisième race. Quatorzième volume, contenant les ordonnances depuis la vingt-cinquième année du règne de Charles VII, jusqu'à sa mort en 1461*, éd. Louis George de Bréquigny Paris, Imprimerie royale, 1790, t. XIV, p. 75-78).

47. Arch. dép. de Seine-Maritime, G 511, f° 22 v°. Sa participation aux acquits de maquereaux resta toutefois limitée.

48. Colin Coulombel avait apparemment quitté définitivement Rouen où il vendit tous ses biens quelques semaines plus tard. Arch. dép. de Seine-Maritime, 2E1/185, 20 juillet 1451.

49. Arch. dép. de Seine-Maritime, G 511, f° 13 v°.

rembourser un autre emprunt qu'il avait fait au chapitre cathédral lorsqu'il vivait à Rouen et qu'il n'avait pas pu rembourser à la date prévue[50].

L'évolution de la famille Miffant fut du même type mais son origine était peut-être différente. Les membres de cette famille avaient incontestablement une puissance financière non négligeable qui leur permettait de faire partie du groupe restreint des hôtes-vendeurs. On ignore presque tout de leurs activités et de leurs relations familiales avant le milieu du XIVe siècle, mais il est probable qu'ils participaient déjà au commerce portuaire et à la pêche aux harengs comme les autres notables connus de la ville. Pendant les décennies suivantes, les comptabilités de la seigneurie archiépiscopale montrent que plusieurs membres de cette famille intervinrent effectivement fréquemment dans ces deux secteurs. Ils possédaient des bateaux et participaient aux constructions navales dans la ville. En 1371, Colart Miffant, associé à Bérenger Loutrel, Guillaume Donnevis et Mahieu de Clares, se chargea de faire construire deux barges pour le roi, ce qui devait leur rapporter 2500 florins[51]. Colart Miffant disposait d'ailleurs d'assez d'argent pour faire enterrer sa femme dans l'église Saint-Jacques[52]. En effet la fortune des Miffant était sans doute considérable et avait permis à ses membres de multiplier les achats de biens immobiliers et de rentes mais aussi les avances d'argent. Cette fortune leur permettait également de participer à l'affermage des impôts royaux et, en 1395, David Miffant, associé à d'autres notables comme Richard Loutrel, avait pris la ferme de l'imposition de douze deniers par livre de valeur sur les transactions de harengs et de poissons de mer[53].

La puissance des Miffant leur permit de s'intégrer aussi à la gestion de la ville. David Miffant, le fils du fermier des aides, possédait en 1408 une maison sur les quais qu'il avait achetée peu de temps auparavant à Henri Maugier[54]. Il faisait le commerce du poisson en association avec d'autres bourgeois de Dieppe et, en 1409, une de ses nefs participa à la guerre de course, attaqua un bateau de pêche anglais et rapporta des harengs, des morues et du saumon[55]. En 1417, David Miffant, le fils du précédent, participa à l'assemblée générale des bourgeois qui décida de destituer le grenetier Mahieu Le Cat et de le remplacer par Colin de Neufville. Il entérina également la reddition de la ville. C'est sans doute parce qu'il disposait de fonds importants immédiatement disponibles qu'il devint le grenetier de Dieppe, alors que Jean Loutrel puis Baudouin Eude n'avaient que la fonction de contrôleur. Il se faisait aider par ses deux fils, Colin et Jean, qui se chargeaient en particulier des transferts vers Rouen et Paris de l'argent

50. Arch. dép. de Seine-Maritime, 2E36/5, f° 186 v°, 25 février 1457, f° 242 v°, Saint-Barnabé en juin 1457 et f° 284 v°, 11 juin 1457.
51. BnF, Pièces originales 55928, Ribaut [10].
52. Arch. dép. de Seine-Maritime, G 8112.
53. BnF, fr. 26026 [2107].
54. Arch. dép. de Seine-Maritime, G 499, f° 38.
55. Arch. dép. de Seine-Maritime, G 499, f° 30.

issu de la gabelle[56]. Par ailleurs, il était également en relations suivies avec des Allemands et, dans une moindre mesure, avec des Flamands et des Hollandais.

Comme d'autres membres de sa famille tels Ancelot ou Guieffroy, David Miffant était l'hôte de plusieurs pêcheurs lors de la harengaison. Sa position de grenetier était donc très intéressante puisqu'elle lui permettait de se procurer du sel en priorité, pour lui ou pour ses amis, lorsque la production de cette denrée commença à se ralentir à Bouteilles à cause de la détérioration de la situation militaire. En juin et juillet 1425, après avoir été déchargé du bateau qui l'avait apporté à Dieppe, une grande quantité de sel fut ainsi distribuée à trois des hôtes de la ville, Guieffrot Miffant, Jean Bouchart et Thomas Mainet, qui la revendirent l'année suivante car ils se faisaient aussi marchands de sel[57]. L'activité de son cousin Ancelot était également multiforme. En plus de son activité d'hôte-vendeur, il était marchand de bois et, en 1425, c'est lui qui vendit le « bois à ardoir » utilisé dans l'hôtel de la Vicomté à l'occasion de la venue de l'archevêque[58]. En 1426, par exemple, Ancelot Miffant vendit une « large et épaisse hune de chêne de vingt pieds de long » pour maintenir le solier de la haute maison de l'hôtel de la Vicomté[59]. Il achetait ce bois à l'occasion des « ventes » qui se faisaient à intervalles réguliers dans les forêts voisines de Dieppe. En 1433, après une violente tempête qui frappa la côte, il mit la première enchère « sur trente-quatre hêtres tant versés et rompus que encore l'un sur l'autre[60] ». Un de ses enfants, prénommé Colin, continua ensuite cette activité et en 1455, Ancelot Miffant, associé à Guillaume Mainet, acheta du bois dans la Haye d'Arques[61].

David Miffant quitta sa fonction de grenetier peu avant 1430 et on ne lui connaît pas de successeur, peut-être parce que le grenier ne fonctionnait plus ou avait été réorganisé[62]. Peut-être avait-il senti que la situation militaire était en train de changer et préféré la prudence. Aussi, quand la ville fut occupée par les troupes françaises, les Miffant restèrent sur place, même si leur puissance fut un peu réduite, notamment dans la harengaison, mais la pêche les intéressait toujours et Jeannin Miffant prit à ferme la coutume des poissons en 1448. Cette année-là, Ancel prit également la ferme des moulins à eau, ce qui ne fut pas une bonne opération, mais on comptait trois membres de la famille, David, Ancel et Yolette parmi les brasseurs. Ancel, qui payait le droit de trois étals de boucher, participait aussi à la guerre de course et fit refaire une « roualle » de 18 tonneaux[63]. En 1446, Ancel et Jean Miffant faisaient partie du groupe de notables qui s'étaient

56. BnF, Pièces originales 1962, 45008, Miffant, [3, 4, 5, 8 et 9].
57. Arch. dép. de Seine-Maritime, 100 J 17 [30].
58. Arch. dép. de Seine-Maritime, G 501, f° 76.
59. Arch. dép. de Seine-Maritime, G 501bis, f° 32.
60. BnF, fr. 26057 [2095].
61. BnF, Pièces originales 1962, 45008, Miffant, [2]; 2E36/5, f° 81 v°, 8 novembre 1455.
62. BnF, fr. 26054 [1516] et Pièces originales 1962, 45008, Miffant, [10].
63. Arch. dép. de Seine-Maritime, G 509, f° 38.

proclamés « procureurs des autres bourgeois[64] ». Leurs relations avec les hommes de l'archevêque étaient ambiguës et en 1450, Ancel Miffant obtint d'être dispensé d'une amende de cent sous que lui avait infligée le bailli pour une raison que l'on ignore[65].

Après la reconquête de la Normandie par Charles VII, la famille retrouva une situation très confortable et des activités officielles. En 1507, Guieffroy Miffant, devenu noble avec le titre d'écuyer, était l'un des « élus pour le roi dans l'élection d'Arques[66] » et, en 1574, Charles Miffant, seigneur d'Ancourt, du fief de la Motte et du fief-ferme de Gourmecourt, fut anobli contre une lettre de finance de mille livres[67]. Bien que sans doute d'origine juive, cette famille avait donc connu une ascension liée, comme pour les autres familles importantes de la ville, au commerce et à la possession de bateaux mais elle avait su éviter les choix politiques trop tranchés et diversifier très tôt ses activités dans tous les secteurs depuis les impôts jusqu'à la boucherie ou la brasserie.

### Les pêcheurs et la guerre de course

Si les hôtes-vendeurs pouvaient diversifier leurs activités dans la rente, la ferme des impôts et la politique locale ou régionale, les possibilités des pêcheurs étaient plus limitées. Certains possédaient des terres à la campagne ou des jardins sur les places vides qui s'étaient multipliées au lendemain de la peste, mais la majorité d'entre eux – autant que les sources nous permettent de le dire – participaient à la guerre de course, dont les profits pouvaient être plus importants même s'ils étaient plus risqués[68]. Cette activité était une pratique ancienne, dans laquelle les Dieppois avaient souvent un rôle prépondérant. En 1295, pour venger la destruction par les Anglais d'un convoi de deux cents petits bâtiments qui étaient allés chercher du vin en Guyenne, Philippe le Bel autorisa les ports normands à rassembler une flotte dans laquelle il y avait 45 navires dieppois, qui prit et brûla Douvres[69].

64. BnF, fr. 26075 [5502].

65. Arch. dép. de Seine-Maritime, G 509, f° 78 v°.

66. BnF, Pièces originales 1962, 45008, Miffant, [11].

67. Guibert, Michel Claude, *Mémoires pour servir à l'histoire de la ville de Dieppe*, (1761), publiés par Michel Hardy, Dieppe, A. Renau, 1878, p. 399. Il se faisait appeler Minfant.

68. Bochaca, Michel, Arizaga Bolumburu, Beatriz, Tranchant, Mathias, « La violence en mer et dans les ports du golfe de Gascogne à la fin du Moyen Âge : Bilans et perspectives de recherche », dans Augeron, Michel et Tranchant, Mathias (éd.), *La Violence et la mer dans l'espace atlantique*, Rennes, PUR, 2004, p. 27-50. Bernard, Jacques, « Les Bordelais dans la guerre navale au xv^e^ et au xvi^e^ siècle (1406-1550) », *Revue historique de l'Armée*, 4, numéro spécial, 1961.

69. Jal, Auguste, *Archéologie navale*, Paris, A. Bertrand, 1840, t. 1, p. 294 *sqq*; Chapelais, P., « Règlement des conflits internationaux franco-anglais au xiv^e^ siècle (1293-1377) », *Le Moyen Âge*, 1951, n° 57, p. 271-272 ; et « Enquête de 1331 sur l'usage des représailles maritimes entre la France et l'Angleterre », *Ibidem*, p. 297-298. Darsel, Joachim, « La protection des flottes du vin au Moyen Âge dans la Manche et dans l'Atlantique », *Bulletin philologique et historique*, 1957, [1958].

Quand, en 1337, la guerre de Cent Ans commença officiellement, les Dieppois – dont de nombreux pêcheurs – y participèrent immédiatement. Une première attaque française eut lieu le 24 mars 1338 contre Portsmouth et la ville fut prise sans coup férir[70]. Selon certains auteurs locaux, les Français se seraient emparés de Southampton le 5 octobre 1338[71]. D'après Froissart, les Français tuèrent « moult de gens et violèrent plusieurs dames et pucelles, dont ce fut grand dommage. » Ils pillèrent la ville qui était « drue et bien garnie » et chargèrent le butin dans leurs navires. Après quoi, ils « cinglèrent à l'exploit du vent devers la Normandie et s'en vinrent rafraîchir à Dieppe où ils se départirent le butin[72]. »

Cette activité de guerre se retrouva en 1340 lorsque le roi Philippe VI rassembla une flotte pour aller attaquer les Anglais à l'Écluse. Plusieurs navires vinrent mouiller dans le port de Dieppe[73], où se trouvait l'amiral, le chevalier de Houdetot, qui y rassemblait les garnisons du bailliage de Caux[74]. Les représentants des Normands, lors de la réunion des États de 1339, n'avaient en effet accepté de voter des subsides permettant de lever une armée de 4000 hommes que si ces contingents étaient utilisés en vue d'un débarquement en Angleterre sous la conduite du duc de Normandie, le futur Jean le Bon[75]. Parmi les navires dieppois, on trouvait en mai 1340, la nef Saint-Pol dont le propriétaire et capitaine, Gautier Le Sueur, participait chaque année à la harengaison et reçut 60 livres pour payer le ravi-

70. Rymer, Thomas, *Foedera, conventiones, litterae et cujuscunque generis acta publica inter reges Angliae (1327-1344)*, éd. Frederic Holbrooke, Londres, G. Eyre and A. Strahan, 1821-1836, t. II/2, pars. IV, p. 12. Lettre d'Édouard III aux châtelains de Wight.

71. Dely, Arthur, *Notice historique et géographique sur la ville de Dieppe et ses environs*, Dieppe, Louis Vidière, 1930, p. 10. Peut-être s'agissait-il de la prise de Portsmouth par les troupes de Behuchet. L'attaque sur Southampton a été menée par des Monégasques. Arch. dép. de Seine-Maritime, 16 F 2. Rymer, Thomas, *Foedora, conventiones..., op. cit.*, t. II/3, pars. II, p. 164. Selon Davies, J.S., *A History of Southampton*, Southampton, Gilbert & Co, 1883, p. 60 et p. 465-466, l'attaque aurait eu lieu en octobre 1338 et aurait amené les responsables de la ville à se lancer dans la construction de fortifications. Cette attaque fut l'œuvre de Normands, de Picards, de Génois et d'Espagnols.

72. Il est peu probable que, comme l'écrivent certains érudits locaux, le butin ait servi à la construction des fortifications de la ville (Roche, André, *Dieppe et sa région au fil des ans. De l'Antiquité à la fin du deuxième millénaire*, Luneray, Bertout, 2000, p. 29), d'une part parce que celles-ci n'étaient pas encore commencées, d'autre part parce que les marins restaient propriétaires de leur part de butin tandis que le financement était collectif. À la rigueur, on pourrait supposer que le roi aurait donné une partie de sa part ou que les écumeurs avaient prêté à la ville de quoi lancer les travaux. Encore faudrait-il des documents pour le confirmer.

73. BnF, NAF 9241, cité par Merlin-Chazelas, Anne, *Documents relatifs au clos des Galées de Rouen*, Paris, Bibliothèque Nationale, 1977-1978, t. 2, texte xxvii. Robert Bertran sire de Fauguernon était commissaire pour la garde des frontières de la mer des eaux de l'Ouest (des Wes) de Saint-Clément jusqu'au Mont-Saint-Michel avec trois cents hommes d'armes et mille hommes à pied. BnF, NAF 7413, f° 296.

74. BnF, fr. 25996 [233].

75. Coville, Alfred, *Les États de Normandie. Leurs origines et leur développement au* xiv*e* *siècle*, Paris, Imprimerie Nationale, 1894, p. 49-50.

taillement de son équipage pendant deux mois[76]. On trouvait aussi la nef *Notre-Dame de l'Assomption* qui appartenait à Guillaume Caletot et la nef *Notre-Dame de la Nativité* menée par Gilbert Pollin, tous deux pêcheurs en temps de paix[77]. Un autre Dieppois, Jean de Greiges, possédait, lui, deux navires, *le Raseur* et *la Pèlerine*, qu'il confiait à des capitaines tandis que le capitaine d'un bateau de pêche, Mahieu Le Mire, dirigeait la barge *Saint-Georges* qui appartenait au roi[78].

Selon les *Grandes Chroniques de France*, l'amiral Behuchet n'aurait pas voulu engager des gentilshommes et n'aurait retenu que de « pauvres poissonniers et mariniers, pour ce qu'il en avait grand marché; et de tels gens fit-il l'armée. » Quarante et un navires dieppois transportant 1 770 hommes dont 120 arbalétriers participèrent à cette bataille[79] aux côtés des marins de Boulogne-sur-Mer[80] tandis que six autres barges royales étaient « armées de gens de Dieppe[81] ». L'expédition fut mal préparée[82] et cette « grande armée de la mer » fut « déconfite[83] ». La liste des propriétaires et des maîtres de nef comprenait un certain nombre de capitaines de bateaux de pêche[84] qui furent remboursés de leurs pertes par un octroi accordé à Dieppe et à Saint-Valéry-sur-Somme[85]. Il est probable que les pertes humaines furent importantes et qu'elles eurent des conséquences sur la prospérité de la ville. Ces pertes furent toutefois apparem-

76. BnF, Clairambault, 104, p. 8133 [177]. La quittance indique un effectif de cent hommes pendant deux mois. Peut-être s'agit-il seulement de cinquante hommes par mois. Le ravitaillement était composé de viande (chair), poissons, chandelle et de tonneaux vides pour mettre de l'eau.

77. BnF, 87, p. 6865 [119] et 24, p. 1731 [55].

78. BnF, 55, p. 4189 [85] et 74, p. 5821 [210].

79. Les Dieppois avaient fourni la deuxième flotte en effectif après celle de L'Eure qui comptait 53 navires et plus de 4000 hommes. Bibliothèque nationale de France Nouvelles acquisitions françaises 9241 f° 5-43. Cité par MERLIN-CHAZELAS, Anne, *Documents relatifs…*, *op. cit.*, t. II, p. 20-64; CANEL, A., *Les Normands au combat naval de l'Écluse 24 juin 1340*, Rouen, L. Deshays, 1872. Siméon Luce maintient cette hiérarchie mais compte seulement vingt-huit bateaux dieppois dont deux de deux cents hommes et deux appartenant au roi pour quarante-deux bateaux de L'Eure dont trois transportant plus de deux cents hommes. (« Discours sur les préliminaires de la bataille navale de l'Écluse, prononcé en séance publique de la Société des antiquaires de Normandie [jeudi 23 novembre 1882]) », *Bulletin de la Société des antiquaires de Normandie*, Caen, imp. Le Blanc-Hardel, 1883, p. 8), chiffre repris par FRÉVILLE DE LORME, Charles Ernest de, *Mémoire sur le commerce maritime de Rouen depuis les temps les plus reculés jusqu'à la fin du XVI^e siècle*, Rouen, Le Brument, 1857, t. I, p. 262. Il y avait aussi quelques navires d'Étretat et de Fécamp (FALLUE, Léon, *Histoire de la ville et de l'abbaye de Fécamp*, Rouen, Nicétas Fériaux, 1841, p. 225).

80. SEWARD, Desmond, *The Hundred Years War : the English in France, 1337-1453*, Londres, Penguin Putnam Inc, 1996, p. 43.

81. BnF, NAF 9241.

82. Récit de la bataille de l'Écluse dans MORDAL, Jacques, *Vingt-cinq siècles de guerre sur mer*. t. 1 : *Aux temps de la rame et de la voile*, Paris, Laffont, 1959, p. 47-54.

83. *Chronique des quatre premiers Valois (1327-1393)*, éd. Siméon Luce, Paris, V^ve de J. Renouard, 1862, p. 10-12 (LUCE, Siméon, « Les Normands à la bataille de l'Écluse », *Bulletin de la Société des Antiquaires de Normandie*, t. XIII, 1883-1885, p. 6).

84. Notamment *le Saint-Georges* et *la Nativité*. BnF, Clairambault, 90 et 74.

85. BnF, fr. 25996, p. 235.

ment prises avec détachement par certains des proches du roi car, selon Froissart, « les Français ne firent pas grand compte de ces Normands et dirent : on n'a rien perdu si ces écumeurs de mer sont morts et péris. Ils n'étaient que larrons [...] et le roi a gagné à leur mort 200 000 florins car on leur devait leurs gages de quatre mois[86]. » Même si cette opinion a pu être exprimée, elle ne correspond pas totalement à la réalité car les paiements qui nous sont parvenus montrent que toutes les dettes du roi à l'égard des Dieppois et des autres marins furent effectivement payées. Par contre, cela montre aussi que l'activité de course des pêcheurs dieppois, propriétaires ou non de leurs navires, était considérée comme habituelle et plus ou moins bien acceptée.

Les navires qui participaient à la guerre de course étaient essentiellement des baleiniers, c'est-à-dire des navires très rapides qui, par conséquent, convenaient parfaitement comme le constatait Froissart quand il expliquait que les Normands avaient « en leur armée, vaisseaux que l'on dit baleiniers, que les écumeurs de mer ont par coutume moult volontiers [parce qu'ils] approchent les terre de plus près que les autres vaisseaux ne font[87] ». Or, les baleiniers étaient aussi et sans doute avant tout des bateaux de pêche – par exemple, en décembre 1408, plusieurs milliers de harengs furent ainsi chargés dans le baleinier de Crespin du Four[88] – mais ils pouvaient être transformés facilement en navires de guerre.

La peste de 1348 interrompit provisoirement les activités guerrières, mais dans la situation militaire confuse qui suivit, les combats sur la côte et la guerre de course reprirent rapidement. Cette dernière était réglée par un certain nombre de coutumes. Les Français estimaient pouvoir s'en prendre aux Anglais dès lors qu'ils n'avaient pas de sauf-conduits. Selon le Religieux de Saint-Denis, « les corsaires français, au XV^e siècle, sortaient de tous les ports comme des nuées d'insectes ou des bandes de loup pour fondre sur les côtes anglaises ». Quand ils rencontraient un bateau ennemi, l'usage était de crier « Qu'on abatte le tref », autrement dit la voile, de manière à arrêter la marche du navire afin qu'il puisse montrer ses documents. Si le bateau était « désobéissant », on pouvait lui courir dessus comme rebelle et ennemi[89]. C'est ce que faisaient régulièrement les marins dieppois. En 1358, certains de leurs bateaux réussirent à s'emparer de plusieurs navires marchands anglais transportant du vin ainsi que d'autres denrées et le

86. FROISSART, Jean, *Chroniques de J. Froissart*, éd. Siméon Luce, Paris, V^ve J. Renouard, 1869-1931, Livre 1^er, § 117, p. 226. Variante du manuscrit de Rome. Cité sans références par MOLLAT, Michel, *La Vie quotidienne des gens de mer en Atlantique*, Paris, Hachette, 1983, p. 183.

87. FROISSART, Jean, *Chroniques*..., *op. cit.*, livre XIII, p. 146.

88. Arch. dép. de Seine-Maritime, G 499, fol. 22 v°. Froissart parlait, non sans exagération, de « *deux mille chevauls de pourveances* » dans les baleiniers anglais (*Chroniques*..., *op. cit.*, t. XI, p. 326).

89. FRÉVILLE DE LORME, Charles Ernest de, *Mémoire sur le commerce maritime*..., *op. cit.*, t. II, p. 281.

régent, le futur Charles V, réclama au nom du roi, la part de l'amiral dont la charge était alors vacante[90].

Cette activité était donc dangereuse et pouvait être néfaste à la ville car les Anglais, eux aussi, attaquaient les bateaux dieppois comme ceux des autres ports, en particulier au moment de la harengaison, ce qui touchait un secteur vital de l'activité portuaire. Pour mettre un terme à ces pratiques ou, au moins, pour montrer leurs capacités de représailles, les marins du Tréport mirent un baleinier en mer dès 1406 pour attaquer les bateaux anglais[91]. De leur côté, les Dieppois envoyèrent, sous la direction d'un certain Herman, trois barges de guerre, occupées par plusieurs pêcheurs, qui firent, en septembre 1407, une démonstration de force le long des côtes du Suffolk, du Norfolk et du Yorkshire. Les marins s'emparèrent d'au moins quatre navires anglais[92] et ils firent prisonniers les hommes d'équipage, qu'ils fussent militaires, marchands ou pêcheurs, et ne les libérèrent que contre rançon. Avec plusieurs navires partis d'autres ports de la région, ils attaquèrent également les Flamands considérés comme alliés des Anglais. Au total, cela rapporta aux écumeurs 210 « nobles » d'Angleterre, 4 marcs d'or et plus de 164 livres tournois. Les cargaisons ou les équipements des pêcheurs furent également saisis et revendus[93]. L'année suivante, les trois navires dieppois s'emparèrent d'un navire de Rye et amenèrent leurs prisonniers à Dieppe, mais plusieurs autres, gardés à bord des navires qui mouillaient au Tréport, réussirent à s'enfuir dans des circonstances assez confuses[94]. Malgré le traité de sûreté générale signée entre Saint-Valéry-sur-Somme et Winchelsea en juin 1408 et publié un peu partout dans la région, notamment à Dieppe[95], la guerre de course continua, parfois à l'encontre des Flamands et particulièrement des Brugeois[96].

Les comptes de la seigneurie de Dieppe enregistraient cette activité car les marchandises entrant dans le port devaient payer le « congé » à

90. BnF, fr. 26002 [899]. Il envoya de Neufchâtel à Dieppe, Monseigneur Baudrain de la Heuze, alors « lieuxtenant de son marechal es bailliages de Rouen et de Caux ». Baudrain de la Heuze avait été « maréchal établi » pour la Normandie en 1355 (CONTAMINE, Philippe, *Guerre, État et société à la fin du Moyen Âge. Études sur les armées des rois de France, 1337-1494*, Paris-La Haye, Mouton, 1972, p. 92).

91. FRÉVILLE DE LORME, Charles Ernest de, *Mémoire sur le commerce maritime*..., *op. cit.*, t. II, p. 281-282.

92. HUGUET, Adrien, « Aspects de la guerre de Cent Ans en Picardie maritime », *Mémoires de la Société des Antiquaires de Picardie*, 1941, p. 71-73. Les navires s'appelaient *La Catherine*, *L'Aronde* et *Le Renard*. Outre Herman, sans doute un nom de guerre, les deux autres capitaines étaient Tristan Dessure et Guillaume de Wachers dont on ne sait pas s'ils étaient vraiment dieppois (BOUREL DE LA RONCIÈRE, Charles, *Histoire de la marine française*, Paris, 2e éd, Plon-Nourrit, 1909-1923, t. II, p. 156-158).

93. HUGUET, Adrien, « Aspects de la guerre de Cent Ans... », *op. cit.*, p. 71-73.

94. *Ibidem*, p. 98.

95. Le texte fut publié par le bailli de Dieppe, Jean Godin, le 15 avril 1409. Archives du Nord, B 552, n° 15 149, cité par HUGUET, Adrien, *Ibidem*, p. 113, note 1.

96. Le bourgmestre se plaint de plusieurs attaques contre des navires flamands par certains Normands (*bi eenighen van Normandien*) (GILLIODTS VAN SEVEREN, Louis, *Inventaire des archives de Bruges*, Bruges, impr. de E. Gailliard, 1901-1902, t. 4, p. 37).

l'archevêque comme n'importe quelle autre. En avril 1409, ce furent ainsi onze tonneaux et neuf pipes de vin qui furent déchargés « d'un crayer pris en la mer par écumerie[97] ». Toutefois, les prises d'armement en étaient exemptes. L'« esqueute » prise par Crespien du Four en août de la même année contenait quatre douzaines de « clefs à arbalètes » et quatre « vuidas » également pour les arbalètes qui ne furent pas taxées, alors que le reste de la cargaison l'était[98]. Au cours de la période couverte par le compte, le receveur enregistra au moins cinq de ces bateaux attaqués le plus souvent au cours de l'été, surtout en juillet et août. En juillet 1409, par exemple, David Miffant prit les congés de déchargement pour les produits de la pêche d'un navire « pris en la mer en écumerie » et en août suivant, Crespien du Four déchargea à deux reprises des marchandises diverses provenant d'au moins quatre baleiniers eux aussi « pris en écumerie[99] ».

La conquête de la Normandie par les Anglais mit provisoirement fin à la guerre de course mais certains marins eurent du mal à arrêter. En 1420, peu de temps avant la reddition, alors que la ville se préparait à reconnaître l'autorité anglaise, un équipage de marins dieppois s'empara d'un baleinier appartenant au duc de Clarence[100]. Dès que la domination du roi d'Angleterre fut reconnue, les Dieppois durent payer une amende pour cette prise. Non seulement les marchandises qui avaient été réparties entre les marins et les armateurs devaient être restituées mais les rançons qui avaient été obtenues des prisonniers devaient être remboursées. Au lendemain de cette affaire, cette activité cessa et les comptes ne mentionnent plus de déchargement de marchandises prises « à la course », preuve que cette activité ne pouvait se maintenir qu'avec la tolérance des autorités.

C'est pourquoi, dès la prise de Dieppe par les Français en 1435, la guerre de course recommença. Ainsi une branche de la famille Eude, hostile à Baudouin et à ses fils, restée à Dieppe, s'adonna avec ardeur à cette activité. Un certain Rogerin, cousin de Baudouin Eude, qui avait été hôte-vendeur dès 1425, participa à la guerre de course contre les Anglais et, en mai 1438, un de ses bateaux attaqua un navire anglais et rapporta un butin composé de blé, de draps, de peaux et de résine[101], preuve que les pêcheurs n'étaient parfois que les acteurs de cette activité prédatrice, sans en être vraiment les commanditaires. De même, en 1437-1438, plusieurs hôtes-vendeurs,

97. Arch. dép. de Seine-Maritime, G 499, f° 26.
98. Arch. dép. de Seine-Maritime, f° 30 v°.
99. Arch. dép. de Seine-Maritime, f° 30 v°.
100. Brequigny, Louis Georges de, « Rôles normands et français et autres pièces tirées des archives de Londres par Brecquigny en 1764, 1765 et 1766 », *Mémoires de la société des antiquaires de Normandie*, 3e série, Caen, 1858, n° 319. Il n'est pas sûr que ce navire ait fait partie de la flotte royale anglaise qui comptait trente navires à cette date (Richmond, C. F., « English Naval Power in the Fifteenth Century », *History*. février 1967, vol. 52, n° 174, p. 1-15).
101. Arch. dép. de Seine-Maritime, G 505, f° 24 et 24 v°.

notamment Ancel Miffant et Jean Le Moigne, se firent construire un bateau neuf destiné à la guerre de course[102].

Lors des négociations qui aboutirent à la paix d'Arras qui mettait fin à la guerre entre le royaume de France et le duché de Bourgogne, il fut décidé que la guerre de course à l'encontre des Flamands cesserait et se concentrerait désormais sur les navires anglais. Les Anglais devinrent effectivement les principales cibles des écumeurs dieppois. En août 1439, on informa Lord Scales, qui se trouvait alors à Caen, du fait que « des vaisseaux étaient partis de la ville de Dieppe pour aller en la mer et porter nuisance aux sujets du roi » ; un mois plus tard, Henry Standich qui commandait un bateau « mis sur la mer pour la garde de la dite mer à l'entrée de la gueule de Seine » fut averti que des navires s'étaient rassemblés à Dieppe avec l'intention de lui nuire autant qu'ils le pourraient[103].

Pourtant, avec le soutien du capitaine de la ville Charles des Maretz, les Dieppois continuèrent à attaquer leurs navires jusque dans le port de l'Écluse[104], estimant ainsi s'en prendre aux Hollandais et à des Hanséates qui commerçaient toujours avec les Anglais[105]. La situation perdura donc et, en 1441, des corsaires dieppois – pêcheurs pendant la saison – s'emparèrent d'une nef de Dordrecht sous le prétexte qu'elle portait des marchandises appartenant à des Anglais alors qu'elle était en réalité chargée de biens appartenant à des Allemands de Cologne et destinés à l'Angleterre[106]. Le capitaine de la ville de Dieppe, Charles des Marets, justifiait la poursuite de ces activités auprès du dauphin en expliquant que les Flamands avaient toujours des relations avec les Anglais et que, de ce fait, ils pouvaient toujours être considérés comme des ennemis du royaume[107]. La première mention connue d'une prise des Dieppois sur les Flamands date du 2 mai 1441, ce qui provoqua l'envoi d'une lettre du duc de Bourgogne à Charles des Marets « touchant le bien du West-pays de Flandres ». En 1443, selon des représentants de la ville de Bruges, l'équipage d'une « scaffe » qui faisait ce type de guerre comprenait en effet des marins originaires « aucuns de Flandres, aucuns de Zélande, autres d'Allemagne, autres de Boulogne sur mer et illec environ, et autres de Dieppe » sous la direction d'un certain Jean Taguelare, natif de Nieuport en Flandre. Ils attaquaient les bateaux pêcheurs flamands pour leur voler de la cervoise et épiaient les navires

102. Arch. dép. de Seine-Maritime, f° 6 v° et 7.

103. BnF, fr. 26066 [3844 et 3855].

104. Escouchy, Mathieu d', *Chronique*, Paris, éd. G. du Fresne de Beaucourt, 1863-1864, t. III, pièces justificatives, p. 99 ; Boudier, Anne, *La guerre de course au XV^e^ siècle. Marins et corsaires au temps de Charles des Marets*, Rouen, 1926, *passim*, p. 9.

105. Sneller, Z.W. et Unger, W.S., *Bronnen tot de Geschiedenis van den Handel met Frankrijk. Erste Deel*, La Haye, 1930, n° 174.

106. Thielemans, Marie-Rose, *Bourgogne et Angleterre : relations politiques et économiques entre les Pays-Bas bourguignons et l'Angleterre (1435-1467)*, Bruxelles, Presses universitaires de Bruxelles, 1966, p. 339.

107. Il est de fait que les Flamands n'approuvaient pas totalement la politique de leur duc et craignaient les représailles des Anglais, notamment dans le domaine économique (*Ibidem*, p. 71-72).

marchands qui représentaient leurs prises les plus intéressantes[108]. Un autre écumeur, Pierre Féré, qui possédait plusieurs navires de pêche, commandait les barges dieppoises sous les ordres de Charles des Marets mais il travaillait surtout pour son propre compte[109]. Il écumait en particulier la Manche et la mer du Nord, à la tête d'escadres « de diverses nations ». En 1441, après avoir fait escale dans le port de l'Écluse[110], il lança son baleinier, *L'Éveillé qui dort*, contre plusieurs navires anglais et en prit un qu'il voulut ramener à Dieppe. Au cours du voyage, les bateaux dieppois furent attaqués par des Flamands qui récupérèrent le bateau de Pierre Féré et firent prisonniers plusieurs marins qui furent exécutés à Bruges, ce qui créa un fort climat d'hostilité entre les Dieppois et les Flamands au cours des années suivantes[111], et cela d'autant plus que, dans le même temps, des bateaux d'Eu avaient également été capturés dans le port de Nieuport[112].

Les trêves de Tours en 1444 confirmèrent que les Dieppois devaient cesser d'attaquer les navires flamands. Pourtant, une lettre d'un allemand datée de février ou mars 1445 signale la prise d'un navire de l'Écluse et en avril, un bourgeois de Dieppe, c'est-à-dire en fait un marin-pêcheur, Robin Parey, attaqua une escute chargée de cervoise appartenant à un marchand de Dunkerque ; mais le bateau s'échoua sur le rivage et la cervoise fut perdue, ce qui représentait, d'après ses propriétaires, plus de cent quarante-deux nobles d'or. Le même Robin Parey attaqua ensuite un autre navire appartenant à un bourgeois de Malines qu'il rançonna tout en lui prenant sa cargaison, puis une nef de Brabant à qui il fit subir le même sort[113]. Il fallut une intervention directe du roi Charles VII pour que la guerre de course à l'encontre des navires flamands cessât réellement.

Une fois la Normandie reconquise, la guerre de course devint un moyen d'empêcher les Anglais de ravitailler leurs troupes restées sur le continent. Le compte de 1450 enregistre ainsi les cargaisons d'une vingtaine de navires « pris à la guerre », essentiellement des navires de commerce[114]. En mars 1450, le fils de Guillaume Harenc, qui avait repris l'activité de patron de pêche de son père, attaqua avec son baleinier un navire anglais chargé de vin et de toiles. Associé à Michel et Jacques Le Zwolle, il s'empara

108. Boudier, Anne, « Charles Desmarets, corsaire dieppois. Documents inédits », *Revue Historique*, t. CXXXVII, 1921, P.J. II, p. 8-9.

109. Il s'était installé dans une maison de la rue du Pilori, à proximité du port (Arch. dép. de Seine-Maritime, G 511, f° 53 v°).

110. Le port de Bruges était alors un « lieu de sûreté » où tous les navires de quelque nation qu'ils fussent, même ennemies, pouvaient faire escale, « sans faire guerre ou prise l'une sur l'autre », Boudier, Anne, « Charles Desmarets… », *op. cit.*, p. 8-9.

111. *Ibidem*, P.J. I, p. 7.

112. Deck, Suzanne, *La Ville d'Eu, son histoire, ses institutions, 1151-1475, Une commune normande au Moyen Âge*, Paris : E. Champion, 1924, p. 60.

113. *Zweite Abteilung : Hancereces sevon 1431-1476*, éd. G. Von des Ropp, t. I-VII, Leipzig, 1876-1892. t. III, n° 208, p. 113.

114. Arch. dép. de Seine-Maritime, G 509, f° 56 v° à 66. Le nombre exact de navires reste incertain car le receveur indique parfois l'arrivée de « plusieurs navires pris à la guerre », car ce qui l'intéresse, ce sont les cargaisons sur lesquelles il peut prendre des acquits.

aussi d'une nef appartenant à l'armateur anglais Sentheen[115]. La guerre de course avait, en effet, pris une ampleur nouvelle que le compte de cette année-là permet de mesurer partiellement car toutes les prises n'étaient pas mentionnées du fait qu'un certain nombre de marins étaient bourgeois de Dieppe et ne payaient donc aucune taxe sur les marchandises qu'ils rapportaient dans le port. Les écumeurs pouvaient, en effet, être maîtres de leur navire mais parfois ils dirigeaient seulement des navires affrétés par des Dieppois dont les noms ne sont pas toujours indiqués. En février 1450, Jean Le Roy, dit Dauphin, menait une barge appartenant à Jean Le Moigne, hôte-vendeur lors de la harengaison, tandis que Jean Notin qui dirigeait sa propre nef était originaire de Belleville-sur-Mer un port situé à proximité de Dieppe. Seuls, les étrangers à la ville voyaient donc leurs prises enregistrées par le receveur de l'archevêque et il est possible que les trois nouveaux bourgeois d'octobre 1451, natifs de Rouen, du pays de Bray et du Boulonnais, eussent été en fait des marins ou des capitaines de nef installés à Dieppe et participant à la course. Tous trois eurent, en effet, comme témoins Guillaume Harenc et Jean Monnaulx, très impliqués dans cette activité et, grâce à leur nouveau statut, ces marins allaient maintenant pouvoir échapper aux taxes de déchargement de leur butin[116].

En 1450, dix-huit maîtres de nef agissant généralement à plusieurs participèrent à ces opérations, certains revenant dans le port plusieurs fois à quelques semaines d'intervalle. En janvier, il fallut trois bateaux pour prendre un navire de commerce anglais, qui fut ensuite amené dans le port et déchargé d'une cargaison assez hétéroclite, comprenant aussi bien des « bors d'Illande » que de l'huile d'olive et de « rabette », de la cire, de l'étain et des draps[117]. Les navires qui menaient ces opérations étaient de types divers mais leur taille était apparemment supérieure à celle des navires réparés ou construits dans le port au cours des années précédentes. Jean Bense et Jean Falaize qui agissaient ensemble en mars 1451 possédaient, comme la plupart des autres écumeurs, des baleiniers dont certains étaient qualifiés de petits, ce qui signifie que les autres étaient de plus grand tonnage ; on trouvait aussi des « roualles » et des « escarvelles[118] ».

Les navires attaqués étaient sans doute majoritairement anglais mais le compte ne le précise pas toujours. Un navire au moins venait de Bretagne mais il s'agissait peut-être aussi d'un navire anglais qui était allé s'y ravitailler. En 1450, on n'attaqua apparemment que des bateaux de commerce, moins à même de se défendre, comme la barge à hune prise par un groupe de trois baleiniers en avril. Toutefois, en juillet, c'est une barge à château qui fut déchargée de sa cargaison de draps et de morues[119].

115. Arch. dép. de Seine-Maritime, G 509, f° 52.
116. Arch. dép. de Seine-Maritime, G 511, f° 11 v°.
117. Arch. dép. de Seine-Maritime, G 509, f° 58. Robin Achier et Guillaume Harenc étaient maîtres de leurs bateaux et dieppois. Le troisième Jean Desmarquets devait être étranger à la ville.
118. Ce terme ne désigne pas une caravelle, mais est tiré du terme néerlandais « karveel ».
119. Arch. dép. de Seine-Maritime, G 509, f° 56 v° à 66.

L'année suivante, les écumeurs s'en prirent aussi aux bateaux qui transportaient des poissons préparés. En février, plusieurs baleiniers affrétés par Ancelot Miffant, Crespien du Four et Jean Le Roy, dit Dauphin, amenèrent à Dieppe six navires pris à la guerre qui contenaient plusieurs milliers de harengs caques et de harengs saurs ainsi que des morues et du saumon[120] et le fait se reproduisit quatre fois cette même année. Les autres opérations de course permirent d'apporter des marchandises diverses, comprenant beaucoup de draps, d'autres étoffes comme de la futaine, du vin, de la bière et du cuir. Par contre, une « nef à prisonniers » venant d'Angleterre ne fut enregistrée que pour une haquenée[121].

Tous ces écumeurs faisaient de Dieppe leur port de repli et y amenaient leurs prises, c'est-à-dire le plus souvent le bateau lui-même qui était parfois revendu. Un document des années 1445-1450 rapporte un conflit qui opposa un marchand d'Abbeville à l'écumeur dieppois Guillaume Harenc. Ce dernier lui avait vendu la moitié du bateau qu'il possédait avec Michel Le Jolle parce que ce marchand en avait besoin pour effectuer un transport de blé. Or, tandis qu'il faisait escale à Calais, le bateau avait été arrêté « à la requête d'un Anglais demeurant dans la ville de Rye en Angleterre disant icelui bateau lui appartenir et qui illicitement lui avait été pris et à lui ôté sur la mer ». C'est pourquoi le marchand demandait à être dédommagé non pas de la perte du bateau mais de celle de ses marchandises qui avaient été gâtées avant d'avoir pu être déchargées[122].

Les équipages, eux aussi, étaient faits prisonniers et libérés contre rançon – en principe, un maître marin valait douze écus et un matelot six écus – mais les choses ne se passaient pas toujours bien, surtout pour les écumeurs. En novembre 1450, un navire dieppois pris dans une tempête échoua à Katvyn et ses marins furent immédiatement arrêtés avant d'être jugés par la cour de Hollande qui les condamna à mort et les fit exécuter, ce qui provoqua la colère de Charles des Marets[123].

•

Les sources concernant le port de Dieppe sont donc assez claires. La pêche, et avant tout, la pêche au hareng en novembre, était l'activité la plus lucrative de la ville. Toutefois, son organisation sociale ne permettait pas à tous les acteurs d'en tirer autant de profit. Une fois de plus, les producteurs réels, c'est-à-dire les pêcheurs, n'en profitaient que peu, surtout quand ils n'étaient pas propriétaires de leurs navires. Les notables de la ville, parce qu'ils étaient hôtes-vendeurs, armateurs et commerçants, en étaient les principaux bénéficiaires avec l'archevêque de Rouen, seigneur de la ville. Les notables y gagnaient une autorité en ville qui leur permettait d'accaparer les fonctions municipales quand celles-ci se mirent en place à l'occasion de la construction des fortifications. Ils prirent aussi à ferme

120. Arch. dép. de Seine-Maritime, G 511, f° 22.
121. Arch. dép. de Seine-Maritime, G 511, f° 30 à 34.
122. Arch. dép. de Seine-Maritime, G 506, f° verso de la page de couverture.
123. Boudier, Anne, *La Guerre de course au xv^e^ siècle…*, *op. cit.*

les nouveaux impôts royaux et profitèrent des troubles politiques pour occuper des fonctions officielles au nom du roi. Cette diversité d'activité leur permit souvent d'acquérir la noblesse et de sortir de la pêche et du commerce après quelques générations.

Les pêcheurs, eux, n'avaient pas toutes ces possibilités. La guerre de course était donc pour eux, malgré ses risques, un complément de ressources, qui leur permettait de gagner plus en tuant plus, car la guerre de course était dangereuse et ceux qui échouaient le payaient souvent de leur vie. Pourtant, cette activité prédatrice dura encore plusieurs siècles et c'est pour y mettre fin qu'une flotte anglo-hollandaise bombarda la ville à plusieurs reprises en 1694, provoquant un incendie qui réduisit en cendres l'essentiel des archives municipales. C'est à cause de ce désastre, sans doute mérité selon nos normes actuelles, que l'on ne peut pas en savoir plus sur l'ensemble des activités de la ville.

**RÉSUMÉ**

**La pêche aux harengs était une activité de base pour l'économie de Dieppe Elle ne durait que cinq à six semaines par an au Moyen Âge. Pendant le reste de l'année, les marins comme les marchands de ce poisson devaient rechercher ailleurs de quoi subvenir à leur existence. Parmi les professionnels concernés par cette question se trouvaient les hôtes. Ces derniers s'occupaient, pour le compte des pêcheurs, des formalités administratives nécessaires au déchargement de leurs prises. Au fil du temps, leur position d'intermédiaires les avaient conduits à étendre considérablement le spectre de leurs activités. Ils pouvaient participer à toutes sortes d'opérations économiques ou politiques. Certains étaient aussi marchands de poisson, de vin, de sel et de fer, d'autres encore aubergistes, armateurs, merciers, sauniers, etc. Souvent, ils avaient placé leur capital dans des rentes et jouaient un rôle important dans l'administration fiscale et municipale. Quant aux pêcheurs, leurs possibilités étaient plus étroites. Aussi, profitant du climat d'insécurité que faisait régner la guerre de Cent Ans, beaucoup firent de la guerre de course un complément de ressources appréciable.**

*ABSTRACT*

*Herring fishing was a core activity for the economy of Dieppe. It only lasted five to six weeks a year in the Middle Ages. For the rest of the year, seafarers and fish merchants had to look elsewhere to provide for their needs. Among the professionals involved in this matter were the* hôtes. *They looked after the administrative formalities necessary for the offloading of the fishermen's catch. Over time, their position as intermediaries had led them significantly to expand the scope of their activities. They could participate in all kinds of economic and political operations. Some traded in fish, wine, salt and iron, whilst others were innkeepers, ship owners, haberdashers or salt sellers. They often invested their capital in annuities and played an important role in fiscal and municipal administration. As for fishermen, their opportunities were more limited. Taking advantage of the climate of insecurity caused by the Hundred Years War, many turned to privateering as significant source of additional income.*

# « Marins-paysans » de Saintonge : la bivalence comme mode de prévention des risques alimentaires et d'assurance face aux risques économiques

Sébastien PÉRISSE
Docteur en histoire médiévale,
chercheur associé à l'UMR 7266 LIENSs CNRS-Université de La Rochelle

Les îles de Marennes, Arvert et Oléron ainsi que la péninsule saintongeaise encadrée par la Seudre et la Gironde forment un espace littoral structuré autour de petites bourgades qui n'exercent pas une forte emprise sur les campagnes. Dans une région à l'écart de grands centres commerciaux, tous distants d'au moins un jour de voyage, la mono-activité s'apparenterait à un suicide économique. La Rochelle, Bordeaux ou même Saintes sont trop éloignées pour envisager une réelle spécialisation des campagnes saintongeaises à l'instar des banlieues de ces villes. La région bénéficie certes de retombées commerciales de ces pôles, mais celles-ci sont trop sporadiques. Les Saintongeais ont donc géré leurs espaces, tant agricole que sylvestre et littoral, en vue de s'assurer une relative autosuffisance dans le domaine alimentaire, artisanal et commercial. Si quelques grandes productions se dégagent comme le sel, les céréales ou le travail du bois, d'autres ne sont pas négligées pour autant : artisanat de la terre cuite, élevage, artisanat textile, du cuir. De par sa position géographique « en frontière de mer », cette partie de la Saintonge se partage entre différents secteurs d'activité tantôt terrestre, tantôt maritime, parfois sur la zone intermédiaire de l'estran[1]. Une pluriactivité inscrite dans le paysage de la région, mais également dans les esprits : il n'est pas rare que les habitants revendiquent leur bivalence en particulier sur le littoral. L'association de deux activités proches entre elles techniquement et géographiquement n'a rien de surprenant : il est assez habituel d'avoir des meuniers qui sont en même temps laboureurs comme Guillaume Gouin de Saint-Augustin[2].

1. Voir le schéma (Annexe 1).
2. Arch. nat., 1 AP 2073, f° 19.

Plus intrigante est la bivalence entre milieu terrestre et milieu maritime : à première vue, les points communs entre pêcheurs et laboureurs ne sont pas si nombreux. Pourtant, en y regardant de plus près, cette association n'a rien d'incongru à la fin du Moyen Âge. Plusieurs témoins déclarent, lors d'une enquête réalisée en 1478, une double activité : Jean du Rochier et André Geoffroy sont tous les deux tisserands et marins ; André Geoffroy et Pierrot Pilloton affirment qu'ils sont laboureurs et « mareants[3] ». Ces exemples ne sont pas les seuls puisqu'en confrontant divers documents, il apparaît que les personnes, ayant un pied sur l'estran et l'autre dans les champs, forment une part non négligeable de la population littorale. Cette forme de pluriactivité se vérifie pour différents espaces littoraux dépourvus de grands centres urbains comme dans le Devon, en Bretagne ou en Biscaye[4]. Les paroisses situées en bord de mer ont une population formée de gens tournés exclusivement vers les métiers de la mer ou l'exploitation de la terre, mais également d'un groupe de personnes exerçant une double profession. Dans son fonctionnement, cette économie soulève deux questions : celle de la gestion du temps permettant cette bivalence et celle des spécificités d'une région dont l'économie fonctionne selon un principe de dualité. Il est évident qu'une personne ne peut s'investir entièrement dans ses différentes activités tout au long de l'année ou de la journée. Son choix est motivé par le gain d'argent qu'elle peut espérer et dans le cas des activités de pêche, par sa survie alimentaire. Par ailleurs, investir du temps et des capitaux dans différents secteurs d'activité permet de compenser les pertes éventuelles liées à différents facteurs : intempéries provoquant le pourrissement des céréales, inondation des marais salants, perte d'un navire de pêche ou de commerce, pillage.

## L'agencement de la pluractivité dans la vie quotidienne

### *Compatibilité des calendriers et choix des activités*

Trois grandes productions saintongeaises répondent à un calendrier précis et peuvent drainer un nombre d'actifs considérable : le sel, les céréales et la pêche. La période la plus demandeuse de main-d'œuvre s'étale entre juillet et septembre avec les moissons et les vendanges, la récolte et le transport du sel jusqu'aux points de chargement et les campagnes de pêche au maigre. Tout le monde a en mémoire les peintures représentant les moissons et autres travaux des champs qui font intervenir une bonne partie de la communauté villageoise. Dans les marais salants, aux dires de Bernard Palissy, c'est l'effervescence lors des phases de rou-

3. Arch. nat., AP 2073, f° 10-11 v° et 14 v°.

4. FOX, Harold S., *The Evolution of the fishing villages : landscape and society along the South Devon Coast 1086-1550*, Oxford, Leopard's Head Press, 2001, p. 111-112 ; José Àngel GARCÍA DE CORTÁZAR, *Vizcaya en el siglo XV ; aspectos economicos y sociales*, Bilbao, édition de la Caja de Ahorros Vizcaína, 1966, p. 111 ; TOUCHARD, Henri, *Le Commerce maritime breton à la fin du Moyen Âge*, Paris, Les Belles Lettres, 1967, p. 49-50.

lage et de portage : « selon que la distance est longue pour apporter le sel dedens le navire, il est requis pour les lieux lointains un grand nombre de bestes pour porter le sel à bord et cela se fait avec une merveilleuse diligence, tellement que l'on diroit qui n'en auroit jamais veu, que ce sont esquadrons qui veulent combattre les uns contre les autres. Il y a gens sur le bord du bateau qui ne font que vuider les sacs, un autre qui marque, et chacune beste ne porte qu'un sac à la fois[5] ». Cette cohue humaine ne se rencontre qu'à cette période de l'année dans les marais salants. Pour éviter le pourrissement du sel et livrer la marchandise « à bort de nef » au plus vite, on fait appel à des saisonniers qui viennent le plus souvent de finir les moissons et le battage et sont donc disponibles pour accomplir ce labeur. Les vendanges n'accaparent qu'assez peu d'hommes car les vignes ne sont pas très fournies en Saintonge, à l'exception de l'île d'Oléron. Le transport même du sel mobilise la quasi-totalité des embarcations saintongeaises qui délaissent leurs activités de pêche pour livrer le sel à Libourne, Bordeaux ou Tonnay-Charente. De septembre à décembre, c'est le va-et-vient des navires sur la Gironde. Les barques, pinasses et autres bateaux sont alors utilisés pour assurer le fret, et de ce fait, la pêche en mer se trouve momentanément interrompue. Les principales campagnes de pêche s'achevant à la fin du mois d'août avec la clôture de la pêche au maigre, les pêcheurs peuvent dès lors se transformer pour quelques semaines en marins. En dehors de cette période d'acheminement du sel, les navires saintongeais apparaissent en moins grand nombre à travers la comptabilité portuaire ou les actes notariés[6].

La pêche au maigre est une spécificité de l'estuaire de la Gironde et de ses abords. Le maigre est un poisson d'assez grande taille (env. 1,5 m) et pèse plusieurs livres. Nicolas Alain précise qu'il faut des chevaux harnachés exprès pour les transporter[7]. Le maigre a la particularité de ne se reproduire que dans trois zones de frai, dont l'estuaire de la Gironde, entre avril et août principalement. Commençant à se raréfier en septembre, il devient de moindre attrait pour les laboureurs car son prix augmente. Sur le chantier du château de Royan, le receveur préfère servir des œufs aux ouvriers pour cette raison : « *Item* en eufs pour ce qu'il en y avoit megres non cher[8]. »

---

5. Palissy, Bernard, *Discours admirable de la nature des eaux et fontaines tant naturelles qu'artificielles, des metaux, des sels et salines, des pierres, des terres, du feu et des émaux avec plusieurs autres excellens secrets des choses naturelles*, Paris, Martin le jeune, 1580, p. 183.

6. *La Coutume de Royan au Moyen Âge*, éd. Georges Musset, Saintes, 1904 (*Recueil de la commission des arts et monuments historiques de la Charente-Inférieure et société d'archéologie de Saintes*, 4e série, t. XVI). *Registre de la comptablie de Bordeaux (1482-1483)*, publié par G. Ducaunès-Duval dans *Archives Historiques du département de la Gironde*, t. L, 1915. Bernard, Jacques, *Navires et gens de mer à Bordeaux (vers 1400 - vers 1550)*, Paris, sevpen, 1968, 3 volumes, t. iii.

7. Alain, Nicolas, *La Saintonge et ses familles illustres. De Santonum regione et illustrioribus familiis*, Bordeaux, 1598, réimp. de l'édition de 1598, avec traduction, notice et notes par Audial, Louis, Bordeaux, P. Chollet, 1889.

8. Arch. nat., 1 AP 2071, liasse 4, pièce 6, f° 3.

**Figure 1 – *Périodicité des chargements de sel effectués par les navires saintongeais (cumul des années 1467-1468, 1478-1479, 1481)***

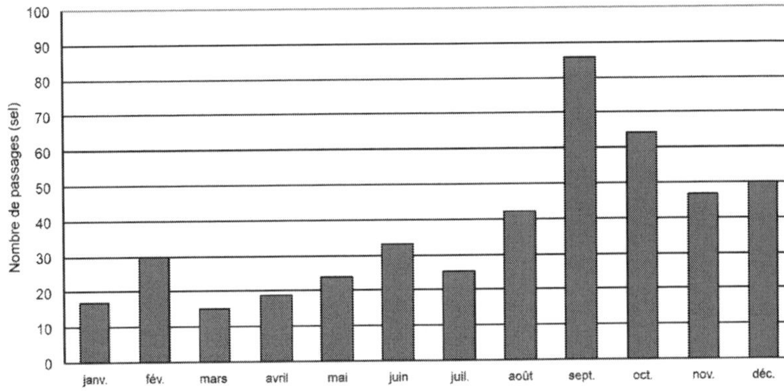


Sa capture se pratique le plus souvent de nuit à l'aide de filets tendus entre les embarcations. Le mugissement caractéristique des maigres permet aux pêcheurs de repérer les bancs et de tendre leurs filets au moment opportun. Le moment le plus propice pour le pêcher, à l'instar de nombreux autres poissons, est celui des orages. La capture des maigres nécessite la présence d'une petite flottille de bateaux. En 1488, Jean Gaultier, seigneur de Fayolle, passe commande « d'ung bateau de vingt piez de quille et de sept piez de mastoute bon pour aller à la pêcherie de la maigre et aultre » auprès d'un charpentier de la paroisse de Mornac[9]. Jacques Bernard cite plusieurs actes notariés indiquant la location de gabarres « jusques à la fin et terme de magreson[10] ». En mai 1490, des marins venus remettre au comte de Taillebourg la recette de ses terres bretonnes – et manquant sans doute de ravitaillement – détroussent, pendant la nuit, la flotte des maigriers du port de Meschers pendant leur pêche[11]. À en juger par les fermes de la coutume des maigres mises aux enchères dans la seigneurie de Didonne, cette pêche est une activité assez rentable. Attribuée au prix de 7 à 8 livres lors des années difficiles de 1381 et 1445-1450, cette ferme fait l'objet d'enchères montant à 67 livres en 1488[12].

Pour les pêcheurs, il est donc impensable de laisser passer une telle aubaine, tout comme il est inimaginable de négliger et de laisser se détériorer le précieux sel ou les céréales, denrées capitales pour la survie alimentaire et le gain de quelque argent. Le témoignage de Nicolas Alain

9. Arch. dép. de Charente-Maritime, 3 E 52/1, f° 298 v°.

10. BERNARD, Jacques, *Navires et gens de mer…*, *op. cit.*, note 15, p. 183. Arch. dép. de la Gironde, 3 E 4187, f° 71 v° (18 avril 1519) et 3 E 4189, f° 11 (10 mai 1520).

11. MARCHEGAY, Paul, « Lettres missives originales du chartrier de Thouars, série du XVe siècle », *Bulletin de la société archéologique de Nantes et du département de la Loire-Inférieure*, t. XI, 1872, p. 221-222.

12. Arch. nat., 1 AP 2132, pièce 110.

indique sans conteste que les moissons n'étaient pas effectuées par ceux qui pêchaient le maigre : « Les habitants les appellent maigres, peut-être parce qu'ils ne sont pas gras : cependant, leur chair aussi ferme que celle du bœuf, est servie abondamment aux moissonneurs, faucheurs et manouvriers ; on la fait aussi mariner dans le sel pour eux[13]. »

Concilier deux activités n'est pas toujours chose facile. La plupart des travaux agricoles et sauniers sont diurnes, alors qu'une majorité de pêches s'effectue la nuit. Il paraît difficile d'imaginer qu'une même personne puisse travailler dans les champs pendant la journée et passer sa nuit à relever les prises des différents pièges à poissons ou sur sa barque à guetter les bancs de maigres, de harengs ou de maquereaux. Gageons qu'elle ne soutiendra pas longtemps ce rythme effréné. En fonction des saisons, certains secteurs d'activité nécessitent une main d'œuvre abondante, ce qui se traduit par l'emploi de travailleurs saisonniers[14].

Toutefois, rares sont les espaces où toutes ces activités sont présentes. Les plateaux calcaires propres à la céréaliculture sont peu propices à la mise en place de salines et inversement. Plusieurs combinaisons de travaux sont cependant possibles : travaux agricoles et pêche, saunerie et transport maritime, ou saunerie et pêche. Enfin, l'association entre un artisanat ou un commerce et le fret maritime est tout à fait envisageable. À l'échelle des individus, la pluriactivité implique des contraintes temporelles : le choix ne s'opère pas uniquement en fonction du gain d'argent que l'on peut espérer en pratiquant telle ou telle activité. L'exploitation des produits de la terre et de la mer est soumise à un rythme qui ne se plie pas toujours aux volontés humaines. Une personne ne pouvant pas être à plusieurs endroits à la fois, on doit envisager, à l'échelle de la communauté villageoise, la meilleure répartition de la main-d'œuvre de façon à tirer le meilleur des productions locales. Il est impossible de laisser pourrir la récolte de blé, tout comme il est impensable de négliger la manne que représentent les bancs de maigres. Par conséquent, les personnes qui travaillent dans les champs sont sans doute les mêmes qui peu de temps après s'attellent à la récolte du sel. Ceux qui possèdent une embarcation se lancent dans les campagnes de pêche pour venir prendre livraison du sel au mois de septembre. Ainsi, les « marins-paysans » s'accommodent très bien des contraintes du calendrier et cherchent à tirer le meilleur profit des opportunités qui s'offrent à eux. Plusieurs associations de métiers se dessinent alors : pêcheurs/transporteurs, laboureurs/manœuvres-sauniers-(amonceleurs), laboureurs/pêcheurs à pied. Par ailleurs, un artisan, un bailleur de fonds ou toute autre profession peut s'adonner au commerce maritime ou investir dans les marais salants, partageant ainsi son capital entre biens terrestres et milieu maritime.

13. Alain, Nicolas, *La Saintonge et ses familles illustres…*, *op. cit.*, p. 25.
14. Voir annexe 2. Calendrier des principales activités économiques des campagnes saintongeaises.

### *L'organisation de la pluriactivité dans la cellule familiale*

Dans les cellules familiales rurales, les différents membres d'un foyer s'attachent à diversifier ressources alimentaires et revenus. Cet aspect-là est plus difficile à cerner eu égard au laconisme des sources concernant les femmes et les enfants qui n'étaient guère évoqués qu'en cas de litige. Cependant, ils représentent un pan non négligeable de l'économie domestique littorale et permettent aux hommes de quitter le rivage ou de se livrer à d'autres travaux dans la mesure où les activités proches et demandant peu de matériel sont assurées par les autres membres du foyer.

La famille peut effectuer de concert la même activité afin d'en tirer le plus grand profit possible. Sur l'estran, les hommes guident les montures et tirent l'attelage équipé d'une herse pendant que femmes et enfants s'emparent des poissons plats (limandes, soles, plies, turbots) qui saillissent du sable ou de la vase[15]. En 1381, en relevant les filets fixés sur des paux près des falaises de Meschers, Marie, la femme de Jean Robert, tombe à la mer et se noie sous les yeux de son mari[16]. Lorsque les hommes adultes du foyer sont occupés à la moisson, à la récolte du sel ou sont partis sur leurs navires, les femmes gèrent l'ensemble des activités du foyer. Elles sont ainsi nombreuses à suivre l'exemple d'Huguette Simone qui cuit son pain au four banal et tient un étal dans la ville de Royan[17]. D'autres complètent le revenu du foyer par des activités pastorales comme Agnès la Rousse, une bergère de Saint-Palais, ou Jeanne Arnaude qui mène à paître des moutons sur les prés salés de la seigneurie de Mortagne-sur-Gironde[18]. La principale activité des femmes et des enfants consiste à compléter les ressources familiales par le biais de la pêche à pied. Dans son *Traité général des pesches…*, Duhamel du Monceau insiste sur les fréquentes collectes de coquillages effectuées par ceux-ci. Il décrit également les échafaudages conçus le long des falaises de Saint-Palais. Entre mars et juillet, près du port de Saint-Palais, les pêcheurs établissent des échafaudages avec des petits sapins de 3 à 4 mètres de haut en appui sur les rochers ; ils permettent de concevoir des abris éloignés de dix brasses de la côte à la pleine mer qui servent aux femmes et aux filles à pêcher la crevette[19]. Il va de soi que ce type de structure n'est utilisable que par temps calme ; une forte houle provoquerait un violent ressac capable d'emporter ces échafaudages de fortune. Lorsque Bernard Palissy souhaite examiner des oursins à Saint-Denis d'Oléron, il mobilise une vingtaine de femmes et d'enfants « pour le

15. DUHAMEL DU MONCEAU, Henri Louis, *Traité général des pesches et des poissons qu'elles fournissent*, Paris, Saillant & Nyon, 1769-1782, t. I, 1772, partie I, section III, p. 6.

16. Arch. nat., 1 AP 1640, f° 67-68.

17. Arch. nat., 1 AP 2068, f° 75 et 77 v° (acte du 19 mai 1489).

18. Médiathèque de La Rochelle, ms. 2466, pièce 9, f° 13 et 23 v° (1361-1363) ; Arch. nat., 1 AP 1592, pièce 3, f° 4 v° (1476-1480).

19. DUHAMEL DU MONCEAU, Henri Louis, *Traité général des pesches…*, *op. cit.*, t. I, partie I, section II, p. 35 et section III, p. 6.

venir aider à chercher sur les rochers maritimes certaines coquilles [...][20] ». De plus, ce sont souvent les femmes des marins-pêcheurs qui écoulent les poissons lorsque leurs époux sont partis en campagne sur leurs navires. Le terme très courant de poissonnière rappelle à quel point cette profession était féminisée.

Quant aux jeunes gens des villages littoraux, une fois passée leur prime enfance, ils s'engageaient rapidement comme mousses, offrant dans un premier temps de nouvelles ressources à la famille avant de s'émanciper. Guillaume Rouault de Royan a ainsi commencé sa formation à 11 ans ; Jean Bouchart, originaire lui aussi de Royan, « dès le age de quatorze ou quinze ans, il acommenca à suyvre la pescherie et frequenter la mer pour pescher[21] ». *A priori*, rien dans les documents ne permet de connaître la durée de ce type d'apprentissage. S'il est similaire à celui d'un marin classique, le mousse est formé, selon Jacques Bernard, pendant 10 à 13 ans[22].

Selon le calendrier, la cellule familiale s'organise donc pour diversifier ses activités en œuvrant de concert ou en se partageant les tâches. Ce système devait lui permettre de surmonter les crises alimentaires et de pouvoir se maintenir à un niveau social convenable.

## L'apport de la pluriactivité en Saintonge

L'avantage d'avoir un mode de fonctionnement polyvalent est de bénéficier de sources d'approvisionnement alimentaire variées. Si les bancs de maigres fréquentent l'estuaire de la Gironde particulièrement à la fin du printemps et pendant l'été, les prises ne diminuent cependant pas durant l'hiver. Elles apportent ainsi un complément non négligeable aux ressources agricoles, en particulier en protéines animales. De cette manière, les habitants des contrées littorales sont susceptibles de moins souffrir des famines qui affectent durement les régions à l'intérieur des terres. En effet, selon Jean-Claude Hocquet, « une histoire de la faim au Moyen Âge montrerait sans doute que les régions littorales étaient épargnées par la famine si fréquente dans les épaisseurs continentales agricoles[23] ». Enfin, les destructions engendrées par les guerres et les expéditions militaires affectent à un moindre degré les différents modes de pêche : le coût financier des équipements (filets, barques) s'avère souvent moins élevé que pour ceux liés à l'agriculture et la remise en état de ce matériel est plus rapide.

20. Palissy, Bernard, *Recepte veritable par laquelle tous les hommes de la France pourront apprendre à multiplier et augmenter leurs trésors*, La Rochelle, impr. de B. Berton, 1563, p. E$^{IIII}$.
21. Arch. nat., 1 AP 2073, f° 11 et 16 v°.
22. Jacques Bernard, *Navires et gens de mer...*, *op. cit.*, t. II, p. 641-642.
23. Hocquet, Jean-Claude, « Les pêcheries médiévales », dans Mollat, Michel (dir.), *Histoire des pêches maritimes en France*, Toulouse, Privat, 1987, p. 35-129.

### *Une meilleure gestion du risque alimentaire*

L'exploitation des ressources du littoral offre quantité de produits alimentaires et il n'est pas toujours besoin de prendre la mer pour s'en repaître. Nombre de poissons, de crustacés, de coquillages ou d'algues peuvent se ramasser directement sur le littoral. Par exemple, la plante appelée *criste marine* peut se consommer fraîche ou être confite pour le reste de l'année[24]. Les algues collectées démontrent le lien qui existe entre exploitation du littoral et travaux agricoles : dans l'Île d'Oléron et sur le littoral saintongeais, il était d'usage d'utiliser les algues (varech) comme engrais[25]. Lorsque les bêtes de trait n'étaient plus nécessaires dans les champs, les communautés littorales les employaient pour la pêche sur l'estran. Les paysans-pêcheurs utilisent alors une herse tirée par un bœuf ou un cheval, l'animal de trait pouvant être la propriété d'une communauté ou d'un laboureur aisé. Cette activité peut tout à fait venir en complément d'autres travaux pendant le printemps et l'été (raccommodage des filets, travaux agricoles, autres formes de pêche). Enfin, c'est sans compter l'apport des pêcheries fixes, qu'elles prennent la forme de clayonnages le long des estuaires de la Seudre et de la Gironde (palis, gors, raveaux, guindeaux) ou des écluses de pierre de l'Île d'Oléron. Ce mode de pêche prend relativement peu de temps puisqu'il suffit de « cueillir » les poissons pris au piège, la pêche se faisant pour ainsi dire presque d'elle-même. La « récolte » dans les écluses se mène le plus souvent la nuit avec un fanal. Les pêcheurs sont équipés de pointes et d'instruments permettant de frapper le poisson dans l'eau. Les espèces pêchées vont du menu fretin (éperlans, sprats, chabots, anchois, loches, petites sardines) aux poissons ronds (orphies, anguilles, aloses, harengs, loubines, maigres, mulets, du merlan en hiver, tacauds) ou plats (raies, poissons torpilles, soles) et aux mollusques (seiches et encornets)[26].

À ces prises déjà importantes viennent s'ajouter celles effectuées en mer (maigres, harengs, maquereaux, sardines). Si les principales prises sont revendues aux personnes les plus riches, la population la plus pauvre se contente de la bodaille ou menu fretin dont elle fait fréquemment de la soupe[27]. Pour les villages côtiers, la pêche fournit la majeure partie de l'alimentation jusqu'au XX^e^ siècle. Jacques Boucard estime que le poisson pêché dans les écluses représente à lui seul un quart de l'alimentation des villages rétais au début du XX^e^ siècle[28]. Le même cas de figure se retrouve pour les communautés de l'île de Bréhat ou les villages de Cornouaille où la pêche en mer est la principale ressource alimentaire[29], ainsi que pour

24. Alain, Nicolas, *La Saintonge et ses familles illustres…*, *op. cit.*, p. 23-25.

25. Lafon, Philippe, *« L'or brun » de l'Île d'Oléron : l'exploitation du varech du Moyen Âge à nos jours*, Saint-Cyr-sur-Loire, Allan Sutton, 2004, p. 10.

26. Boucard, Jacques, *Les Écluses à poisson dans l'Île de Ré*, La Rochelle, Rupella, 1983, p. 474-475.

27. Arch. nat., 1 AP 2068, f° 99 v° (octobre 1492).

28. Boucard, Jacques, *Les Écluses à poisson…*, *op. cit.*, p. 488.

29. Touchard, Henri, *Le Commerce maritime breton…* , *op. cit.*, p. 59.

les habitants des Sables-d'Olonne et de La Chaume dont « tout le fait gist en pescherie[30] ». Par rapport à eux, les Saintongeais ont la chance d'avoir à proximité des salines et des terres fertiles, leur permettant de varier leur alimentation et leurs activités.

L'avantage de fonctionner avec une économie bivalente dans laquelle les mêmes personnes exploitent les ressources terrestres ou maritimes est de gérer au mieux les crises alimentaires. Dès que les récoltes en grains s'annoncent en deçà des prévisions, les efforts se portent sur les activités de pêche. L'attribution des fermes des grains et des droits de pêche est en cela un indicateur précieux. Le nombre d'enchérisseurs dépend en grande partie de la conjoncture agricole : lorsque le temps a été clément et que les moissons s'annoncent bonnes, les enchères portant sur les fermes des pêcheries et autres droits de pêche intéressent assez peu de personnes. À l'inverse, lorsque les intempéries ont gâté en partie la récolte frumentaire, le montant des enchères est plus élevé. Dans la seigneurie de Didonne, ces variations sont particulièrement perceptibles dans la deuxième moitié du XV^e^ siècle.

**Figure 2 – *Enchère des fermes des droits de pêche dans la seigneurie de Didonne (1447-1490)***

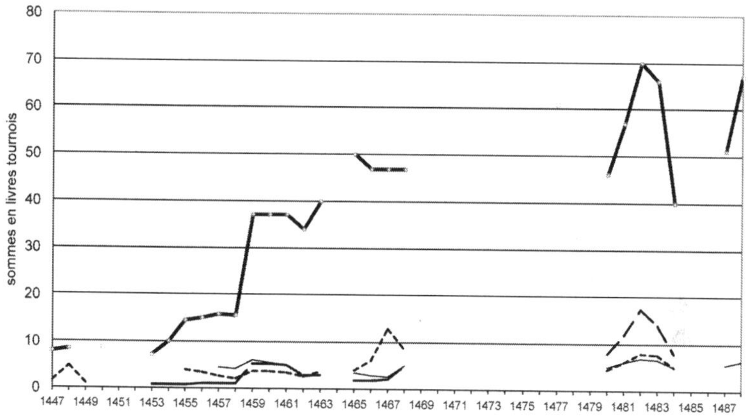


Durant cette période, le montant offert par les enchérisseurs augmente entre 1445 et 1490, en particulier pour la ferme de la coutume des maigres. Cette progression n'est pas linéaire : elle est ponctuée par de fortes hausses en 1465, 1481-1483 et 1488. Chacune de ces hausses est suivie d'un reflux plus ou moins marqué. La confrontation des enchères des droits maritimes avec celles des fermes des grains permet de cerner les raisons de ces changements.

30. MOLLAT DU JOURDIN, Michel, *La Vie quotidienne des gens de mer en Atlantique IX^e^-XVI^e^ siècles)*, Paris, Hachette, 1983, p. 96.

**Figure 3 – *Attribution des fermes en grains et des fermes des droits maritimes dans la seigneurie de Didonne (1445-1490)***

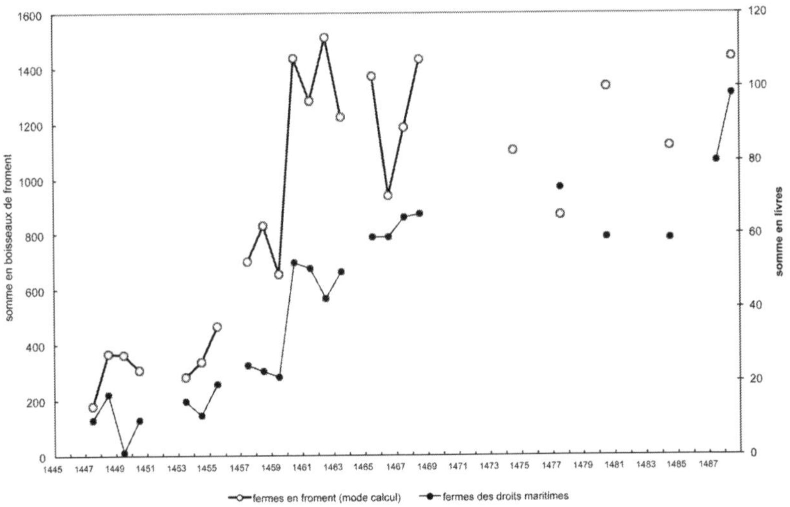


À chaque repli des enchères des fermes des grains, le montant offert pour obtenir les fermes des droits maritimes s'élève de façon significative. Lors des crises frumentaires connues en Saintonge, à savoir en 1477-1478, 1481-1483 ou 1488, les enchérisseurs reportent sur les fermes des droits maritimes une bonne partie des sommes qu'ils pensaient consacrer à l'obtention des fermes des terrages et autres dîmes des grains. Cette stratégie économique illustre le comportement des Saintongeais vivant sur le littoral. Dès que la famine commence à poindre, la population accentue ses efforts pour tirer le maximum des produits du littoral. À défaut de vivre bien, ceci lui permet de surmonter la grande majorité des crises frumentaires et de se mettre en partie à l'abri des disettes et autres famines qui guettent les paroisses de l'intérieur du royaume. La crise de 1481-1483 est symptomatique de cet avantage des populations littorales : la Saintonge maritime a certes ressenti la dépression frumentaire liée à des inondations et aux orages qui ont touché l'ensemble de l'Europe ; toutefois, les recettes seigneuriales saintongeaises établies entre 1480 et 1485 démontrent que celles-ci se sont moins ressenties de cette crise que dans les seigneuries situées dans d'autres provinces du royaume de France[31].

31. Charbonnier, Pierre, *Une autre France. La seigneurie rurale en Basse-Auvergne du xiv^e au xvi^e siècle*, Clermont-Ferrand, Presses Universitaires Blaise Pascal, 1980, 2 vol., t. 2, p. 11-88 ; Le Mené, Michel, *Les Campagnes angevines à la fin du Moyen Âge (vers 1350-1530). Étude économique*, Nantes, CID éditions, 1982, p. 299 et 320 ; Neveux, Hugues, *Vie et déclin d'une structure économique, les grains du Cambraisis, fin xiv^e-début xvii^e*, Paris-La Haye-New York, Mouton, 1980, p. 53.

### *Un mode d'économie réactif par rapport à la conjoncture*

Exercer plusieurs activités donne la possibilité de choisir la tâche la plus lucrative à un moment donné. Prenons un exemple précis : un laboureur-pêcheur a tout intérêt à organiser son mois de mars de la façon suivante : partir pêcher la lamproie et l'alose au début du mois et retourner aux vignes à la fin de ce dernier pour y accomplir les travaux nécessaires. En effet, ces deux poissons n'ont pas la même taille, ni la même saveur au cours de l'année : leur chair se déprécie entre le mois de janvier et le mois d'avril et leur valeur marchande diminue d'autant. Les personnes fortunées, nobles, ecclésiastiques et bourgeois, sont prêtes à en faire l'acquisition au début de la période de pêche, alors qu'en fin de période vers le mois d'avril, ces poissons sont considérés comme des poissons communs.

**Figure 4 –** ***Prix des lamproies, aloses et raies achetées par l'hôtel de Taillebourg entre le 1er février et le 15 avril 1487***

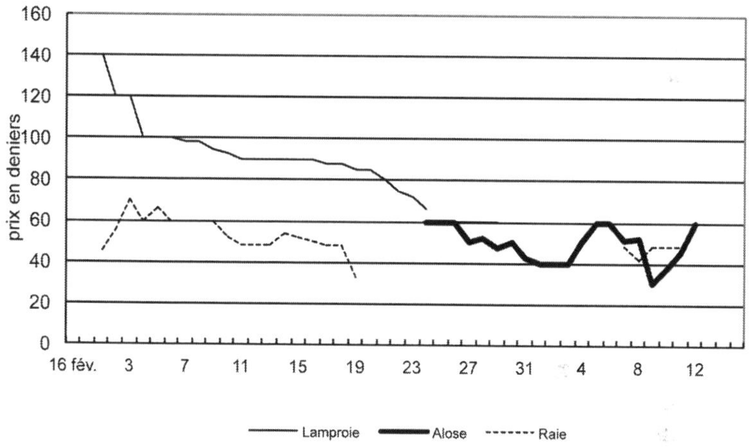


Il est probable que dans ce cas les marins-paysans privilégient davantage leurs activités maritimes plutôt que les travaux agricoles parfois ingrats comme celui de la vigne et qui sont de peu de profit dans cette région. Cette politique ne tourne pas systématiquement à l'avantage du domaine maritime. Les Saintongeais délaissent également leurs bonnets de pêcheurs lorsque la conjoncture économique et les conditions climatiques s'y prêtent. La Saintonge est une région exportatrice de blés. Aussi, lors d'une pénurie alimentaire dans les zones voisines, il est plus rentable de laisser la barque au sec et d'aller prêter main-forte aux moissonneurs, aux charretiers et autres batteurs de grains afin de terminer la moisson au plus vite. Ensuite, les barques sont remises à l'eau, mais cette fois-ci, sont chargées de céréales à destination de l'Aunis, du Bordelais, du pays basque ou de la Biscaye. Les régions déficitaires viennent parfois jusqu'en

Saintonge pour se ravitailler en blés : en 1485, « des Espaignoulx » viennent prendre livraison de 11 tonneaux de froment au port de Mornac-sur-Seudre. La même année, un navire de Saint-Jean-de-Luz effectue un chargement de blé au port de Mortagne-sur-Gironde[32]. Après les années catastrophiques sur le plan climatique, les régions voisines cherchent à reconstituer un stock minimum de céréales.

C'est sans doute ce qui motive le marchand rochelais Olivier Gaudoux qui, par crainte peut-être d'un éventuel retour des intempéries, s'empresse de récupérer un maximum de céréales dans les différents ports de Saintonge durant l'été 1484 : il acquiert dix tonneaux de froment au port de Royan le 17 juillet, 24 tonneaux au port de Meschers, 15 tonneaux dans la seigneurie de Cozes livrés au port de Mornac le 21 juillet et 8 tonneaux de froment au port de Mortagne-sur-Gironde le 25 juillet[33]. Entre mai 1506 et mars 1507, la flotte saintongeaise se déploie vers le sud du golfe de Gascogne : une vingtaine de navires cingle vers les ports de Saint-Sébastien, Laredo, Bilbao, Santander, Lisbonne, Setubal et même Séville. Ces navires venus pour la plupart d'Arvert ou Marennes ont été affrétés le plus souvent par des Bordelais pour y porter les grains saintongeais[34]. Ces exportations de grains ne sont pas toujours du goût de la royauté qui redoute la famine pour d'autres régions du royaume ; ces ventes de céréales sont souvent suivies d'une interdiction de les exporter[35]. L'État royal cherche ainsi à réfréner l'appétit des spéculateurs qui ont l'occasion d'obtenir une marge de bénéfices bien plus élevée que la normale en vendant leurs récoltes à des prix prohibitifs.

Outre la conjoncture économique, vivre sur le littoral permet de profiter, le cas échéant, du contexte politique. L'estuaire de la Gironde est un axe majeur du commerce maritime ; la proximité de navires ennemis du royaume peut être l'occasion d'augmenter son pécule. Pendant la guerre de Cent Ans, plusieurs marins saintongeais s'adonnent ainsi à la piraterie en sus de leurs habituelles activités maritimes. C'est le cas des marins des places fortes de Royan et surtout de Talmont-sur-Gironde : capture d'un « crayer » anglais en 1385 par des Espagnols et d'un navire de Talmont, prises effectuées par des Royannais en 1388, actes de piraterie entrepris par des Talmondais à l'encontre de Bordeaux et de ses alliés dans tout l'estuaire de la Gironde, en particulier entre 1400 et 1450[36]. Par ailleurs, sans

32. Arch. nat., 1 AP 1928, f° 10 et 17 v°.

33. Médiathèque de La Rochelle, ms. 2467, f° 75 v°. Arch. nat., 1 AP 1928, f° 9 v°, 15 et 18.

34. Bernard, Jacques, *Navires et gens de mer…*, *op. cit.*, t. III.

35. Jourdan, Decrusy, Isambert, *Recueil général des lois françaises*, Paris, Librairie de Plon frères, 1822-1823, 29 vol., t. VII, p. 240. Bibliothèque nationale de France, ms fr 5500, f° 147 v°. Seguin, Marc, *Histoire de l'Aunis et de la Saintonge*, t. 3 : *Le début des temps modernes*, Ligugé, Gestes Éditions, 2005, p. 20.

36. Tranchant, Mathias, *Le Commerce maritime de La Rochelle à la fin du Moyen Âge*, Rennes, PUR, 2003, p. 66 ; *Recueil de documents concernant le Poitou contenus dans les registres de la Chancellerie de France*, éd. Paul Guérin, *Archives Historiques du Poitou*, t. XXI, *1376-1390*, 1891, p. 366 ; *Ibid*, t. XXVI, *1403-1430*, 1896, p. 211. Arch. nat., JJ 133, n°20,

que la population ait à courir la mer pour piller les navires, les naufrages lui permettaient d'accroître ses ressources, mais rien n'indique, en revanche, que les Saintongeais cherchaient à les provoquer.

Cependant, en dépit de ces quelques prises ponctuelles, les Saintongeais considèrent les activités militaires telles le guet de la mer comme une entrave à leurs travaux. Les pêcheurs ne peuvent relever leurs pièges la nuit, les laboureurs sont obligés de prendre sur leur temps de repos pour veiller sur les côtes. Ils sont conscients du danger et sont favorables à la protection de l'embouchure de la Gironde, mais ne veulent pas en faire les frais, surtout en temps de paix. C'est pourquoi, peu à peu, les Saintongeais remettent en cause le droit de guet exercé par les seigneurs, comme à Saujon en 1481 ou à Didonne en 1525 : « soyent contrainctz iceulzdictz habitans faire le guet à la coste, eulz armer et tenir en équippage de guerre à leurs propres deniers et despense et laisser leurs propres affaires et y vacquer jour et nuict, ce que, pour leur pauvreté, ne leur est possible de continuer[37] ».

## Trajectoires individuelles : la pluriactivité comme moyen d'ascension sociale ?

La pluriactivité se pratique à différents niveaux de la pyramide sociale et concerne les foyers les plus humbles comme les familles les plus aisées, mais avec des objectifs bien différents. Pour les plus modestes, la survie alimentaire est envisagée avec plus de sérénité par le biais de la bivalence. Le travail dans plusieurs branches d'activité permet ainsi de niveler quelque peu les écarts sociaux, c'est du moins l'image qui ressort du fouage prélevé dans la seigneurie de Didonne en 1460.

Les tranches d'imposition ne marquent pas un grand fossé entre les plus riches et les plus modestes ; la bivalence de la population pourrait donc contribuer à une forme de nivellement social. Rappelons toutefois que la région vient tout juste d'entamer sa reconstruction, ce qui explique la faiblesse des sommes prélevées comparées à celles perçues pour le fouage de la paroisse de Carnac en 1475 (51 % de la population avaient payé plus de 30 sous par feu)[38]. Henri Touchard considérait que si la pluriactivité était socialement bénéfique, elle l'était moins économiquement et lui attri-

---

f° 8 v°. BERNARD, Jaques, *Navires et gens de mer…*, *op. cit.*, t. I, p. 41. *Registres de la Jurade*, Bordeaux, Arch. mun. de Bordeaux, 1873, tome III, p. 34, 121, 138, 201 et 356 ; t. IV, p. 35 et 106. CHAVANON, Jules, « Renaud VI de Pons, vicomte de Turenne et de Carlat, seigneur de Ribérac, etc., lieutenant du roi en Poitou, Saintonge et Angoumois, conservateur des trêves de Guyenne (vers 1348-1427) », dans *Archives Historiques de la Saintonge et de l'Aunis*, t. XXXI, Paris/Saintes, 1902, p. 182-184.

37. MARCHEGAY, Paul (éd), *Documents originaux et inédits sur l'Aunis et la Saintonge*, Saint-Jean-d'Angély, 1876, p. 103-105 ; *Archives Historiques de la Saintonge et de l'Aunis*, t. I, p. 146-148.

38. GALLET, Jean, *La Seigneurie bretonne 1450-1680. L'exemple du Vannetais*, Paris, Publications de la Sorbonne, 1983, p. 176-178.

**Tableau 1 – *Répartition des feux par « tranches d'imposition » en 1460 dans la seigneurie de Didonne***

| Impôt prélevé | Inconnu | Inférieur à 5 sous | De 5 s. à moins de 12 s. | De 12 s. à moins de 20 s. | 20 s. et plus | Total |
|---|---|---|---|---|---|---|
| Paroisse de Meschers | 7 | 8 | 28 | 14 | 5 | 62 |
| Paroisse de Didonne | | 4 | 13 | 6 | 0 | 23 |
| Paroisse de Sémussac | 1 | 1 | 15 | 6 | 3 | 26 |
| Paroisse de Médis | 10 | 3 | 26 | 16 | 7 | 62 |
| Total | 18 (10,4 %) | 16 (9,2 %) | 82 (47,4 %) | 42 (24,3 %) | 15 (8,7 %) | 173 (100 %) |

buait la diminution du tonnage des embarcations bretonnes du fait des budgets certes équilibrés des ménages mais peu propices à la formation d'un capital[39].

Par ailleurs, le mode d'exploitation de la terre ou des ressources maritimes évolue en fonction de l'aisance de l'individu : les paysans complètent leurs ressources avec celles de l'estran ou par la pêche côtière, les artisans et commerçants investissent dans les pêcheries mais également les navires et parfois les marais salants, et les catégories les plus aisées valorisent leurs capitaux en investissant dans le sel.

## *Laboureurs de la mer et marins-paysans*

Pour les « marins-paysans », l'objectif est d'assurer à leurs foyers un revenu minimum et une alimentation à peu près suffisante. Les laboureurs complètent leurs revenus et leurs ressources alimentaires par la pêche à pied sur l'estran, et, lorsque les conditions le permettent, par le biais de pêcheries fixes. Nombreux sont les laboureurs des paroisses maritimes comme celles de Meschers, Mornac-sur-Seudre ou l'Île d'Oléron qui détiennent des appareils de pêche en plus de leurs tenures « terrestres ». La vingtaine de tenanciers possesseurs de pêcheries situées dans la paroisse de Meschers doit également un cens pour des demeures, des prairies ou des mathes[40]. Des tenanciers fortunés comme Jean Raoul ou le laboureur à bras Poucet Paumier détiennent mayne, vigne, prés en plus de leurs appareils de pêche (un gort pour le premier et un système de palis pour capturer les

39. TOUCHARD, Henri, *Le Commerce maritime breton…*, *op. cit.*, p. 49-50.
40. Les mathes sont des zones humides sur la côte atlantique : elles sont utilisées à des fins agricoles comme potagers (oignons, choux…) ou artisanales (roseau, lin ou chanvre).

mulets pour le second)[41]. Tous les comptes de cette paroisse littorale ne sont pas parvenus jusqu'à nous ; cependant ceux qui subsistent permettent d'envisager la progression sociale de quelques familles de laboureurs terrestres et maritimes. Le patrimoine constitué par la famille Blanchart est en cela assez significatif. Trois membres de cette famille apparaissent dans les censiers seigneuriaux : Mérigot, Guillaume et Jean. Guillaume et Mérigot sont les plus âgés et ont sans doute des activités de meunier : Guillaume verse un cens d'une pipe de froment pour le moulin marémoteur de Meschers et Mérigot s'acquitte d'un cens de 8 deniers de 1445 à 1485 pour une tonnelle de moulin. Mais, au-delà de ce point commun, et comme le tableau suivant en rend compte, ils ne possèdent pas exactement les mêmes biens (tableau 2).

**Tableau 2 – *Les biens de Mérigot et Guillaume Blanchart***

| | Mérigot Blanchart | | Guillaume Blanchart | |
|---|---|---|---|---|
| | Tenures terrestres | Tenures maritimes | Tenures terrestres | Tenures maritimes |
| 1445 | 5 mathes,<br>1 tonnelle de moulin,<br>2 aires,<br>Pré,<br>15 sillons de terre | Perches « à pescher » à 4 manches | Maison<br>Moulin<br>Terre | 1 pal à pêcher mulets dans la Gironde |
| 1448 | + une maison | | + une terre | |
| 1453 | + une vigne | | + une vigne | |
| 1463 | + un masureau et deux quartiers de pré | | | |
| 1466 | | | | |
| 1485 | + une grange | + 3 paux à pêcher les mulets dans la Gironde | | |

Outre le fait que ces deux personnes n'ont pas eu la même durée de vie, un autre phénomène se dégage. Chacun des deux protagonistes détient un petit capital foncier et des installations de pêche en 1445, et dans les années qui suivent, c'est ce capital foncier qui s'accroît. Investir dans la terre est plus profitable aux yeux de cette population qui ne s'ouvre que depuis peu au littoral. À vrai dire, les poissons, fruits de mer et autres crustacés ne sont pas des produits sur lesquels de gros bénéfices peuvent être espérés, à quelques exceptions près.

41. Arch. nat., 1 AP 1652.

**Tableau 3 – *Prix moyens des poissons, mollusques et crustacés d'après les comptes de l'hôtel de Taillebourg (1487 et 1500)***

| Achats les plus fréquents | Prix moyen à la pièce | Écarts de prix (mini- maxi) | Achats les plus fréquents | Prix moyen à la pièce | Écarts de prix (mini-maxi) |
|---|---|---|---|---|---|
| Raie (1) | 4 à 5 s. | 18 d. à 5 s. 10 d. | 1 cent de palourdes | 3 d. | 3 d. |
| Merlu (1) | 18 à 24 d. | 18 d. à 2 s. 1 d. | 1 cent d'huîtres | 1 s. | 11 d. à 1 s. |
| Hareng blanc frais (1) | 1 d. ob. à 2 d. | 1 d. ob. à 2 d. | 1 picotin de moules (2,5 litres) | 3 d. | 3 d. |
| Sole (1) | 6 à 7 d. | 6 d. à 7 d. ob. | Brochet (1) | 2 s. 8 d. | 20 d. à 4 s. 3 d. |
| Rouget (1) | 2 s. | 2 s. | Truite (1) | 3 s. 6 d. | 15 d. à 5 s. |
| Maquereau (1) | 3 d. | 3 d. | Carpe (1) | 5 s. | 3 s. 9 d. à 15 s. |
| Seiche (1) | 6 à 8 d. | 4 d. à 8 d. | Anguille (1) | 3 s. | 1 s. à 5 s. |

La population se tourne donc vers la terre pour faire fructifier son capital. Pourtant, le cas de Mérigot Blanchart donne à réfléchir : alors que son assise foncière se renforce, il acquitte un nouveau cens montant à deux sous et six deniers pour trois pêcheries en 1485. La crise survenue entre 1481 et 1483 lui a peut-être fait prendre conscience de la fragilité de son entreprise au niveau alimentaire mais aussi économique et financier. Il est dommage que le corpus documentaire sur cette paroisse se limite à 1485 car nous ne pouvons pas savoir s'il y a eu prolongation de cette stratégie ou au contraire rupture avec cette répartition des tenures de la part des héritiers de Mérigot Blanchart. Le cas de son fils Jean ne permet pas de se prononcer avec certitude : celui-ci est devenu sergent dans la seigneurie de Didonne et détient des terres, des prés, une maison et une pêcherie sur un étier dans la paroisse de Meschers. De son vivant (jusque vers 1472), il augmente ses tenures en prés. En revanche, ses investissements se concentrent sur les différentes fermes de la seigneurie : dîme des grains, terrages de fiefs, droit sur la coutume des raies, droit sur les pêcheries littorales. Les bonnes récoltes effectuées entre 1464-1468 lui permettent par la suite de privilégier l'acquisition de fermes en grains.

**Tableau 4 – *Fermes attribuées à Jean Blanchart de 1460 à 1468***

| | 1460 | 1462 | 1463 | 1465 | 1466 | 1467 | 1468 |
|---|---|---|---|---|---|---|---|
| Fermes en grains | 1 | 1 | 1 | 3 | 4 | 5 | 2 |
| Fermes de droits de pêche | 1 | 2 | 0 | 2 | 2 | 0 | 0 |
| Autres types de fermes | 0 | 0 | 0 | 1 | 2 | 2 | 1 |

Contrairement à son père, Jean est avant tout un fermier et son patrimoine foncier et maritime est moins important, sa fonction de sergent ne lui permettant pas de pouvoir se consacrer pleinement à sa mise en valeur. Les exemples de laboureurs possédant des pêcheries pourraient se multiplier. Les trajectoires suivies par les marins sont sensiblement différentes ; le cas des marins Thévenot Bouchard de Royan et Naudin Berteau de Mornac en sont l'illustration. Ils ont des barques et différents biens fonciers : par exemple, de manière plus précise, le premier possède une terre et une grange[42]. Les informations que nous possédons sur la famille du second mérite que l'on s'y attarde davantage. En 1449, celui-ci possède un navire et pratique la pêche côtière dans l'estuaire de la Gironde. Il est d'ailleurs pris à parti par un navire ennemi venu de Bayonne avec deux autres bateaux de pêche ; lesquels navires ne peuvent, en dépit de leurs efforts, éviter le pillage[43]. Il ne possède alors qu'un faible patrimoine immobilier : une maison à Mornac-sur-Seudre et une tenure dans le bois de la Mayre[44]. Son activité de pêcheur est associée au transport maritime. Naudin Berteau est un élément actif du roulement des navires vers Bordeaux en chargeant le sel, les peaux et la résine de Saintonge ainsi que la coutume de Royan l'atteste ; il effectue quatre voyages à Bordeaux en 1467, quatre en 1468, deux en 1469 et deux en 1470. Après 1470, d'après les comptes de la coutume de Royan, il n'est plus à bord du Christophe, mais de La Madeleine avec laquelle il poursuit ses voyages vers Bordeaux (trois en 1478, un en 1479). À ce moment-là, son patrimoine n'a que peu évolué : en plus de sa maison et de son bois, il est tenancier d'une place à l'intérieur du château de Mornac[45]. En 1483, la situation est tout autre. D'autres tenures se sont alors ajoutées à son capital : un mayne, une autre pièce de bois et surtout des marais salants qu'il détient en parsonnerie avec un autre marin Jean Offreny[46]. Alors que la crise frumentaire de 1481-1483 a eu tendance à appauvrir les foyers modestes – et même, plus généralement, les catégories moyennes dans d'autres régions européennes –, les marins-paysans saintongeais ont, eux, l'opportunité d'accroître et de diversifier leur patrimoine. Ceci reviendrait à conclure que la pluriactivité est une protection efficace face aux crises de subsistance de l'Ancien Régime, à la fois par l'apport diversifié de ressources alimentaires mais aussi par le potentiel de réactivité qu'elle offre.

Toutefois, les possessions maritimes sont perçues comme les moins rentables par les Saintongeais qui cherchent à faire fructifier leurs bénéfices dans le domaine foncier. La valeur sûre reste la terre, même si les ressources du littoral sont considérées comme un intéressant élément d'appoint. Les inventaires des biens de deux laboureurs de la paroisse de

42. Arch. nat., 1 AP 2073, f° 12 v° et 1 AP 2070, f° 14.
43. Arch. nat., 1 AP 2073, f° 9.
44. Arch. nat., 1 AP 1927, liasse 3.
45. Arch. nat., 1 AP 1923.
46. Arch. nat., AP 1924.

Saujon au XVI^e siècle le confirment : que ce soit Pierre Rousselot du Breuil du Pas ou Jean Mousnier, leurs possessions témoignent d'une importante activité agricole. Pourtant tous deux possèdent, pour le premier le tiers d'une barque de 18 tonneaux qui effectue des allers-retours vers La Rochelle chargée de bois et, pour le second la moitié d'une barque de douze tonneaux[47].

### *Marchands et notables : la conversion de leur capital en biens fonciers et littoraux*

Pour les marchands de la région, l'horizon commercial est assez réduit si l'on s'en tient aux seuls échanges terrestres. Que ce soit pour le sel, les grains ou le bois, la demande est plus importante et plus riche sur la façade atlantique ; étant dans une région sensiblement enclavée, il est nécessaire pour ces marchands de prendre la mer et de se rendre dans les grands centres portuaires proches, La Rochelle ou Bordeaux, voire plus éloignés, en Biscaye. Beaucoup sont ainsi marchands et marins et possèdent leurs propres embarcations, ce qui leur permet de jouer sur deux activités : le commerce et le transport maritime. Dans quelques cas, les marchands saintongeais occupent la fonction de pilote dans l'estuaire de la Gironde, à l'image de Raymond Dupuy, pilote et marchand de Royan[48]. Dans le cas des commerçants, une dichotomie s'observe entre ceux des paroisses directement adossées au littoral qui sont souvent marins et marchands, ainsi Thérot Touzeau de Mornac-sur-Seudre ou ses homologues d'Arvert, Oléron, Marennes, Royan, et parfois Saujon, et ceux situés un peu plus à l'intérieur des terres (à environ 4 ou 5 km) qui conjuguent activités artisanales et marchandes, comme Balthazar Ferragu marchand et tondeur de draps à Meursac ou Jean Chenu marchand et teinturier à Pons[49]. Cette deuxième catégorie de marchands s'appuie sur une assise foncière confortable, comme c'est le cas d'Arnaud Soreau, marchand et laboureur de Meschers. Ce dernier était cependant le fermier de la coutume des raies en 1450[50]. Il apparaît donc une gradation dans l'attitude des marchands par rapport aux activités du littoral en fonction de l'éloignement avec celui-ci. Outre le déterminisme géographique, il n'est pas impossible qu'un certain conservatisme ait pu jouer : l'investissement sûr et rentable, c'est le marché de la terre ; engager de l'argent vers la mer et les activités du littoral apparaît alors comme plus risqué et plus aléatoire. L'inventaire des biens du marchand Naudin Guillon en 1375 est significatif sur ce point : il possédait en propre un flouin de 18 tonneaux qui lui servait à transporter du vin et du fait de la guerre disposait de deux cottes de mailles, un bassinet, une

47. Arch. dép. de Charente-Maritime, 3 E 52/86, f° 105-106 v° (24 octobre 1570) et 160-162 (1^er décembre 1570).

48. « Enquête relative à la création d'un port à Royan en 1551 », éd. C. Vigen, *Revue de Saintonge et d'Aunis*, t. XXXVII, 1917, p. 110.

49. Arch. nat., 1 AP 1927, liasse 4, pièce 7, f° 7 (1457) ; Arch. dép. de Charente-Maritime, 3 E 52/3, f° 156-157 v° (1501) et 3 E 52/4, registre 1, f° 26-26 v° (1506).

50. Arch. nat., 1 AP 1927, liasse 4, pièce 7, f° 15.

épée, bouclier et d'autres équipements de ce type. Son capital en numéraire laisse entrevoir l'origine de sa fortune : 12 francs en or et 300 écus vieux tant en écus qu'en gros de Flandres. Risquons-nous à avancer qu'une part non négligeable de cette fortune provient de son activité maritime qui l'a conduit à aller porter ou vendre des vins du Poitou dans les Flandres. Il s'avère que ce capital a de toute évidence été réinvesti dans la terre : outre ses journaux de terre labourable, ses réserves en grains se montaient à 14 boisseaux de froment, 24 boisseaux d'orge, 7 boisseaux de fèves et 8 boisseaux d'avoine. Un roncin, un âne, une paire de bœufs de labour ainsi que de nombreux instruments agricoles (sarcles, faux, fossars) figuraient par ailleurs dans les biens du défunt[51].

Quant aux élites de la population saintongeaise, leur attitude reflète parfois ce même aspect timoré mais également les limites rencontrées par un espace et une société où la circulation des capitaux est relativement faible, faute d'un grand pôle d'échanges dominant la région. La pluriactivité offre des possibilités pour surmonter les crises de subsistance et un potentiel de réactivité face aux diverses situations. Mais à l'échelle individuelle, ce potentiel reste limité par le manque de ressources financières. Un premier exemple illustre cette difficulté rencontrée par les notables pour accroître leur capital : dans les années 1460, Jean Gaultier est marchand de la ville de Royan, il fait alors l'acquisition de pièces de landes près du lieu de Mons pour les défricher et les labourer[52]. Quelques années plus tard, il achète un petit titre de noblesse : ses terres près de Mons sont érigées en « sieurie » sous le terme de seigneurie de Fayolle. Pour autant, il n'oublie pas les activités maritimes qui lui ont permis de s'enrichir et de s'élever dans la société : en octobre 1488, il se fait construire par un charpentier de marine de Mornac-sur-Seudre un « bateau de vingt piez de quille et de sept piez de mastoute bon pour aller à la pêcherie de la maigre et aultre » avec du bois venant de ses possessions[53]. Par la suite, il semble que Jean Gaultier se soit replié dans un rôle plus restreint de seigneur foncier ; il apparaît régulièrement dans les registres d'assises du prieuré de Saint-Pierre de Royan. Des tenanciers ont souvent un retard de paiement du cens envers lui ; c'est ainsi que nous apprenons qu'il est propriétaire de terres, de prés et de deux moulins dont l'un est à vent[54]. Ce cas est assez symptomatique des aspirations sociales de la plupart des habitants : partir d'un ensemble de ressources diversifiées et dès que des revenus se révèlent suffisamment confortables, l'ancrage de la fortune dans le domaine foncier est tout de suite privilégié.

Ce faisant, ceci réduit en grande partie la possibilité de voir émerger la moindre forme de capitalisme : le marché foncier est un investissement solide mais qui n'offre que peu de possibilités d'accroître sa fortune de façon spectaculaire sur une génération. C'est ce qu'apparemment avait

51. Arch. nat., 1 AP 1639, f° 59 v°.
52. Arch. dép. de la Vienne, 3 H 1/426, pièce 5.
53. Arch. dép. de Charente-Maritime, 3 E 52/1, f° 298 v°.
54. Arch. nat., 1 AP 2068, f° 87 v°, 94, 99, 102 v°, 111 v°-112 et 1 AP 2070, f° 31 v°.

perçu Pierre Raoul, un notaire royal du bailliage de Saujon. Ce notaire est un des principaux bailleurs de fonds de la région et un acteur incontournable de la reconstruction des campagnes saujonnaises. Lors de la crise frumentaire survenue entre 1481 et 1483, il est le financier des alentours (tableau 5).

**Tableau 5 – *Formes de crédit concédé par Pierre Raoul, notaire royal***

| Années | Prêts | Ventes à réméré |
|---|---|---|
| 1480 | 1 | 1 |
| 1481 | 3 | 0 |
| 1482 | 3 | 11 |
| 1483 | 3 | 10 |
| 1484 | 1 | 1 |
| 1485 | 3 | 0 |
| 1486 | 0 | 1 |
| 1487 | 3 | 2 |

Cette faculté de pouvoir prêter et « brasser » de l'argent se fonde sur un domaine solide que Pierre Raoul a renforcé petit à petit : sa fortune part de son mayne de Châteaumerle près de Saujon qui comporte des bois et des terres et sur des marais salants, situés dans la prée de Saint-Jean d'Angles, d'une superficie supérieure à quinze livres ; en 1478, il achète une maison avec verger sur le port de Ribérou. Les considérables rentrées d'argent obtenues par les prêts et autres crédits qu'il a accordés lui permettent de diversifier ses revenus ; 7 livres de marais salants sont adjoints à ceux qu'il possédait déjà dans la seigneurie de Saint-Jean d'Angles. De 1483 à 1488, il est fermier de 11 aires de marais salants dans la même zone et en 1483, il ajoute à ses possessions 7 livres de marais sur le chenal de la Bouteille en contrebas de Broue. Ses activités et possessions terrestres se diversifient et s'amplifient dans le même temps : maisons, maynes, terres, vignes, bois situés dans différentes paroisses (Meursac, Thézac, Rétaud) fournissent des rentrées provenant de l'agriculture et de l'élevage, et l'achat d'une forge aux Épeaux, qu'il loue à Guillaume Guyet en 1485, élargit son panel de ressources. Entre les grains, le sel et les autres ressources, le notaire s'emploie à faire fructifier son capital, par le biais des crédits mais aussi à obtenir des fermes : commanderie des Épeaux de 1480 à 1483 en association avec le prieur du Temple de La Rochelle, prieuré de Meursac de 1483 à 1487 et de 1489 à 1492, fief de Rétaud de 1487 à 1490.

La diversification de ses activités ne se limite pas à ses propriétés, mais s'élargit aussi à sa conception de la cellule familiale. Sa politique matrimoniale envers ses filles est claire à ce sujet. Pierre Raoul privilégie comme gendres les marchands, exerçant si possible leur profession dans des lieux qui permettent de quadriller le territoire saintongeais : un marchand de Meursac, un marchand et teinturier de Pons, un marchand de Royan et un marchand de Saint-Jean-d'Angély (cf. Annexe 3). Ses gendres permettent à Pierre Raoul d'écouler les grains et le sel provenant de ses propriétés. En revanche, ses héritiers ne feront pas preuve du même discernement dans la gestion de leurs affaires. L'absence de sources écrites ne nous permet pas de savoir quelles fortunes ont pu connaître Jean Chenu le marchand pontois et Jean Mulatier de Saint-Jean d'Angély. Il est vraisemblable qu'elles ont suivi la même trajectoire que celles de Verdun de Lespine et de Jean Duquesnoy puisque tous les héritiers se sont accordés pour mettre en vente les salines de Pierre Raoul. Dès lors, leurs activités semblent se restreindre et se cantonner dans des rôles de « rentiers du sol », ce qui ne leur permet pas la même réactivité.

•

La pluriactivité est une nécessité pour une société qui vit dans une relative autarcie. Elle permet à la population de bénéficier d'une variété importante de sources d'alimentation et de la mettre en partie à l'abri de la plupart des chocs alimentaires. La bivalence préserve ainsi une part non négligeable de la population de la famine et d'une certaine forme de pauvreté. De plus, entre les deux lieux centraux de La Rochelle et de Bordeaux qui possèdent des périphéries rurales spécialisées, la région se pose en complément d'appoint dans les échanges commerciaux. Les possibilités d'ascension sociale et d'enrichissement sont cependant réduites par l'insuffisance de circulation monétaire, l'impossibilité de contrôler la vente des produits à forte plus-value, comme le sel, auprès des marchands étrangers. Ceci condamne les habitants à végéter dans cet espace certes polyvalent, mais aux horizons réduits ou à s'en extirper pour accroître leur capital dans les grandes villes environnantes. C'est le cas des marchands qui partent tenter leur chance à Bordeaux et dans une moindre mesure à La Rochelle ; ce sera plus tard le cas des marins-pêcheurs qui se lanceront à partir de 1540 dans la pêche à Terre-Neuve[55]. Ceux qui restent sont reclus dans une existence qui, sans être misérable, reste modeste ; c'est ainsi que les témoins de l'enquête concernant Talmont-sur-Gironde en 1539 soulignent que « la plus part desqueulx manans et habitans sont pauvres pescheurs et mareans qui vont gaigner leur vie à la marée[56] », d'autant que ces habitants ne peuvent compléter leurs ressources par des possessions foncières.

55. Seguin, Marc, *Histoire de l'Aunis…, op. cit.*, t. III, p. 23.
56. Arch. dép. de Charente-Maritime, E 153, pièce 16, f° 6.

**Annexe 1 – *L'apport de l'élément littoral dans la reconstruction de l'économie saintongeaise à la fin du Moyen Âge***

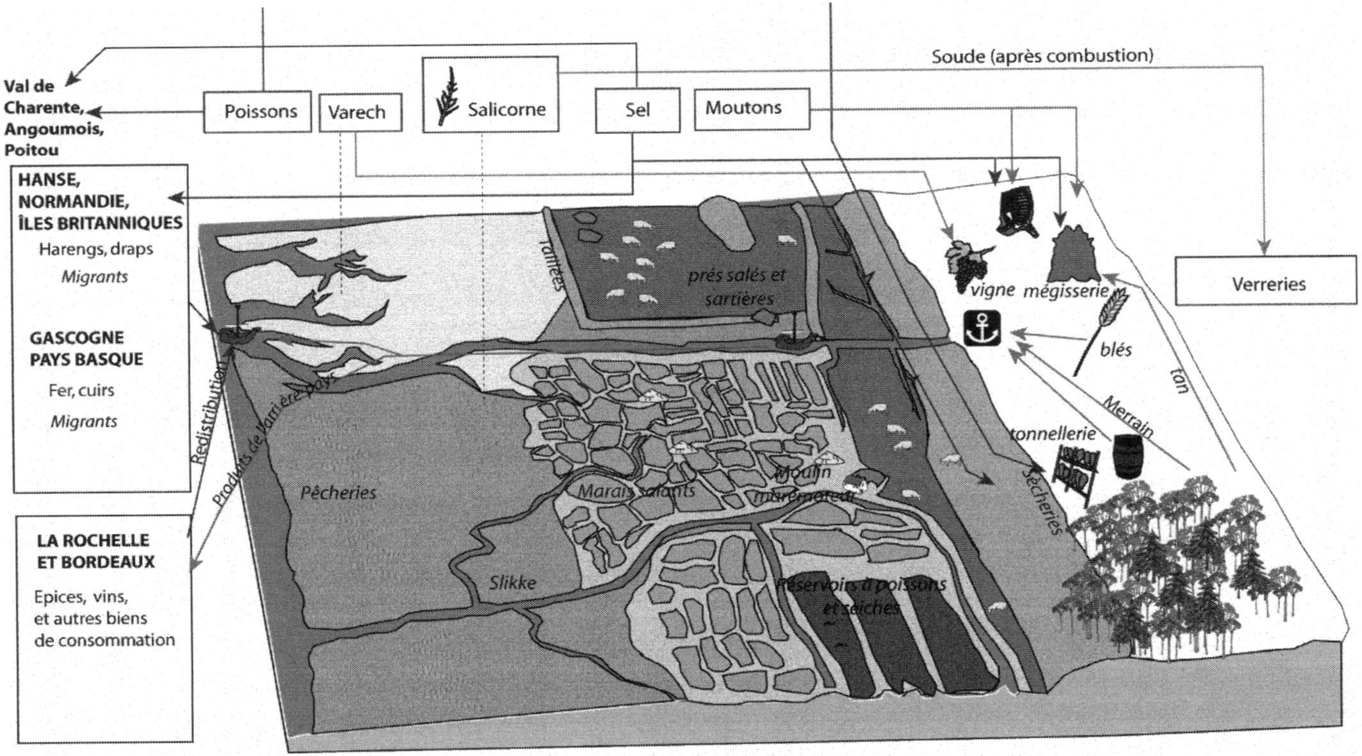

**Annexe 2 – *Calendrier des principales activités économiques des campagnes saintongeaises (en grisé, celles qui requièrent le plus de main-d'œuvre)***

| | Janvier | Février | Mars | Avril | Mai | Juin | Juillet | Août | Septembre | Octobre | Novembre | Décembre |
|---|---|---|---|---|---|---|---|---|---|---|---|---|
| Travaux agri-coles** | | épan-dage de l'engrais | fouis-sage et taille des vignes | tonte des mou-tons | labou-rage des vignes, tonte des mou-tons | tonte des moutons | labou-rage des vignes, fenaison, mois-sons | labou-rage des vignes, moissons | ven-danges | ven-danges, labours, semailles d'hiver | glandée | |
| Périodes de pêche des dif-férentes espèces | hareng, colin, mulet, bar | hareng | lamproie, alose | | maigre | maquereau, sardine, surmulet, maigre, mulet | | | maque-reau, sardine, surmulet | hareng | hareng, mulet, bar, colin | |
| Marais salants | rayage des vasières et colmatage des brèches | | « habillage » des salines | | boutage des œillets | | fin juillet : récolte du sel | récolte du sel | « portage » du sel | | rayage des vasières et colmatage des brèches | |

* Perrine Mane, *La Vie dans les campagnes au Moyen Âge à travers les calendriers*, Baume-les-Dames, La Martinière, 2004, p. 9.

## Annexe 3 – *Le réseau familial du notaire Pierre Raoul*

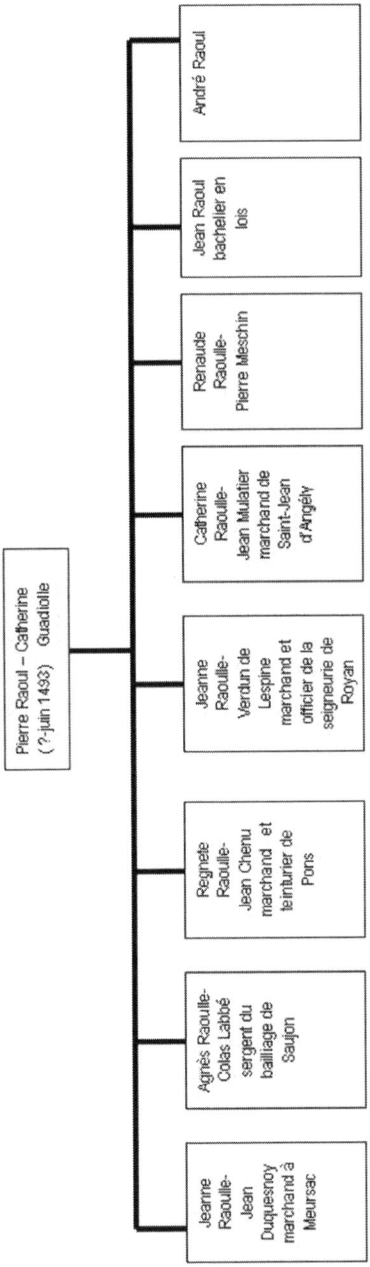

**RÉSUMÉ**

**Dans une Saintonge littorale faiblement structurée autour de petites bourgades, la pluriactivité s'est rapidement imposée. De nombreux habitants cumulent des activités terrestres et littorales comme l'agriculture et la pêche ou le travail dans les marais salants. Pratiquée de façon individuelle ou au sein de la cellule familiale, la bivalence entre le milieu terrestre et maritime est un des facteurs déterminants de la reconstruction dans une région particulièrement éprouvée pendant la guerre de Cent Ans. Cette pluriactivité renforce la résilience des populations face aux crises frumentaires et permet de s'adapter aux aléas climatiques et à la conjoncture économique.**

*ABSTRACT*

*In coastal areas of Saintonge that were weakly structured around small villages, pluriactivity quickly became the norm. A large number of local inhabitants undertook land- and sea-based activities, both farming and fishing or working in the salt marshes. As an individual or family practice, such bivalence was central to the successful reconstruction of an area that had particularly suffered during the Hundred Years' War. Such pluriactivity enhanced the local population's resilience to food shortages and allowed them to adapt to climatic hazards and to the economic situation.*

# La pluriactivité des marins au long cours au XVIIIe siècle

## Les gens de mer de la Seudre : du chai à l'atelier

Thierry SAUZEAU
Professeur d'histoire moderne,
CRiHAM-EA4270 – Université de Poitiers

Dès les années 1980, les historiens ruralistes[1] ont affirmé que la pluriactivité l'emportait sur l'exercice exclusif d'un métier dans les campagnes. Le colloque organisé en 2002 à Lorient et publié en 2004[2] a exploré les contours d'une pluriactivité « littorale », définie par Gérard Le Bouëdec, dans un article publié dans les *Annales de Bretagne et des Pays de l'Ouest*[3]. Chez les marins saintongeais du grand commerce, à l'apogée de la marine à voile, l'exercice de plusieurs activités au sein d'un même foyer peut être mis en évidence grâce aux inventaires après décès. Certes, il s'agissait là d'un acte assez onéreux, donc peu accessible aux plus humbles[4], mais le poids de la mortalité « océane », qui fauchait un homme sur deux avant l'âge de 35 ans, lisse un peu ce défaut structurel[5]. Ce risque majeur était à l'origine de stratégies de résilience, dont la maîtrise de plusieurs savoir-faire et l'exercice domestique de plusieurs activités était le fondement. Parmi les 85 inventaires qui servent de base à cette étude, ce sont finalement 21 actes instrumentés chez des capitaines ou des officiers de marine qui peuvent être confrontés à 28 actes concernant des gens de la maistrance,

1. *La Pluriactivité dans les familles agricoles*, Actes du colloque de l'Association des ruralistes français (Isle-d'Abeau, 1981), Paris, ARF, 1984.

2. LE BOUËDEC, Gérard, PLOUX, François, CERINO, Christophe, GEISTDOERFER, Aliette (dir.), *Entre terre et mer. Sociétés littorales et pluriactivité (XVe-XXe siècles)*, Rennes, PUR, 2004.

3. LE BOUËDEC, Gérard, « La pluriactivité dans les sociétés littorales (XVIIe-XVIIIe siècles) », *Annales de Bretagne et des pays de l'Ouest*, t. 109, n° 1, 2002, p. 61-90.

4. Selon Daniel ROCHE, le coût d'un tel acte se montait à 15 ou 20 livres au début du siècle et jusqu'à 30 ou 40 livres vers 1780, soit plus de 20 journées de travail (*Le Peuple de Paris, essai sur la culture populaire au XVIIIe siècle*, Paris, Aubier, 1981, p. 28).

5. Entre le tiers et la moitié des couples n'atteignait pas 10 ans de vie commune, contre le quart pour l'ensemble de la population française, selon CABANTOUS, Alain, *Les Citoyens du large. Les identités maritimes en France (XVIIe-XIXe siècles)*, Paris, Aubier, 1995, p. 123.

des maîtres de barque ou des charpentiers, tandis que 36 inventaires donnent la vision du monde des plus humbles (tonneliers et cordiers, matelots et mariniers, pêcheurs). On se propose d'y rechercher les traces d'un capital de production (outils, engins, matériaux) et d'éventuels stocks (céréales, vin, résultats de trafics ou de pillages[6]). L'objectif consiste à reconstituer l'origine des ressources des foyers maritimes, dans cette zone rurale fortement polarisée qu'était la Seudre, au XVIII$^e$ siècle. Le petit millier de gens de mer qui vivaient autour de ce modeste fleuve travaillaient essentiellement sur les flottes du long cours, à Bordeaux et La Rochelle. Dans la société de l'époque, ils se distinguaient par leur activité contractuelle et salariée ainsi que par le privilège d'appartenir aux classes de la marine (service du roi, Invalides).

Dans les deux tiers des cas, c'est l'image d'un quotidien révélé par la rupture d'une union qu'offrent nos inventaires. Décédé « en service à Rochefort[7] », François Lamoureux (Bourcefranc, 1756-1794) laissait Madeleine Brochet seule pour élever sa fille mineure, Marie (8 ans), dans sa petite maison du Chapus. Le veuvage était aussi synonyme de dissolution de communauté. La question est plus compliquée dans le cas d'une veuve. Lorsque le 23 novembre 1782, à son domicile sis Grand'Rüe à Marennes, décédait Marguerite Masson[8], fille, veuve et mère de capitaine au long cours, à quoi correspondaient les biens inventoriés à la requête de neveux d'un second mariage ? C'est là toute l'ambiguïté d'une source qui « est la plus riche et la plus concrète pour appréhender le monde de la culture matérielle[9] » mais dont il faut admettre qu'elle est une addition de cas particuliers, d'histoires individuelles, de réussites ou d'échecs.

Si elle semble satisfaisante en qualité, cette source n'en pose pas moins un problème quantitatif, tant elle est difficile à débusquer. En Seudre, sur 47 notaires ayant officié durant les années 1750-1850 et dont les minutiers sont consultables aux Archives départementales de la Charente-Maritime, seuls 11 semblent avoir été dépositaires de la confiance du monde maritime. Quelques indices peuvent permettre de cibler ces officiers notariaux. À Saujon, la seule étude qui avait les faveurs des gens de mer se situait sur le port de Riberou. Dans la presqu'île d'Arvert, malgré la présence de trois à quatre notaires en activité à La Tremblade, les officiers d'Arvert avaient

6. Les menus objets détenus en grande quantité à bord par les marins du long cours, identifiés par Caroline Bidon, résultaient d'un trafic de pacotille (*Effets et hardes des gens morts en mer d'après les inventaires après décès des navigants rochelais [1739-1759]*), Mémoire de maîtrise, université de Poitiers, 1992, p. 117 *sq.*). Quant à l'économie souterraine, liée au recyclage des objets d'épave, récoltés à la laisse, elle a été analysée en détail par Alain Cabantous, *Les Côtes barbares. Pilleurs d'épaves et sociétés littorales en France (1680-1830)*, Paris, Fayard, 1993.

7. Arch. dép. de Charente-Maritime. Inventaire du 17 mai 1794 (3E XX – 629, M$^e$ Antoine-Jean Gaudin, étude Ranson, Marennes).

8. Arch. dép. de Charente-Maritime. Inventaire du 16 décembre 1782 (3E XX – 377, M$^e$ Durand, étude Ranson, Marennes).

9. Pardailhé-Galabrun, Annick, *La Naissance de l'intime. 3000 foyers parisiens au XVII$^e$ et XVIII$^e$ siècles*, Paris, PUF, 1988, p. 33.

la préférence. Ils portaient des noms que l'on retrouve chez les officiers et capitaines du lieu. À côté du notaire « du quai », la parenté jouait aussi son rôle. Pour Marennes, les notaires repérés avaient soit des parents marins, soit une charge d'officier à l'Amirauté de Marennes.

Les notaires connaissaient donc bien leurs clients et on peut visiter les maisons des gens de mer à la recherche d'indices d'une activité économique plurielle, entre terre et mer. Chez ces salariés du grand commerce, il s'agira de mettre en évidence une capacité à produire de manière autonome, dans le cadre de l'économie domestique ou bien par la participation à un échange quelconque. Cette enquête peut débuter par la structure des maisons, à la recherche de pièces spécialisées. Puis, laissant volontairement de côté le capital maritime (embarcation, engins de pêche), on soumettra chaque groupe social à un audit. Il s'agira d'estimer la pénétration du « rural » dans le quotidien des marins, par l'évaluation du capital d'exploitation agricole (outils, bétail, stocks, propriétés baillées). On s'attachera également aux indices de l'activité artisanale. Enfin, on recherchera, dans la propriété de menus objets, de coupons de tissu ou de quantités commerciales d'épices, la « frontière entre l'usage intime et la démarche lucrative[10] ».

## Du matelot au capitaine : lieux de vie, maisons pour travailler

Au contraire de celle de l'île d'Oléron voisine, l'architecture des villages bordiers de l'estuaire de la Seudre n'a pas retenu l'attention de l'inventaire. Il est néanmoins possible de repérer nombre de déterminismes (sols, vents dominants, rareté du bois, des pierres) qui frappaient indifféremment Oléron et la Seudre. Les maisons étaient basses, la hauteur sous plafond atteignait 2 m à 2,20 m, rarement plus. Elles n'avaient, le plus souvent, qu'un rez-de-chaussée; le premier étage, lorsqu'il existait, était un grenier. La description de la maison oléronnaise, dont la validité pour le XVIII^e siècle a été vérifiée chez les sauniers[11], sied bien aux gens de mer de la Seudre.

### *Dépendances et annexes : de la polyvalence à la spécialisation*

Si l'architecture était à dominante horizontale, on recensait 30 demeures à étage, surtout dans les bourgs : Marennes, Bourcefranc, Riberou ou La Tremblade. Les maisons de gens de mer épousaient par leur taille le niveau social de leur occupant. La distinction entre espaces domestiques et annexes consacrées à l'activité professionnelle offre une lecture de cette réalité.

---

10. Les pratiques commerciales individuelles à bord des long-courriers ont été étudiées par le détail, par Caroline BIDON, *Effets et hardes des gens morts en mer…*, *op. cit.*, p. 117.

11. Extrait de « L'architecture de l'île d'Oléron. Architecture rurale », *Les Cahiers d'Oléron*, n° 15, novembre 1993, p. 14, dont les données ont été confirmées par Florence EDESA, *Les Sauniers de l'île d'Oléron au XVIII^e siècle*, mémoire de master 1 sous la direction de Jacques Péret, université de Poitiers, 2001, p. 91.

Lorsqu'ils étaient dépendants, les marins ruraux de la Seudre se distinguaient de la plèbe littorale[12] ou de leurs collègues citadins[13] par un moindre poids des logements à pièce unique : 10 % des cas. Leur logis se caractérisait par une grande polyvalence des pièces de vie et une rareté des annexes clairement identifiées. Aux marges de l'indépendance économique, les tonneliers vivaient dans une à deux pièces tandis que les charpentiers et autres officiers mariniers disposaient de deux à trois pièces clairement domestiques. À côté de l'habitation, ces foyers économiquement indépendants comptaient un éventail d'annexes laissant entrevoir une spécialisation domestique ou économique. Cette évolution était à mettre en rapport avec la propriété d'un capital productif qui faisait défaut aux plus humbles. Les mêmes causes produisaient les mêmes effets dans le Morbihan, où les demeures de maîtres charpentiers comptaient « 3 à 4 pièces de vie et un étage, d'où l'existence de greniers[14] ». Un cran au-dessus, les capitaines et les officiers de marine possédaient quant à eux des logis spacieux. La norme s'établissait autour de trois à cinq pièces de vie. L'équilibre général des logements penchait résolument vers les espaces annexes qui s'y multipliaient.

Au total, la maison du marin de la Seudre n'offrait pas un aspect différent de celle de ses voisins paysans, artisans ou bourgeois, tant chacun s'identifiait davantage au groupe social auquel il se rattachait qu'à son occupation principale : la navigation.

### *La chambre, polyvalente par nécessité*

Élément commun aux 77 logements visités et à toutes les strates sociales, la chambre omniprésente représentait le cœur même de l'espace habitable[15]. Pièce à vivre chez les ménages « à l'aise », elle révélait souvent son caractère polyvalent chez les plus humbles. Chez André Quantin[16], marinier au Breuil-du-Pas, la demeure se composait de deux chambres basses. En fait, comme chez les sauniers d'Oléron[17] ce logement se composait d'une pièce de vie, à vocation domestique et d'une pièce de range-

12. Florence Edesa recense ainsi 50 pièces uniques parmi les 100 inventaires qu'elle a exploitées, *Ibidem*, p. 91.

13. Marina Allinckx aboutit quant à elle à 36 % de pièces uniques chez les 100 marins rochelais dont elle a exploité les inventaires (*Les Gens de mer rochelais (1702-1764)*, université de Poitiers, mémoire de maîtrise, sous la direction de Jacques Péret, 1994).

14. C'est le constat que pose Erwan Dando, *Construction navale et maîtres constructeurs de navires sur le Golfe du Morbihan de 1750 à 1789*, université de Bretagne-Sud, mémoire de maîtrise, sous la direction de Gérard Le Bouëdec, 1996, p. 94.

15. Pardailhé-Galabrun, Annick, *La Naissance de l'intime*..., *op. cit.*, p. 17.

16. Arch. dép. de Charente-Maritime, 3E LV/26, le 1er décembre 1750, par Me Dillé aîné, Saujon.

17. Suivant Florence Edesa, « lorsqu'une annexe agrandissait une demeure à pièce unique, elle abritait généralement les outils et les matériaux professionnels, ce qui devait permettre à la pièce principale d'être un espace essentiellement domestique » (*Les Sauniers d'Oléron*..., *op. cit.*, p. 97).

ment, à vocation économique. Cette dernière renfermait deux fûts pour tout mobilier et une « essée », sorte de pelle-fourche. Cet exemple de logement à deux pièces, typique du monde de la dépendance, offrait encore la possibilité d'une séparation des espaces que les habitants de pièces uniques, souvent proches de la misère, avaient du mal à reproduire. La demeure d'André Renesme[18], pêcheur à l'Éguille, n'échappait pas à la polyvalence domestique de son unique chambre basse. Comme chez de nombreux sauniers[19], on rencontrait vis-à-vis du lit et de la table un outillage précieux quoique modeste : un « rêt appelé fayant pour la pêche aux meuils », mais surtout « une cuve et dix fûts de chêne contenant une barrique ».

La pluriactivité était présente sous la forme de rares outils et de quelques fûts chez les plus humbles. Pour entreposer l'outillage, les stocks, et abriter le capital productif, d'autres espaces spécifiques, totalement professionnels ceux-là, complétaient le plan des maisons de gens de mer sortis de la misère.

### *Le chai omniprésent*

Possesseurs des maisons les plus spacieuses et disposant des pièces de vie les plus spécialisées, les capitaines possédaient une grande diversité de dépendances et pièces annexes. Ils donnent une bonne idée de la diversité des activités productives qu'on recensait chez les marins. Au sein des 23 demeures « bourgeoises » visitées, le rapport aux activités agricoles se dessinait clairement. Propriétaires de maisons à étage, les capitaines de la Seudre disposaient de plusieurs greniers. Là, c'est par dizaines que les notaires prisaient des bouteilles de verre, stockées vides à l'étage ; la garde du vin bouché était donc une pratique courante. Viticulture et vinification étaient en effet très largement répandues dans la bourgeoisie maritime. Cette capacité à conserver le vin était associée à l'une des dépendances les plus caractéristiques de la Saintonge littorale : le chai. Quinze maisons bourgeoises en possédaient au moins un et le « mobilier » des 21 chais recensés se limitait à la futaille (treuil « à fouler la vendange », cuves, basses à vendange, barriques et fûts). Chez François Chambon, capitaine à Marennes[20], « deux mauvaises basses » s'ajoutaient à « quatre cuves contenant 4 barriques, 8 fûts de barrique et 5 de tierçon ». Mobilisant à lui seul 30 % des annexes, le vin était donc un élément majeur du quotidien de la bourgeoisie maritime en Saintonge.

18. Arch. dép. de Charente-Maritime, 3E LV/40, le 21 octobre 1762, par Me Dillé jeune, Saujon.

19. « Pour les plus démunis qui ne disposaient pas de pièce annexe, la chambre abritait une autre fonction : elle était alors le lieu où s'entassaient les outils et autres matériaux » (EDESA, Florence, *Les Sauniers d'Oléron…*, *op. cit.*, p. 97).

20. Arch. dép. de Charente-Maritime, 3E XX/475, le 19 juin 1765, inventaire par Me Veillon aîné, Marennes.

La possession d'un chai n'était pas un marqueur de la bourgeoisie tant il était courant sur tout le littoral saintongeais[21]. Le chai n'était pas non plus une marque d'appartenance au monde des marins, puisqu'on le rencontrait aussi chez les sauniers d'Oléron[22]. Dans les 32 foyers économiquement indépendants, pour moitié les dépendances visitées étaient consacrées au vin. Pas moins de 29 chais étaient recensés par les notaires. Constant, le poids des annexes consacrées au vin ne se démentait même pas chez les plus humbles. Ainsi, dans leurs 22 demeures, si la cave disparaissait totalement, le chai était rencontré à 14 reprises. En ajoutant le « cuvier » de Jean Palissier, cannonier à L'Éguille[23], les annexes dédiées au vin représentaient 65 % des 23 dépendances et annexes que les notaires visitaient.

Les gens de mer semblaient donc pleinement membres de la société littorale dont ils ne se distinguaient en rien par l'existence de pièces spécifiques à leurs occupations maritimes. Il existait bien des différences entre les catégories sociales mais elles se déclinaient en termes de diversité et de nombre d'annexes spécialisées.

### *La boutique du matelot au long cours*

Dans le monde de l'indépendance économique, immédiatement après la viticulture et l'artisanat, le commerce était l'activité complémentaire des familles de gens de mer. Aussi pouvait-on recenser six « boutiques » : deux chez des maîtres de barque, trois chez des charpentiers et une à Riberou chez le tonnelier Pierre Gélineau[24]. Cette spécialité féminine marquait bien l'identité maritime, car contrairement au chai, elle n'était pas si courante dans les périphéries rurales d'Ancien Régime. Le commerce était aussi l'apanage des foyers ayant des revenus suffisants pour épargner et investir dans cette activité.

À côté de la chambre, pièce de vie partout présente, le chai était la dépendance caractéristique des demeures des gens de mer de la Seudre. Comme la plupart des Saintongeais maritimes, les gens de mer du Quartier de Marennes étaient souvent un peu vignerons et plus souvent encore, marchands de vin. L'organisation de leurs maisons s'en ressentait. S'il vivait dans une pièce unique, la futaille constituait l'environnement du marin; ailleurs, c'était une chambre qui était annexée par l'activité viticole. Le propriétaire d'un chai était déjà capable de séparer vie et travail, même si la vigne devait alors cohabiter avec d'autres outils, ceux du travail du bois ou de la pêche pour l'essentiel. Bourgeois, le propriétaire était en mesure de

21. Corinne Papot a en effet pu recenser 41 chais parmi 65 inventaires (*Vivre à Marennes dans la deuxième moitié du XVIII^e siècle*, université de Poitiers, mémoire de maîtrise, 1997).

22. Florence Edesa indique ainsi que « chais, celliers et caves servaient à entreposer les futailles et les outils de vigneron » (*Les Sauniers d'Oléron*..., *op. cit.*, p. 99),

23. Arch. dép. de Charente-Maritime, 3E LV/58, 15 mai 1781, inventaire par M^e Dillé jeune, Saujon.

24. Arch. dép. de Charente-Maritime, 3 E LV/22, le 4 octobre 1745, inventaire par M^e Perruchon, Saujon.

spécialiser les espaces de sa maison : le chai, la cave pour la garde du vin, un local commercial loué à bail. Là étaient les marques de la bourgeoisie.

## Un capital productif extrêmement diversifié

En tout point semblable à la maison saintongeaise, la demeure des gens de mer révélait la pluriactivité de ses habitants. Le chai était partout ou presque. Quant à la boutique, tenue par la femme de la maison, elle était bien plus caractéristique d'une pluriactivité « maritime ». Au-delà de l'organisation de la maison, c'est aussi par la détention d'un outillage et de stocks spécifiques, que l'exercice d'activités complémentaires peut être révélé.

### *De la pauvreté à la subsistance*

Sous la barre des 700 livres tournois de biens, les 36 marins les plus modestes (marins, matelots, mariniers et pêcheurs) partageaient la condition des journaliers et sauniers. Rapporté à la modestie de leur patrimoine, le capital d'exploitation dépassait les 30 %. L'ensemble était cependant inégalement réparti et investi. Les seuls outils, engins de pêche et embarcations, représentaient 18 % de l'inventaire moyen. C'est pourtant la rareté de tels investissements qui prévalait, seulement présent chez 5 marins sur 36. De plus, la vétusté de ce capital lié à la navigation confirmait la dépendance de la plupart de ces individus, à l'égard des propriétaires de navires.

Les intérieurs révélaient cependant l'existence d'outils plus terriens qui permettent d'explorer la thématique de la pluriactivité. En effet, instruments agraires, outils liés à l'artisanat et cheptel représentaient 12 % du patrimoine. Pourtant, les outils les plus communs chez le moindre journalier[25] restaient rares chez les matelots. Un hachot et un coin à fendre, le tout estimé 4 livres tournois, chez le matelot Louis Pain[26] de La Tremblade, 8 livres tournois consistant en 2 ferrées (pelle étroite à creuser les marais salants), 1 pelle et 3 serpes chez le tonnelier François Berton[27] de Luzac ou encore une ferrée et une barre à planter la vigne chez le matelot André Lortie[28], au Breuil-du-Pas, pour 6 livres tournois. Seuls dix inventaires mettent en avant la possession de ces outils qui rapprochaient leurs propriétaires de leurs voisins journaliers et autres manœuvriers. En second lieu, on est surpris de voir seulement trois des sept tonneliers posséder des outils[29], le tout pour des

25. Jacques Péret rencontre fréquemment de modestes outils aratoires (piardes et besoches), le « dail » inséparable de son propriétaire lorsqu'il était occupé aux moissons, de « pauvres outils bricolés » afin de travailler dans les bois et à l'entretien des haies (*Les Paysans de Gâtine poitevine au XVIIIe siècle*, La Crèche, Geste Éditions, 1998, p. 141-142).

26. Arch. dép. de Charente-Maritime, 3E LXXII/231, 17 juillet 1782, Me Rousseau jeune, Arvert.

27. Arch. dép. de Charente-Maritime, 3E XX/619, 31 août 1798, Me Fontenelle, Marennes.

28. Arch. dép. de Charente-Maritime, 3E LV/27, 21 juin 1751, Me Dillé aîné, Saujon.

29. Caroline Bidon a aussi constaté ce phénomène pour nombre de matelots spécialisés, personnellement dépourvus d'un outillage qui était sans doute fourni à l'armement (*Effets et hardes des gens morts en mer…*, *op. cit.*, p. 101).

sommes modestes. Exemplaires, les 14 livres tournois d'outillage chez Daniel Séguineau[30], tonnelier au Breuil-du-Pas, consistaient en une tenaille, un couteau à deux manches, une asse à rabattre le fer, une colombe (rabot) et une chaudière à bray. En l'absence de véritable pièce spécialisée (chai, atelier), on peut penser que dans cet outillage figurait une caisse à outils de matelot tonnelier, telle que peuvent la révéler les inventaires des gens morts en mer[31].

En définitive, parmi les 36 marins disposant de moins de 700 livres tournois de biens, une grosse moitié disposait d'un capital professionnel inégal mais rares étaient ceux qui possédaient de quoi naviguer ou pêcher – j'en dénombre 5. Avec un gradient d'indices d'une production autonome, l'image d'un monde dépendant, puisque n'ayant souvent que ses seuls bras pour gagner sa vie, semblait bien s'imposer.

### *De la subsistance à l'indépendance*

L'indépendance économique était acquise pour le groupe des 28 charpentiers et membres de la maistrance. Le poids du salariat était certainement responsable de la rareté de la propriété d'embarcations : trois. À la différence des esquifs des plus humbles, on avait affaire ici à des embarcations de transport, affectées au bornage ou au cabotage. La propriété d'une barque restait associée aux marchands et négociants, ce qui différait fortement de la copropriété observée au XVIIIe siècle dans le Morbihan, avec des sociétés où les marins étaient partie prenante[32].

En revanche, 10 inventaires sur 28 révélaient l'existence d'un capital à vocation agricole. Les outils des plus humbles étaient là, mais ils étaient plus nombreux. Ferrée, pelle, bedochon, pioche, fourche, aucun des outils ne valait plus d'une livre pièce, et chaque marin n'en possédait pas plus de 4 à 5 différents. De plus, le capital mobilisé dans du matériel viticole était significatif. Six inventaires rapportaient l'existence de fûts, la plupart de chêne et plutôt bons. Les charpentiers en avaient l'exclusivité, mais rien ne dit qu'ils ne stockaient pas le vin de leurs voisins. On est frappé par l'absence de treuil (pressoir) ou de basses (futailles de vendange) et la rareté des cuves (pour la fermentation) dont seuls Jean Lortie[33] au Breuil du Pas et Samuel Fonteneau[34] à La Tremblade étaient propriétaires. Chez les salariés du long cours, la présence à terre – à l'inverse des pêcheurs ou

30. Arch. dép. de Charente-Maritime, 3E LV/31, 3 avril 1755, Me Dillé aîné, Saujon.

31. Dans la partie 2 de son mémoire, qu'elle a consacré à la vie professionnelle, Caroline Bidon donne une liste semblable d'outils retrouvés dans les affaires personnelles de matelots tonneliers (*Effets et hardes des gens morts en mer…*, *op. cit.*, p. 110-111).

32. Benoît Defee, *Caboteurs et cabotage du quartier du Port-Louis (1709-1756)*, université de Bretagne-Sud, mémoire de maîtrise, sous la direction de Gérard Le Bouëdec, 1997, p. 89.

33. Arch. dép. de Charente-Maritime, 3E LV/48, le 28 août 1771, par Me Dillé jeune, Saujon.

34. Arch. dép. de Charente-Maritime, 3E LXXI/147, le 14 sept. 1774, par Me Rousseau jeune, Arvert.

des caboteurs[35] – ne coïncidait pas avec les saisons végétatives. Les uns prêtaient peut-être leur capital à d'autres, en échange de services (journées de travail, surveillance des récoltes, etc.). La configuration des villages avec des « chais, appartenant à des propriétaires différents, par endroits contigus et formant de petites zones d'activité spécialisée[36] » plaide en faveur de cette thèse.

Quatorze individus possédaient des réserves agricoles. Chez quatre d'entre eux, il s'agissait de « bleds » mais aussi de ces « fèves et gesses » récoltées sur les bosses de marais ; pour une dizaine d'autres, le vin constituait l'essentiel des réserves. Les disparités étaient grandes, entre les 188 fûts de vin stocké dans les 12 barriques du chai de Pierre Lamoureux[37], charpentier au Lindron (Marennes) et l'unique barrique de « boisson blanche » prisée 1 livre tournois chez Julien Biron[38] charpentier à Peudrit (Saujon). Par ailleurs, huit actes d'acquisition sur onze recensés concernaient des vignes[39]. Débordant du cadre de la subsistance, les stocks de vin étaient associés à une activité commerciale comme le suggéraient les quantités conservées : chez le charpentier Étienne Sauvignon[40], dont l'épouse Marie Garnier tenait boutique à La Boirie (Marennes), quatre tonneaux prisés au chai contenaient du vin « actuellement débité, prix dû par ceux qui l'ont acheté ».

L'activité de boutique ou de commerce faisait entrer la balance avec son assortiment de poids en plomb dans quatre inventaires. Si la boutique de Marie Dexmier épouse Gaborit[41], charpentier à Brouage, contenait pour 347 livres tournois de marchandise, le stock était souvent plus modeste, de 30 à 50 livres tournois la plupart du temps. Les articles vendus illustraient la double spécificité des gens de mer : hommes de la terre et du grand com-

35. Jean-François Henry indique par exemple que seuls 6 % des campagnes de cabotage prenaient place en été, laissant la main d'œuvre maritime disponible pour les moissons, même si la pêche côtière fournissait alors une activité de relais (*Des marins au siècle du Roi-Soleil, l'île d'Yeu sous le règne de Louis XIV*, thèse de 3^e cycle, Janzé, éd. Y. Salmon, 1982).

36. Étant donné la similitude des habitats oléronnais et de la Seudre, cette remarque extraite de *L'Île d'Oléron. Inventaire général des monuments et des richesses artistiques de la France*, éd. Geneviève Renaud-Romieux, Jean-Pierre Roussel, Poitiers, Connaissance et promotion du patrimoine de Poitou-Charentes, 1993, p. 54, semble transposable aux pays d'Arvert ou de Marennes.

37. Arch. dép. de Charente-Maritime, 3E LXI/340, le 13 mai 1799, par M^e Bourdain, Marennes.

38. Arch. dép. de Charente-Maritime, 3E LV/57, le 14 janv. 1780, par M^e Dillé jeune, Saujon.

39. Dans l'île d'Oléron voisine, « l'artisanat profitait des temps de crise pour se constituer un foncier propre à fournir un complément de ressources », selon Raymond Jousmet, « Le marché foncier de l'île d'Oléron (1750-1786) », *Écrits d'Ouest, Cahiers Rochelais d'Histoire Régionale*, n° 3, 1994.

40. Arch. dép. de Charente-Maritime, 3E XX/591, le 5 janv. 1770, par M^e Fontenelle, Marennes.

41. Arch. dép. de Charente-Maritime, 3E XX/593, le 24 février 1772, par M^e Fontenelle, Marennes.

merce. Ainsi, le tiers de la marchandise proposée à la vente était-il constitué de produits tropicaux : tabac, café, thé, sucre, girofle, poivre et muscade. Ne s'agissait-il pas là de la pacotille qu'on tolérait à bord ? Il ne faut pas négliger l'existence de circuits plus réguliers. Geneviève Normand[42], épouse Dubois, et Anne Jollivet[43], épouse Husseau, (deux charpentiers de Riberou), n'étaient-elles pas « englouties dans la rivière de Bordeaux dans la nuit du 1er au 2 nivose an III, alors qu'elles allaient s'approvisionner à Bordeaux » ? En dehors de ces produits des Isles, véritable spécificité du monde de la mer, la boutique proposait à la vente de la mercerie (fil, laine, coupons de tissu), de la droguerie (balais, sabots, chandelles), de la quincaillerie (clous, cordes, crochets) et quelques denrées (beurre, fromage).

Charpentiers et maîtres s'adonnaient donc à l'agriculture et au commerce. Appartenant au monde de l'artisanat, 13 de ces marins détenaient aussi des outils et des stocks spécifiques. Trois charpentiers semblaient avoir développé une activité d'atelier, souvent localisée dans un chai. Jean Gaborit présentait un outillage lourd et important : « établi, tarrières à percer les poutres, vrilles, varloppes, ciseaux et bouvets » mais aussi « deux échelles à rolons et un palan à deux poulies », le tout pour 230 livres tournois. Quant à Gabriel Griffon[44], charpentier à La Motte (Marennes), il possédait « hache, herminette, ciseaux, marteau, scies » dans son chai où l'on trouvait aussi « un banc de taillage et son couteau à deux manches, une masse de tonnelier et une chaudière à bray ». Cet artisan était polyvalent, comme l'étaient Samuel Fonteneau à La Tremblade ou Pierre Lamoureux au Lindron. Tous disposaient d'une « brouette », à l'aide de laquelle ils transportaient leurs outils à pied d'œuvre. En marge, la masse des matelots-charpentiers disposait d'un outillage « portatif », stocké dans un grenier ou une chambre, à l'image de la caisse à outils des tonneliers. Ils étaient pourtant nombreux (huit) à ne pas avoir d'outils, dépendant alors de l'armateur qui les enrôlait.

Ainsi, les deux tiers de cette catégorie de gens de mer alliaient à la navigation des activités complémentaires susceptibles d'assurer des compléments de revenus ou de fournir le moyen d'une éventuelle reconversion. Ces gens de mer les plus qualifiés possédaient finalement peu d'embarcations, de matériel nautique ou de pêche. Le fait est que la forte mobilité sociale de père à fils faisait souvent du marin de la Seudre un parent du paysan ou du vigneron voisin. Débarqué des longs courriers, le charpentier ou l'officier marinier se tournait plus volontiers vers la terre que vers la mer pour compléter ses revenus. Titulaires d'un savoir-faire, les charpentiers possédaient majoritairement des outils, même s'ils étaient peu nombreux

42. Arch. dép. de Charente-Maritime, 3E LV/76, le 13 janvier 1795, par Me Perruchon, Saujon.
43. Arch. dép. de Charente-Maritime, 3E LV/76, le 26 mars. 1795, par Me Perruchon, Saujon.
44. Arch. dép. de Charente-Maritime, 3E XX/615, le 8 mai 1794, par Me Fontenelle, Marennes.

à s'être fixés à l'atelier, au chai le plus souvent. La vigne semblait être le dénominateur le plus commun de ces marins. À défaut d'investir dans le vin, on tenait parfois boutique. Les épouses, modestes femmes d'affaires, proposaient aux chalands les produits des Isles comme les objets domestiques les plus communs.

## Un capital important et diversifié : un gage de sécurité?

Avec leur activité tournée vers le long cours, on est d'emblée surpris de rencontrer chez quelques capitaines, la propriété de rares et modestes embarcations, « sur leurs amarres » en Seudre. On peut émettre l'hypothèse d'usages très variés, allant d'une modeste entreprise à la récréation.

Le recensement de l'outillage artisanal révélait neuf inventaires dont l'essentiel était tourné vers le travail du bois. Il semble que, de la menuiserie au chantier naval en passant par la tonnellerie, la palette des métiers de la filière bois constituait une des bases culturelles du monde de la mer en Seudre. Y compris chez les plus riches, comme chez Jean You à Marennes, le chai ou le grenier abritait la traditionnelle herminette et ses variantes (hache, hachot, hachereau, serpe) mais aussi le marteau, le ciseau, le rabot, la scie. Jacques Papin[45] de La Tremblade possédait en plus « un palan, deux échelles et une brouette », le parfait équipement du charpentier que l'on trouvait aussi chez Daniel Cerclé[46] au Moulin du Piochet (Arvert), chez Elie Suidre[47] Grand'Rüe à Marennes ou chez Jean Husseau de Riberou. Mobilisant de 5 à 50 livres tournois suivant les inventaires, cet outillage maintenait sans doute une tradition du pays. Il expliquait aussi la mobilité professionnelle de père en fils entre les mondes du chantier naval et des capitaines. D'autant qu'il ne s'agissait nullement d'un capital dormant, comme l'attestait la présence de stocks de bois d'œuvre. Ce travail du bois n'était pas étranger à la propriété d'une futaille importante liée à la culture de la vigne et au commerce du vin.

Sur les 21 inventaires instrumentés, 12 signalaient la présence de stocks viticoles, en quantité marchande pour la plupart. Henry Girard, à Saujon, était ainsi propriétaire de 70 livres tournois de vin rouge stocké dans les quatre barriques de son sellier, Louis Guillocheau possédait trois barriques de « vin rouge de la récolte dernière », pour un montant de 50 livres tournois. Quant aux capitaines Papin (La Tremblade), Cerclé (Chaillevette) ou Chevrou (Le Chapus), ils possédaient plus de 10 barriques tant de vin rouge que de blanc, un stock estimé entre 150 et 300 livres tournois chacun. Il y avait là une marque d'intégration des gens de mer à l'économie

45. Arch. dép. de Charente-Maritime, 3E LXXII/248, le 3 décembre 1801, par Me Rousseau jeune, Arvert.

46. Arch. dép. de Charente-Maritime, 3E LXXII/248, le 24 janvier 1807, par Me Rousseau jeune, Arvert.

47. Arch. dép. de Charente-Maritime, 3E XX/377, le 16 décembre 1782, par Me Durand, Marennes.

locale, puisque les vins stockés étaient la plupart du temps « du païs » et que la propriété foncière était très importante. Entre sel, vin, blé et bétail, les choix d'investissement en Saintonge maritime étaient assez larges. La première propriété par ordre d'importance était détenue par le saujonnais Henry Girard : deux « mestairies », l'une au nord de Saujon au lieudit Sommiers acquise pour 6 000 livres tournois et l'autre au sud, près de Semussac, appelée la Gondonnière et d'une valeur de 4 700 livres tournois. Le faire-valoir indirect était de mise, la rentabilité d'un placement, l'objectif ultime : on était loin de la pluriactivité.

Au total, dans le groupe des capitaines de navires, les investissements productifs allaient vers l'artisanat, le commerce et la terre. Révélatrice d'une culture maritime particulière à la Seudre, la possession de l'outillage artisanal était la marque d'un héritage matériel dont on se transmettait le savoir-faire. Le travail du bois semblait indissociable de l'entretien de barriques et autres fûts destinés au stockage du vin. Les capitaines s'intégraient à une société littorale dont le travail de la vigne transcendait les clivages.

•

L'étude des maisons et du capital d'exploitation des gens de mer offre un regard sur la pluriactivité des salariés du grand commerce au XVIIIe siècle. Le salariat expliquait sans doute la rareté du capital « maritime » (barque, agrès, engins de pêche). À terre, ce sont trois types d'activité qui étaient repérables. La plus rare, mais non la moins originale, était assumée par la femme, qui s'adonnait à un petit commerce alimenté soit par la « pacotille » du mari, soit par des fournisseurs auprès desquels elle se rendait, en ville. Lorsque l'époux était en mer (les deux tiers du temps[48]), la famille pouvait être mobilisée dans des travaux agricoles, centrés sur la culture de la vigne et la vinification. Enfin, pour entretenir la futaille mais aussi proposer ses services « à la tâche », l'homme qui séjournait chez lui avait à sa disposition un outillage, allant de la simple caisse à l'atelier aménagé.

Chez les matelots, l'absence de spécialisation rimait aussi avec l'absence d'outils. On était pauvre et dépendant du seul salaire, ce qui était parfois pire que la condition des journaliers qui disposaient tout de même de quelques outils agricoles. Avec la maîtrise d'un savoir-faire (pêcheur, tonnelier), venait, en même temps qu'une fortune un peu moins misérable, la possession d'outils et de stocks qui pouvaient constituer l'essentiel de la fortune. Poser quelques filets, draguer les fonds à la recherche de quelques coquillages pour ceux-ci, proposer ses services aux vignerons ou travailler au port avant de s'embarquer par intermittence pour ceux-là, telles étaient les activités quotidiennes qui permettaient, sinon de rompre avec la dépendance, au moins de s'en dégager, les bonnes années. Pêcheurs et tonneliers

48. Étude des rythmes de travail dans notre thèse, *Les marins de la Seudre (XVIIIe-XIXe siècle). Du sel charentais au sucre antillais*, La Crèche, Geste Éditions, mai 2005.

étaient aux marges des mondes de la dépendance et de l'indépendance, comme les artisans et les sauniers les plus aisés.

Parce qu'ils pouvaient davantage s'appuyer sur leur savoir-faire (charpentiers, maîtres au cabotage) ou sur leur expérience (officiers mariniers), des gens de mer plus fortunés se distinguaient par la possession d'un capital productif plus diversifié (outillage, chai, boutique, terres) qu'ils exploitaient directement ou en famille et dont ils tiraient des revenus complémentaires à l'activité salariée. La pluriactivité dont ils faisaient preuve les mettait finalement à l'abri des coups durs, en leur ouvrant la porte de toutes les reconversions (agriculture, commerce, pêche, transport, artisanat) : ils figuraient en Seudre le monde de l'indépendance économique, au même titre que les laboureurs de l'Aunis voisine.

Au sommet de la hiérarchie sociale, les capitaines de navire se fondaient dans la bourgeoisie, moins par la nature de leur fortune que par leurs investissements fonciers pourvoyeurs de rente foncière. Par ailleurs, l'obstination avec laquelle les capitaines de la Seudre conservaient un outillage destiné à travailler le bois n'est pas sans interroger l'historien. Sur 85 inventaires étudiés, 54 propriétaires d'outils de menuiserie, tonnellerie ou charpentage peuvent être recensés. Si la possession d'un capital viticole intégrait les gens de mer à la société littorale saintongeaise, il semble néanmoins que les marins s'étaient fait une spécialité du travail du bois.

**RÉSUMÉ**

**À la fin du XVIII^e siècle, un millier de gens de mer habitent autour de l'estuaire de la Seudre, une zone rurale et maritime. Ils travaillent comme salariés du grand commerce, à La Rochelle et Bordeaux mais passent souvent plus de la moitié de leur vie à terre. C'est grâce à l'étude des archives des notaires que l'on peut étudier leur mode de vie, a travers l'organisation de leurs maisons, la nature de leurs stocks et de l'outillage qu'ils possèdent. Les activités de second plan suivent la hiérarchie sociale. Les plus pauvres pratiquent la pêche côtière, les plus riches exploitent des terres, les catégories intermédiaires font du commerce. Pour tous, la diversification de l'activité passe par deux marqueurs principaux : l'exploitation de la vigne et le travail du bois. Quel que soit leur niveau social, tous les marins de la Seudre sont concernés, ce qui constitue une particularité de ce monde maritime dans la France de la fin du XVIII^e siècle.**



*ABSTRACT*

*At the end of the eighteenth century, a thousand seamen lived close to the estuary of the river Seudre, a rural and maritime area. They worked as sailors for the long-distance trade based in Bordeaux or La Rochelle, but they also spent over half of their time on land. Thanks to the archives of the notaries, it is possible to study their way of life, from the way they organised their houses to the nature of their goods and stocks and the tools that they owned. Their place in the social hierarchy seems to have dictated the nature of the other work they undertook. The poorest engaged in coastal fishing whilst the more wealthy farmed their land. Those in-between often had a little shop at home. But two activities were shared by all social categories: winemaking and woodworking. This seems to be particular to this maritime society of early modern France.*

# La pluralité des activités, une forme de réactivité commerciale

## L'exemple de Thomas de Bondié, bourgeois et marchand de Bordeaux (1505-1506)*

Michel Bochaca
UMR 7266 LIENSs CNRS-Université de La Rochelle

Un certain nombre d'affaires traitées entre avril 1505 et décembre 1506 par Thomas de Bondié, marchand et bourgeois de Bordeaux, sont connues grâce à deux registres particuliers instrumentés par le notaire bordelais Jacques Turpaud et conservés à la fin de deux minutiers couvrant respectivement les années 1505-1506 et 1506-1507[1]. Ces actes, du fait de leur nombre (115) et de leur chronologie (20 mois consécutifs entre le 11 avril 1505 et le 9 décembre 1506), éclairent une séquence courte mais cohérente de l'activité commerciale d'un marchand de Bordeaux, ce qui, en l'absence de papiers privés et de comptabilités marchandes conservés pour les XIVe et XVe siècles, est un élément assez rare pour être souligné[2].

* La présente étude s'inscrit dans le cadre du projet de recherche *Las sociedades urbanas de las ciudades y villas portuarias de la Europa Atlántica en la Baja Edad Media* (HAR 2012-31801) dirigé par J. A. Solórzano Telechea et financé par le Ministerio de Economía y Competividad del gobierno de España.

1. Excellent connaisseur des archives notariales bordelaises, Jacques Bernard avait signalé dans sa thèse l'intérêt de ces deux registres particuliers et identifiés Thomas et Louis de Bondié avec le groupe des marchands espagnols qui fréquentèrent Bordeaux après la conquête française où ils incarnaient « un type nouveau d'hommes d'affaires ». Voir Bernard, Jacques, *Navires et gens de mer à Bordeaux (vers 1400-vers 1550)*, Paris, SEVPEN, 1968, t. 1, p. 25 n. 32 et t. 2, p. 503. Faumont, Yohan, *Le Commerce du pastel à Bordeaux à travers les registres des actes instrumentés par Jacques Turpaud, notaire, pour Thomas et Louis de Bondié (1505-1506)*, mémoire de Master inédit, univ. de La Rochelle, 2007. Les deux minutiers de Jacques Turpaud sont conservés aux Archives départementales de Gironde sous les cotes 3 E 12213, f° 329 à 357 et 3 E 12214, f° 391 à 414 v°. Au début du XVIe siècle, le style de l'Annonciation était toujours en usage à Bordeaux, notamment chez les notaires. L'année débutait le 25 mars et s'achevait le 24 mars suivant. Toutes les dates ont été restituées en nouveau style.

2. Les plus anciens papiers commerciaux privés conservés pour Bordeaux sont ceux de Fortaney Dupuy, marchand de Saint-Michel et bourgeois de Bordeaux, qui couvrent les

## Thomas de Bondié : un marchand aux activités plurielles

Mis à part quatre actes qui concernent le frère de Thomas de Bondié, Louis, les 111 actes restants permettent d'identifier 95 transactions distinctes impliquant Thomas de Bondié, dans la mesure où plusieurs d'entre eux se rapportent parfois à une même affaire. Cet échantillon donne un aperçu suggestif des activités économiques auxquelles se livrait Thomas de Bondié car, à l'exception de deux transactions portant sur des maisons, les 93 autres affaires documentées ont toutes un caractère commercial (Annexe 1).

Le pastel figure seul la plupart du temps, parfois associé à d'autres marchandises, dans 55 des 93 affaires commerciales connues. Présent dans 59 % des transactions, il arrive loin en tête dans une gamme de produits variés dont Thomas de Bondié faisait commerce : vin, blés (froment, avoine), huile d'olive, poisson (hareng, merlus), chanvre et barriques. Cette forte implication dans le commerce du pastel toulousain, dont la production connaît alors son plein développement et qui trouve à Bordeaux une porte de sortie maritime vers les centres drapiers anglais et flamands, constitue la caractéristique majeure des activités économiques de Thomas de Bondié. Elle le distingue des autres marchands bordelais qui opèrent à la même époque et dont les activités sont davantage tournées vers les exportations de vins, l'importation de draps et leur redistribution locale conjointement avec le commerce de détail des grains, du vin, des barriques, de produits finis divers, le tout associé aux prêts d'argent[3]. Nécessitant d'importants moyens financiers, le commerce du pastel a été accaparé, dès sa phase d'essor dans les années 1480-1490, par des marchands castillans, souvent originaires de Burgos. Après s'être déplacés en personne pour la conduite directe de leurs affaires entre Burgos, Toulouse, Bordeaux et Londres, à l'exemple de Diego de Castro dit « de Londres » à la fin du XV^e^ siècle[4], les principaux acteurs tendent à se fixer au début du XVI^e^ siècle et à contrôler les opérations à partir des points extrêmes du circuit : Toulouse où se concentre et se négocie la production de pastel, et, à l'autre

années 1505-1523. Encore s'agit-il d'un exemple isolé. Voir MOUTHON, Fabrice, « Fortaney Dupuy, un marchand bordelais au XVI^e^ siècle », *Annales du Midi*, t. 106, 1994, p. 353-373. BOCHACA, Michel et MICHEAU, Jacques, *Fortaney Dupuy, un marchand de Bordeaux à l'aube de la Renaissance* (sous presse).

3. *Cf.* Fig. 1.a – Le système bordelais. BOCHACA, Michel, *Les Marchands bordelais au temps de Louis XI. Espaces et réseaux de relations économiques*, Bordeaux, Ausonius, 1998, p. 15-56. Reposant sur des produits distincts et fonctionnant selon des logiques commerciales différentes, les circuits d'échanges contrôlés par les marchands bordelais restaient relativement à l'écart des circuits aux mains des marchands castillans avec lesquels ils n'interagissaient guère.

4. BOCHACA, Michel, « Burdeos centro de exportación del pastel de Languedoc hacia Inglaterra y Flandes : el papel de los Castellanos en la organisación de circuitos económicos nuevos al final del siglo XV », dans *Entre el Mediterráneo y el Atlántico : España en la formación de un espacio económico europeo (siglos XV-XVIII)* – VII° congreso de la Asociación española de historia económica, Santiago de Compostela – La Coruña – Vigo (del 13 al 16 de septiembre de 2005).

bout de la chaine, Londres et Arnemuiden, principaux ports d'arrivée en Angleterre et en Zélande, à partir desquels le pastel est redirigé ensuite vers les centres drapiers anglais, flamands et brabançons. À Toulouse, opèrent des marchands locaux tels Denis de Belbesère, Étienne Ulmyère et Guirauld Ébrard, mais aussi des hommes nouveaux comme Jean de Bernuy, dont la famille est originaire de Burgos[5]. Les destinataires du pastel avec lesquels Thomas de Bondié travaille régulièrement en 1505 et 1506 sont eux aussi des Castillans, à l'exemple de Fernando Dassé et Nicolas de Victory à Londres, ainsi que Coppin et Francisco de Valladolid à Arnemuiden[6].

Dans ces circuits internationaux du pastel, Bordeaux joue le rôle d'un centre relais[7]. Les balles de pastel descendues par la Garonne sur des embarcations fluviales y sont entreposées avant d'être chargées sur des navires de mer en partance pour l'Angleterre et la Zélande, secondairement la péninsule ibérique (Bilbao, Laredo). Il est possible que Thomas de Bondié ait fait office de consignataire et se soit chargé de réceptionner le pastel à Bordeaux. L'acheminement entre Bordeaux et Toulouse et le stockage à Bordeaux nous échappent faute d'avoir laissé des traces dans les registres de Jacques Turpaud comme dans ceux conservés pour les autres notaires opérant sur place. L'activité principale de Thomas de Bondié consistait à affréter les navires pour le compte des marchands de pastel toulousains et à veiller à leur chargement[8]. Les 49 chargements de pastel sur un total de 57 affrètements et connaissements montrent qu'il s'agit de l'essentiel de sa tâche. Il devait se mouvoir d'autant plus à son aise dans ces circuits largement dominés par des marchands castillans qu'il appartenait

5. Caster, Gilles, *Le Commerce du pastel et de l'épicerie à Toulouse (1450 environ à 1561)*, Toulouse, Privat, 1962. Casado Alonso, Hilario, « Le rôle des marchands castillans dans la commercialisation internationale du pastel toulousain (xve et xvie siècles) », dans Cardon, Dominique et Hansjürgen, Müllerott (dir.), Actes du 2e Congrès international *Pastel, indigo et autres plantes tinctoriales : Passé, présent, avenir* (Toulouse, 8-10 juin 1995), Arnstadt, Thüringer Chronik-Verlag, 1998, p. 65-70. Casado Alonso, Hilario, *El Triunfo de Mercurio. La presencia castellana en Europa (siglos* xv y xvi*)*, Burgos, Cajacírculo, 2003. Casado Alonso, « Las redes comerciales castellanas en Europa (siglos xv y xvi) », dans Casado Alonso, Hilario et García Baquero, Antonio (dir.), *Comercio y hombres de negocios en Castilla y Europa en tiempos de Isabel la Católica*, Madrid, Sociedad Estatal de culturales Conmemoraciones, 2007. Casado Alonso, Hilario, « Crecimiento èconomico, redes de comercio y de fiscalidad en Castilla a fines de la Edad Media », dans Bonachia Hernando, Juan Antonio et Carvajal de la Vega, David (dir.), *Los negocios del hombre. Comercio y rentas en Castilla. Siglos xv y xvi*, Valladolid, Castilla Ediciones, 2012, p. 17-36. Casado Alonso, Hilario, « Los agentes castellanos en los puertos atlánticos : los ejemplos de Burdeos y de los Países Bajos (siglos xv y xvi) », dans Fábregas García, Adela (dir.), *Navegación y puertos en época medieval y moderna*, Grenada, La Nao, 2012, p. 163-194 (171-180).

6. Les membres de la famille des Valladolid établis à Middelburg ont été présentés par Fagel, Raymond, *De Hispano-Vlaamse Wereld. De contacten tussen Spanjaarden en Nederlanders, 1496-1555*, Bruxelles, 1996, p. 114-117. Renseignement bibliographique aimablement communiqué par Hilario Casado Alonso (Université de Valladolid).

7. *Cf.* Fig. 1.b – Le système castillan et Fig. 2 – Les circuits du pastel de Jean Bernuy.

8. Arch. dép. de Gironde, 3 E 12213, f° 335, 5 juin 1505. Thomas de Bondié inspecte luimême le *Christophe* de Bordeaux avant de convenir avec le maître que le navire ne peut pas porter plus de 387 balles de pastel.

lui-même à cette communauté. Membre de la famille des Buendia, dont le patronyme a été déformé en Bondié par les scribes gascons[9], il est d'abord associé à son beau-père, Pierre del Poyo, auquel il succède en 1505 probablement après la mort de ce dernier. Marié à Isabelle del Poyo, il tenait feu vif dans la ville depuis suffisamment de temps pour acquérir le statut de bourgeois de Bordeaux et jouir des privilèges commerciaux et fiscaux qui y étaient attachés.

Si Thomas de Bondié agit avant tout pour le compte d'autres marchands, les rapports directs qu'il entretient avec les maîtres de navire faisant en escale à Bordeaux lui permettent d'obtenir de ces derniers des facilités et des rabais dont il profite pour développer de façon parallèle ses propres affaires. Il n'est pas rare de le voir embarquer quelques barriques de vin ou balles de pastel dont il a la propriété aux côtés de celles des marchands toulousains pour le compte desquels il agit[10]. Ces marchandises personnelles sont chargées « libres de fret », c'est-à-dire sans payer le coût du transport, ce qui lui permet d'augmenter ses marges bénéficiaires[11]. Entre le 25 avril 1505 et le 11 avril 1506, Thomas de Bondié procède à 13 expéditions quittes de fret pour un total de 72 balles de pastel et de 5 tonneaux et une barrique de vin, auxquels il faut ajouter 14 pièces de cuir, deux douzaines et demie de planches de chêne et une demi-barrique de vinaigre. La possibilité de charger gratuitement pour son compte offrait indiscutablement des avantages, d'autant que son statut de bourgeois de Bordeaux l'exonérait totalement ou en partie du paiement des droits de douane, ou coutumes, pour les marchandises dont il était propriétaire.

Au premier abord, les actes dont nous disposons montrent Thomas de Bondié agissant à la manière d'un consignataire. Opérant pour le compte de tiers, on peut supposer qu'il réceptionnait à Bordeaux le pastel expédié depuis Toulouse. Nous le voyons surtout rediriger ce pastel vers d'autres correspondants établis à Londres ou à Arnemuiden qui lui étaient sans doute désignés par ses donneurs d'ordres toulousains. On ignore comment il était

9. Nous remercions Hilario Casado Alonso d'avoir attiré notre attention sur ce rapprochement.

10. Arch. dép. de Gironde, 3 E 12213, f° 331, 25 avril 1505 (18 balles de pastel et 2 tonneaux de vin) ; f° 342, 5 novembre 1505 (4 balles de pastel) ; f° 344 v°, 8 novembre 1505 (10 balles de pastel) ; f° 345 v°, 10 novembre 1505 (10 balles de pastel) ; f° 346, 11 novembre 1505 (20 balles de pastel et un tonneau de vin) ; f° 346 v°-347, 3 décembre 1505 (10 balles de pastel) ; f° 347-347 v°, 4 décembre 1505 (un tonneau de vin) ; f° 356-356 v°, 5 mars 1506 (2 barriques de vin) ; f° 356-356 v°, 20 mars 1506 (une barrique de vin). *Ibid.*, 3 E 12214, f° 391-391 v°, 30 mars 1506 (une barrique de vin) ; f° 392 v°-393, 11 avril 1506 (une barrique de vin) ; f° 393 v°, 21 avril 1506 (14 pièces de cuir) ; f° 396-396 v°, 12 mai 1506 (2 douzaines et demie de planches de chêne et une demi-barrique de vinaigre).

11. Bochaca, Michel et Tranchant, Mathias, « Du golfe de Gascogne à la Picardie et à la Flandre maritime : le déplacement par mer des hommes et des marchandises à la fin du xv^e^ siècle », dans *Se déplacer du Moyen Âge à nos jours*, Actes du 6^e^ colloque européen de Calais (2006-2007), Calais, Les Amis du Vieux Calais, 2009, p. 135-146. Dans les années 1470-1480, le coût moyen du transport d'un tonneau de vin entre Bordeaux et Calais représentait environ le quart de la valeur marchande de celui-ci.

rémunéré pour ce travail (système de commissions ?). Son rôle était celui d'un intermédiaire au service d'autres marchands, dont certains, à l'exemple des marchands de pastel toulousains, avaient une envergure économique bien supérieure à la sienne[12]. Signe de la modestie de ses moyens, il réalise seulement deux chargements pour son propre compte, dont un portant sur quatre barils d'huile[13]. S'il charge à son nom 32 tonneaux et demi de vin et 68 petites balles de pastel à destination de Laredo, rien n'interdit de penser que ces marchandises allaient « aux aventures et périls » d'un autre marchand qui endossait le risque en cas de perte du navire. Pour autant, Thomas de Bondié ne se cantonne pas au rôle d'un simple consignataire. Comme pour les expéditions de pastel, dont il profite pour faire ses propres envois, il tire partie de la dynamique générale des affaires et des réseaux commerciaux dans lesquels il évolue pour avancer ses pions. Au gré des opportunités, il vend du vin[14] et du pastel[15], il prête de l'argent[16], il achète en gros des barriques neuves à des tonneliers bordelais[17] pour les revendre ensuite en petites quantités à des particuliers[18]. On devine cependant au détour de certains actes qu'une partie des activités de Thomas de Bondié nous échappe.

12. Outre les chargements de pastel opérés pour le compte de Toulousains, Thomas de Bondié leur sert régulièrement de relais. Le 27 octobre 1505, il reçoit quittance d'Étienne du Montelle, serviteur de Glousse de Cibile, marchand de Rouen, auquel Jean de Bernuy, marchand de Toulouse, devait 1260 l. 10 s. t. (Arch. dép. de Gironde, 3 E 12213, f° 339). Le 24 décembre 1505, il reconnaît avoir reçu de Coppin de Valladolid, marchand et bourgeois de Middelburg, 11 lasts de harengs qu'il a vendus. Avec cet argent, il a acheté 15 tonneaux de vin et 16 balles de pastel qui ont été chargés sur la *Barbe* de Penmarch (*Ibid.*, 3 E 12213, f° 349-350). Trois actes datés de juillet 1506 le montrent comme le correspondant à Bordeaux d'un trafic de blé à destination du Portugal organisé par Pierre Lopes et Diego de Castro (*Ibid.*, 3 E 12214, f° 405, 7 juillet 1506 ; f° 406-406 v°, 7 juillet 1505 et f° 406 v°-407 v°, 17 juillet 1506).

13. *Ibid.*, 3 E 12213, f° 350-350 v°, 26 décembre 1505, connaissement pour 4 barils d'huile d'olive expédiés à Londres, le fret restant à fixer ; 3 E 12214, f° 21, avril 1506, connaissement pour 32,5 tonneaux de vin et 68 petites balles de pastel à destination de Laredo pour le prix de 40 sous tournois le tonneau de fret, plus 14 pièces de cuir quittes de fret.

14. *Ibid.*, 3 E 12213, f° 350, 24 décembre 1505, reconnaissance de dette de Jean Le Couleur, maître de la *Pentecoste* de Penmarch, envers Thomas de Bondié pour l'achat de 2 tonneaux de vin qu'il reconnaît avoir goûtés.

15. *Ibid.*, 3 E 12213, f° 351 v° et f° 351 v°-352, 9 février 1506, reconnaissance de dette de Guilhem de Lange et de Jehan de Pey de Troy, marchands de Bordeaux, envers Thomas de Bondié pour l'achat de 5 pipes de pastel. Thomas de Bondié se porte garant de l'aloi des 5 pipes de pastel.

16. *Ibid.*, 3 E 12214, f° 399 v°, 26 mai 1506, reconnaissance de dette de Jehan de Bernerichs, paroissien de Sainte-Eulalie (Bordeaux), envers Thomas de Bondié pour un prêt de 50 francs bordelais remboursable à la Saint Michel suivante. Acte cancellé le 29 octobre 1506.

17. *Ibid.*, 3 E 12213, f° 333 v°, 7 mai 1505. *Ibid.*, 3 E 12214, f° 394, 21 avril 1506 ; f° 394 v°, 21 avril 1506 ; f° 394 v°-395, 21 avril 1506 ; f° 395, 21 avril 1506 ; f° 397 v°-398 ; 11 mai 1506 ; f° 398, 15 mai 1506.

18. *Ibid.*, 3 E 12213, f° 337 v°, 9 septembre 1505. *Ibid.*, 3 E 12214, f° 408 v°-409, 11 septembre 1506 ; f° 409, 15 septembre 1506 ; f° 409, 15 septembre 1506 ; f° 409 v°, 15 septembre 1506 ; f° 409 v°, 16 septembre 1506 ; f° 409 v°-410, 16 septembre 1506 ; f° 410, 5 septembre 1506 ; f° 410-410 v°, 23 septembre 1506. Le rôle central des marchands bordelais dans la redistribution des barriques neuves auprès des particuliers a été récemment mis en

À deux reprises, le 5 novembre 1505 et le 20 janvier 1506, il a recours à Étienne Ulmyère pour tenter de recouvrer des créances qui lui sont dues dans les pays de la moyenne Garonne, sans que la nature exacte des affaires soit précisée[19]. Le 7 avril 1506, il donne procuration à Jehan Chymenez, marchand de Bordeaux, pour que celui-ci se fasse remettre par Anthony Bonencontre, marchand de Montauban, et Jehan Benaguet, marchand de Toulouse, l'argent provenant de la vente de neuf et de dix pipes de merlus que Thomas de Bondié leur a respectivement envoyées pour les écouler à son profit[20]. Le 15 avril 1506, il donne une autre procuration à Pedro de Saint-Étienne, marchand espagnol demeurant à Toulouse, absent au moment de la passation de l'acte, pour recouvrer 50 l. 9 s. 8 d. t. que lui doit Pedro de Lambiers, marchand navarrais demeurant à La Rochelle ou à La Châtaigneraie en Poitou[21]. S'agit-il de trafics propres à Thomas de Bondié ? On peut en douter car, en sens inverse du pastel, il sert de relais à des correspondants étrangers pour écouler à partir de Bordeaux des marchandises importées. Le 24 décembre 1505, Thomas de Bondié reconnaît avoir reçu de Coppin de Valladolid, marchand de Middelburg, 11 lasts de harengs qu'il a vendus. Avec cet argent, il a acheté 15 tonneaux de vin et 16 balles de pastel qui sont chargés sur la *Barbe* de Penmarch et réexpédiés à son correspondant castillan établi en Zélande[22]. Or ce même Coppin de Valladolid figure parmi les destinataires zélandais du pastel chargé à Bordeaux par les soins de Thomas de Bondié.

## Opportunisme commercial et capacité d'adaptation à la conjoncture

Alors que les expéditions de pastel s'étalent assez largement sur 13 des 20 mois couverts par les deux registres particuliers instrumentés par Jacques Turpaud, l'année 1506 voit un changement notable dans les activités de Thomas de Bondié (Annexe 2). Cinq chargements de blé sont expédiés à destination de la péninsule ibérique : un premier en mars vers Saint-Sébastien et Pasajes, suivi de quatre autres en juin et juillet vers Lisbonne et Setubal, avec, pour le dernier, la possibilité de poursuivre le voyage jusqu'à Cadix et Sanlucar de Barrameda.

Il faut tout d'abord rappeler que les sorties de blé depuis Bordeaux sont peu fréquentes dans la mesure où la ville doit régulièrement importer des grains de Saintonge et des pays de la moyenne Garonne pour couvrir les besoins de sa population que les campagnes bordelaises ne suffisent pas à nourrir[23]. Les exportations sont soumises à une autorisation préalable

lumière : Porcher, Kevin, *La Tonnellerie bordelaise après la guerre de Cent Ans (vers 1450-vers 1480)*, mémoire de master inédit, univ. de La Rochelle, 2006.

19. Arch. dép. de Gironde, 3 E 12213, f° 341 v°-342, 5 novembre 1505 et f° 350 v°, 20 janvier 1506.
20. *Ibid.*, 3 E 12214, f° 391 v°-392.
21. *Ibid.*, 3 E 12214, f° 393-393 v°.
22. *Ibid.*, 3 E 12213, f° 349-350.
23. Mouthon, Fabrice, *Les Blés du Bordelais et du Bazadais. L'économie céréalière dans les diocèses de Bordeaux et de Bazas (vers 1300-vers 1550)*, thèse d'université inédite, Bordeaux, 1993, t. 1, p. 129-229.

par les officiers du roi et ne peuvent intervenir qu'en période d'excédent pour Bordeaux et sa région. Le chargement à destination de Saint-Sébastien et de Pasajes n'est pas surprenant outre mesure car le Guipúzcoa et la Biscaye souffraient plus encore que le Bordelais d'une pénurie chronique de grains[24]. D'autre part, les ports cantabriques ne sont pas inconnus de Thomas de Bondié qui expédie du pastel vers Bilbao le 5 juin 1505 et le 12 mai 1506[25], ainsi que du vin, du pastel et du cuir vers Laredo le 21 avril 1506[26]. Les envois de blé vers Lisbonne et Setubal sont en revanche inhabituels pour autant qu'on puisse en juger à partir des maigres sources faisant état de relations commerciales entre Bordeaux et le Portugal. Les deux villes portugaises pourvoyaient à l'occasion Bordeaux, la première en sucre de Madère et en épices, la seconde en sel et en sardines salées[27]. Autre élément inaccoutumé dans les affaires traitées par Thomas de Bondié, les quatre envois de blé vers le Portugal donnent lieu à une intense activité qui se manifeste tant par le nombre des actes consignés dans le registre (9 au total) que par leur contenu qui laisse entendre un échange d'informations soutenu entre les acteurs de ce trafic. Tout se passe comme si le réseau commercial auquel appartient Thomas de Bondié s'activait soudainement afin de mobiliser les énergies et les capitaux vers des marchés offrant des perspectives de profit intéressantes mais situés hors de l'aire d'activité habituelle de ses membres. Si nous ignorons la provenance des informations et leur mode de transmission, il ne fait aucun de doute que les hommes d'affaires castillans et leurs associés toulousains dans le sillage desquels se mouvait Thomas de Bondié ont réagi en parfaite connaissance de cause. À partir de 1498, Lisbonne et Setubal servent de plaque tournante pour les relations portugaises avec l'Afrique et connaissent une forte demande en céréales pour soutenir cette expansion maritime. À côté des permis régulièrement concédés par le roi pour importer des blés étrangers, les violences dont les juifs convertis sont victimes à Lisbonne en 1506 sont le signe de graves difficultés d'approvisionnement[28]. La possibilité de poursuivre de Lisbonne vers Cadix et Sanlucar de Barrameda envisagée en juillet 1506 lors de la préparation du dernier voyage connu trouve, elle aussi, une explication dans la crise de subsistance que connaît alors l'Andalousie[29]. C'est donc sur la foi d'informations précises et de haute valeur

24. Arízaga Bolumburu, Beatriz, « El Abastecimiento de las villas vizcaínas medievales », dans *La Ciudad Hispánica ss. xiii-xvi*, Madrid, 1985, p. 293-316. Arízaga Bolumburu, Beatriz, « La perception de la frontière en Guipúzcoa au Moyen Âge », dans Menjot, Denis (dir.), *Les Villes frontières (Moyen Âge, Époque Moderne)*, Paris, l'Harmattan, 1997, p. 129-143.

25. Arch. dép. de Gironde, 3 E 12213, f° 335 et 3 E 12214, f° 396-396 v°.

26. *Ibid.*, 3 E 12214, f° 393 v°.

27. Bernard, Jacques, *Navires et gens de mer…*, *op. cit.*, t. 1, p. 216 n. 175.

28. Renseignements aimablement fournis par Amélia Andrade et Cláudia Silveira (Université Nouvelle de Lisbonne).

29. Yun Casalilla, Bartolome, *Crisis de subsistencia y conflictividad social en Córdoba a principios del siglo xvi*, Córdoba, Diputación Provincial, 1980. Martín Gutiérrez, Emilio, « La crisis de 1503-1507 en Andalucía. Reflexiones a partir de Jerez de la Frontera », dans Oliva Herrer, Hipólito Rafael et Benito i Monclús, Pere (dir.), *Crisis de subsistencia y crisis*

économique que ces opérations commerciales sortant de l'ordinaire, tant par le produit traité que par les marchés prospectés, sont entreprises. Les nombreux envois de blé effectués en 1506 à partir de Bordeaux à destination du Guipúzcoa, de la Biscaye, du Portugal et de l'Andalousie qui, au-delà de Thomas de Bondié, impliquent d'autres marchands, témoignent de la grave pénurie qui sévissait alors dans la péninsule ibérique[30].

Les deux connaissements passés le 25 juin 1506 par Étienne Rousseau et Arnaut Cluseau, respectivement maîtres du *Martin* de Ré et du *Pierre* de Marennes[31], ont été précédés les 3 et 9 juin par deux contrats d'affrètement en bonne et due forme grâce auxquels Thomas de Bondié réservait par avance le service des deux navires[32]. L'affrètement de la *Jeannette* de Crozon sans doute infructueux dans un premier temps, comme en témoigne la minute inachevée et cancellée en date du 23 juin, est finalement conclu deux jours plus tard[33]. Le *Martin* et le *Pierre* doivent « conduire du premier temps convenable [...] au port de Lisbonne ou Setubal en droiture » 187 et 140 pipes de froment. Le maître de la *Jeannette* s'engage quant à lui charger le plus tôt possible tout le blé que son navire peut emporter. Thomas de Bondié avance aux deux premiers maîtres 14 et 12 écus déductibles du fret, mais qui doivent lui être remboursés si les navires ne parviennent pas à bon port.

On peut raisonnablement penser que le *Martin* et le *Pierre* ont emporté leur cargaison de blé vers le Portugal. La chose n'est pas aussi certaine pour la *Jeannette* car, à partir du début de juillet, la poursuite des opérations ne se déroule pas aussi bien que prévu. L'importance de l'affaire, éminemment spéculative et qui s'apparente à un « gros coup », peut expliquer la venue à Bordeaux de Louis de Bondié qui, durant cette courte période, agit tantôt seul, tantôt associé à Thomas. Le 7 juillet 1506, il fait dresser un acte par lequel il déclare n'avoir pas reçu la lettre de change que Denis de Belbesère, marchand de Toulouse, lui a envoyée quinze jours plus tôt par le truchement de Jean de Bernuy[34]. Faute de disposer des 1 000 livres promises, il informe son correspondant toulousain qu'il a dû laisser appareiller les navires affrétés. La *Jeannette* figurait-elle au nombre de ces derniers ? Il précise qu'il lui faut dès lors procéder à d'autres affrètements et acheter du blé à plus haut prix, autant de contretemps qui ralentissent le cours des opérations et réduisent leur rentabilité. Entre-temps, Salvat de Lahet, serviteur de Jean de Bernuy, a tenté de faire parvenir la somme, comme en témoigne la copie, établie par le notaire Jacques Turpaud, d'une lettre dudit Salvat de Lahet écrite en castillan et donnant l'ordre de payer à Louis

*agraria en la Edad Media*, Séville, Universidad de Sevilla, 2007, p. 277-302. Références bibliographiques aimablement communiquées par Antonio Collantes de Teran (Université de Séville).

30. Bernard, Jacques, *Navires et gens de mer*..., *op. cit.*, t. 3, p. 202-242.
31. Arch. dép. de Gironde, 3 E 12214, f° 401 v°-402, 402 v°-403.
32. Arch. dép. de Gironde, 3 E 12214, f° 399 v°-400 et 400-400 v°.
33. Arch. dép. de Gironde, 3 E 12214, f° 401 v° et 403-403 v°.
34. Arch. dép. de Gironde, 3 E 12214, f° 404.

de Bondié 1 000 livres dues par Alonce de Corroal[35]. Peine perdue comme l'atteste l'acte du 7 juillet.

La mobilisation du réseau Belbesère-Bernuy ne s'arrête pas là. Outre Louis venu seconder son frère Thomas à Bordeaux, d'autres correspondants s'activent. Le 6 juin et le 13 juin, par deux contrats passés devant un notaire de Bruges, Jean Bisine, marchand de Bordeaux, a vendu à Diego de Castro, marchand espagnol, 800 boisseaux (?)[36], et à Pierre Lopes, marchand de Calatayud, 2 400 boisseaux de blé, pour le prix de 200 écus[37], à charger dans les deux cas à Bordeaux sur les navires affrétés, 15 jours après leur arrivée. Le 7 juillet, Jean Bisine institue son frère Pierre, marchand de Marmande, garant du chargement du blé et reconnaît avoir reçu de Louis et Thomas de Bondié les 200 écus promis par Pierre Lopes. Le 5 août, Jean Bisine donne quittance à Thomas de Bondié pour le paiement de 100 écus en relation avec un chargement de blé pour Pierre Lopes. Si le blé n'est pas à bord de la *Charrette* de Penmarch le 12 août, il s'engage à rembourser les 100 écus, ce qu'il n'eut pas à faire car l'acte fut cancellé le 20 août après exécution du contrat[38]. Parallèlement, le 17 juillet, le maître de la *Marie* du Croisic, dont le navire avait été affrété le 18 juin par Thomas de Bondié, reconnaît avoir chargé à Libourne 83 tonneaux et 8 boisseaux de blé appartenant à Rodrigo de Valladolid[39]. Ce voyage plus tardif vers Lisbonne et Setubal risquant de ne pas être aussi rentable, une solution de rechange est envisagée avec la poursuite vers Cadix et Sanlucar de Barrameda après avoir pris les ordres à Lisbonne. Une option est prise par avance sur le navire pour un possible retour à Bordeaux avec 35 caisses de sucre à son bord.

En raison de la fragilité des grains dont le chargement se faisait en vrac ou dans des sacs, ce qui les exposait à la moisissure tant par l'humidité de l'air que par les infiltrations d'eau dans la coque des navires ou les paquets de mer embarqués par mauvais temps, des garanties particulières, qui ne figurent pas dans les expéditions de pastel et de vin, sont prises pour assurer la bonne conservation de la marchandise pendant le voyage[40]. D'autre part, envoyés vers des destinations méridionales imposant une traversée en droiture du golfe de Gascogne puis une navigation le long des côtes galiciennes et portugaises qui leur étaient moins familières que celles de Bretagne, de Normandie, de Flandre ou du sud de l'Angleterre, il est prévu

35. Arch. dép. de Gironde, 3 E 12214, f° 404 v°.

36. Arch. dép. de Gironde, 3 E 12214, 406-406 v°. L'unité de mesure semble avoir été omise par inadvertance : « le nombre de huyt cens de bledz » (*sic*). Il pourrait s'agir de boisseaux.

37. Arch. dép. de Gironde, 3 E 12214, f° 405 v°.

38. Arch. dép. de Gironde, 3 E 12214, f° 408.

39. Arch. dép. de Gironde, 3 E 12214, f° 406 v°-407 v°.

40. Arch. dép. de Gironde, 3 E 12214, f° 403 v°, 25 juin 1506. « Et doibt ledit maistre auoir sondit nauire bien estanche, garny de gens et d'aultres chouses neccessaires pour la conduyte dudit nauire scelon le voiage ou au present il va, et au cas que par deffault dudit maistre ou nauire ou gens dudit nauire ledit blé feust gasté etc. le doibt reparer. »

que les deux maîtres de navires saintongeais fassent appel aux services de pilotes et de lamaneurs pour les manœuvres dans le port d'arrivée, toute escale en cours de route leur étant interdite sauf cas de force majeure[41].

•

Après une brève et subite embellie documentaire entre mars 1505 et décembre 1506, nous perdons la trace de Thomas de Bondié sans savoir si l'obscurité qui s'abat sur lui au-delà de 1506 est due à la mauvaise conservation des sources, à un décès ou bien à un départ de Bordeaux. Bien que les informations dont nous disposons soient ténues et fragmentaires, elles permettent néanmoins d'entrevoir à partir de Bordeaux le fonctionnement d'un système commercial centré sur le proche Atlantique et déployé à travers l'ouest de l'Europe depuis l'Angleterre et la Zélande au nord, jusqu'à l'Andalousie au sud, en passant par le Portugal et les ports castillans et français du golfe de Gascogne.

Intermédiaire dans un réseau commercial qui l'englobe et le dépasse, Thomas de Bondié n'en constitue pas moins un rouage actif. Tout en se livrant à quelques trafics propres, il agit surtout pour le compte de marchands d'une envergure supérieure à la sienne, qui opèrent à Toulouse (Denis de Belbesère, Étienne Ulmyère, Giraud Ébrard et Jean de Bernuy) ou à Middelburg (Coppin de Valladolid). Son rôle à Bordeaux consiste à affréter des navires pour expédier vers Londres et Arnemuiden le pastel que ses donneurs d'ordres lui envoient depuis Toulouse. Il participe au bon fonctionnement des opérations quitte à recevoir du renfort, à l'exemple de l'intervention de son frère Louis en juin et juillet 1506, lorsque les affaires se complexifient avec les expéditions de blé vers le Portugal et l'Andalousie.

Cette pluralité des activités, même si elle s'exerce de façon occasionnelle, démontre la réactivité d'un groupe de marchands face aux opportunités du marché. Elle témoigne de leur capacité à exploiter rapidement des informations économiques sur l'état des marchés, à réorienter les énergies et les capitaux des membres du réseau vers des produits qui ne sont pas ceux couramment traités. Dans le cas présent, la diversification des activités n'a pas pour objet de prévenir un quelconque risque mais, au contraire, elle s'accompagne d'une prise de risque commercial et financier en lançant hommes, navires et produits sur des itinéraires maritimes nouveaux, à destination de marchés différents de ceux qui étaient habituellement fréquentés.

41. *Ibid.*, 3 E 12214, f° 403 v°. « Et sera paié le pilotaige et touaige et lamainage acoustumé et de toutes abaries tant deça que par della [...] Et doibt aller a droicte voye sans sajourner ny aborder a la couste d'Espaigne ainsi que Dieu leur en donnera le temps. »

**Figure 1 – *Superposition des circuits commerciaux du vin et du pastel passant par le port de Bordeaux (fin XVe-début XVIe siècle)***

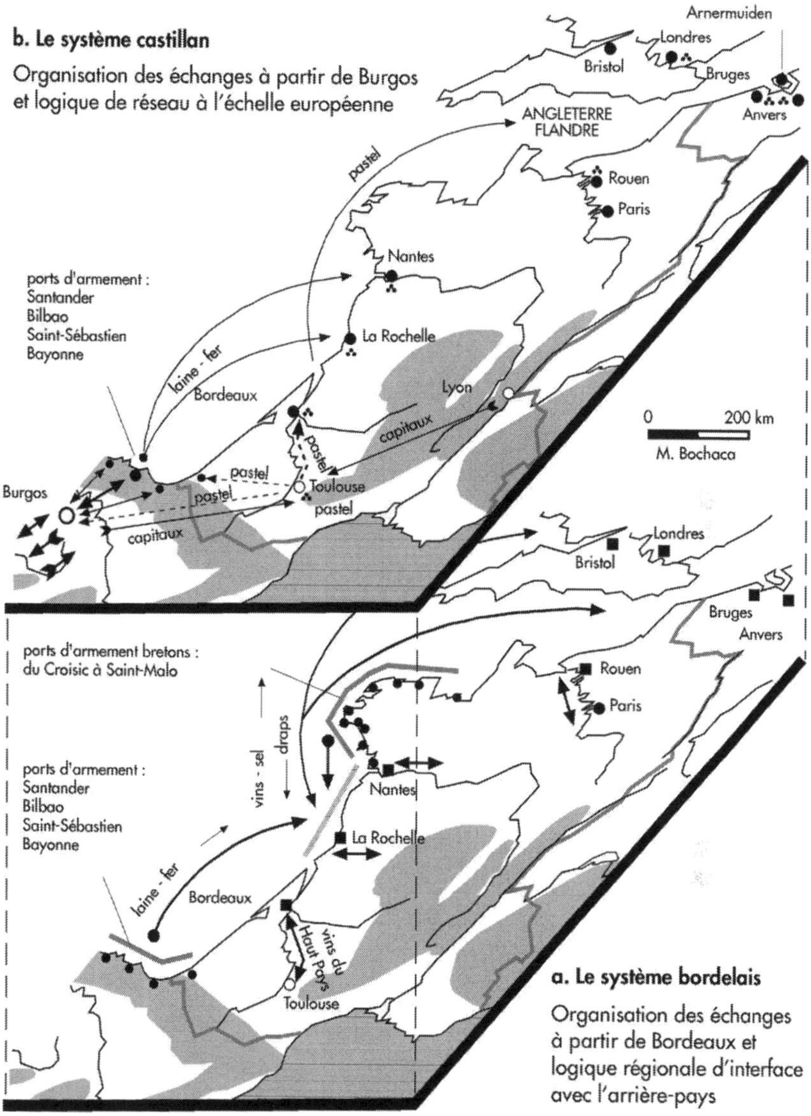

**Figure 2 – *Les circuits du pastel de Jean Bernuy (1505-1506)***

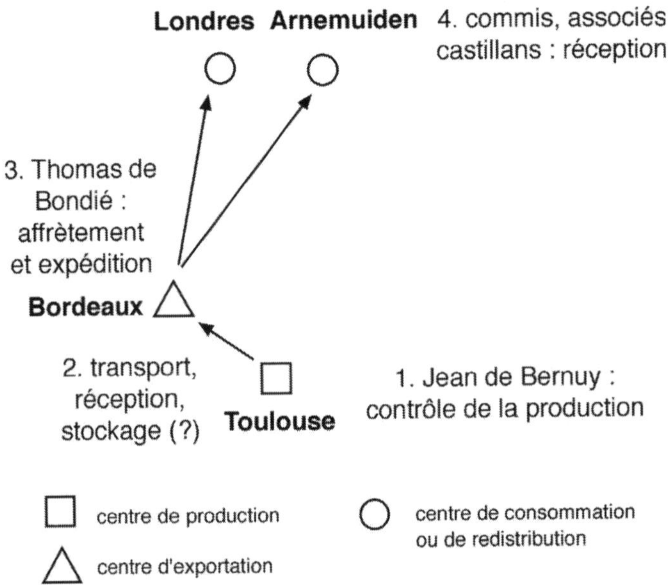

## Annexe 1 – *Typologie des actes instrumentés par Jacques Turpaud pour le compte Thomas de Bondié en 1505-1506*

| | |
|---|---|
| Chargements de navires :<br>– connaissements<br>– affrètements | 57<br>51<br>6 |
| Reconnaissances de dette (pour vente de marchandises et/ou prêt d'argent) | 19 |
| Achats de barriques | 8 |
| Procurations données à des tiers pour recouvrer des créances | 4 |
| Transactions commerciales et financières diverses | 5 |
| Transactions immobilières | 2 |
| Total | 95 |

## Annexe 2 – *Affrètements et connaissements passés par Thomas de Bondié*

| | | pastel | blé |
|---|---|---|---|
| 1505 | avril | 2 | |
| | mai | 2 | |
| | juin | 3 | |
| | juillet | | |
| | août | | |
| | septembre | | |
| | octobre | 9 | |
| | novembre | 11 | |
| | décembre | 3 | |
| 1506 | janvier | | |
| | février | 3 | |
| | mars | 5 | 1 |
| | avril | 4 | |
| | mai | 3 | |
| | juin | 1 | 3 |
| | juillet | 2 | 1 |
| | août | | |
| | septembre | | |
| | octobre | | |
| | novembre | 3 | |

### *Annexe 3*

**Actes pour Thomas de Bondié**

11 avril 1505 : reconnaissance de dette (RDD) – Bordeaux/Londres – chanvre dû à P. del Poyo
25 avril 1505 : Connaissement (C) – pastel pour Londres + pastel et vin de T. de Bondié libres de fret
25 avril 1505 : prix-fait – maison
30 avril 1505 : C – pastel pour Londres
30 avril 1505 : accord pour arrêter un procès pour dette due à P. del Poyo
7 mai 1507 : RDD – Bordeaux – avoine vendue par P. del Poyo
7 mai 1505 : livraison de barriques – Bordeaux
20 mai 1505 : C – pastel pour Londres
23 mai 1505 : C – pastel pour Arnemuiden
29 mai 1505 : RDD – Bordeaux – chanvre vendu par P. del Poyo
29 mai 1505 : livraison de barriques – Bordeaux
5 juin 1505 : C – pastel pour Bilbao – inspection du navire par T. de Bondié
6 juin 1505 : C – pastel pour Arnemuiden
9 juin 1505 : vente à réméré d'une maison à Bordeaux en faveur de P. del Poyo/accord avec T. de Bondié
23 juin 1505 : C – pastel pour Londres
9 septembre 1505 : RDD – Soussan - vente de barriques par T. de Bondié
14 octobre 1505 : C – pastel pour Arnemuiden
14 octobre 1505 : C – pastel pour Londres
24 octobre 1505 : C – pastel pour Londres
27 octobre 1505 : Quittance – T. de Bondié intermédiaire entre un marchand de Rouen et J. de Bernuy
30 octobre 1505 – C – pastel pour Londres
30 octobre 1505 – C – pastel pour Londres
31 octobre 1505 – C – pastel pour Londres
31 octobre 1505 – C – pastel pour Arnemuiden
31 octobre 1505 – C – pastel pour Arnemuiden
31 octobre 1505 – C – pastel pour Arnemuiden
5 novembre 1505 – Procuration de T. de Bondié à Etienne Ulmyères pour recouvrer de l'argent qui lui est dû
5 novembre 1505 : C – pastel pour Londres – 4 balles à T. de Bondié quittes de fret
6 novembre 1505 : C – pastel pour Londres
6 novembre 1505 : C – pastel pour Londres
6 novembre 1505 : C – pastel pour Londres
6 novembre 1505 : C – pastel pour Londres
8 novembre 1505 : C – pastel pour Londres – 10 balles à T. de Bondié quittes de fret
8 novembre 1505 : C – pastel pour Londres
10 novembre 1505 : C – pastel pour Arnemuiden

10 novembre 1505 : C – pastel pour Londres - 10 balles à T. de Bondié quittes de fret

11 novembre 1505 : C – pastel pour Londres – 20 balles et 1 tonneau à T. de Bondié quittes de fret

17 novembre 1505 : C – pastel pour Arnemuiden

3 décembre 1505 : C – pastel pour Londres – 10 balles pour T. de Bondié quittes de fret

4 décembre 1505 : C – pastel pour Londres – tonneau de vin à T. de Bondié quitte de fret ?

16 décembre 1505 : C – pastel pour Arnemuiden

20 décembre 1505 : RDD pour T. de Bondié par un marchand de Bordeaux suite à la vente de pastel + garantie

24 décembre 1505 : T. de Bondié reconnaît avoir reçu de Coppin de Valladolid 11 lasts de harengs qu'il a vendus. Avec cet argent, il a acheté 15 tx de vin et 16 balles de pastel qui sont chargés sur la *Barbe* de Penmarch

24 décembre 1505 – RDD - m^e^ de navire de Penmarch pour l'achat de 2 tx de vin à T. de Bondié – qu'il reconnaît avoir goûtés

26 décembre 1505 : C – 4 barils d'huile d'olive expédiés par T. de Bondié à Londres – fret à fixer

20 janvier 1506 : Procuration de T. de Bondié à Etienne Ulmyères pour recouvrer de l'argent qui lui est dû

9 février 1506 : RDD – marchands de Bordeaux à T. de Bondié pour l'achat de 5 pipes de pastel + garantie par T. de Bondié sur l'aloi des 5 pipes de pastel

21 février 1506 : C – pastel pour Arnemuiden

26 février 1506 : C – pastel pour Arnemuiden

27 février 1506 : C – pastel pour Arnemuiden – prêt à la grosse aventure par le m^e^ à T. de Bondié

2 mars 1506 : C – pastel pour Arnemuiden

5 mars 1506 : Af : pour porter du blé à Saint-Sébastien ou Pasajes

5 mars 1506 : C – pastel pour Londres

5 mars 1506 : C – pastel pour Londres + 2 barriques de vin à T. de Bondié quittes de fret

20 mars 1506 : C – pastel pour Londres + 1 barrique de vin à T. de Bondié quitte de fret

30 mars 1506 : C – pastel pour Arnemuiden + 1 bar. de vin pour T. de Bondié quitte de fret

7 avril 1506 : Procuration de T. de Bondié à un marchand de Bordeaux pour recouvrer une créance sur un marchand de Montauban suite à la vente de merlus + produit de la vente de 10 pipes de merlus envoyées à un marchand de Toulouse

9 avril 1506 : C – pastel pour Arnemuiden

11 avril 1506 : C – pastel pour Londres + 1 barrique de vin à T. de Bondié quitte de fret

15 avril 1506 : Procuration de T. de Bondié à un espagnol pour récupérer une créance sur un marchand navarrais demeurant à La Rochelle ou à La Châtaigneraie en Poitou
21 avril 1506 : C – vin et pastel pour Laredo pour le compte de T. de Bondié + 14 pièces de cuir quittes de fret
21 avril 1506 : livraison de barriques à T. de Bondié
21 avril 1506 : livraison de barriques à T. de Bondié
21 avril 1506 : livraison de barriques à T. de Bondié
21 avril 1506 : livraison de barriques à T. de Bondié
24 avril 1506 : Affrètement (Af) – pastel pour Arnemuiden
12 mai 1506 : C – pastel pour Bilbao + 2 douzaines et demie de planches de chêne et une demi-barrique de vinaigre à T. de Bondié quittes de fret
12 mai 1506 : Af – pastel pour Bilbao – avance faite par T. de Bondié + C – le 14 mai
11 mai 1506 : livraison de barriques à T. de Bondié
15 mai 1506 : livraison de barriques à T. de Bondié
21 mai 1505 : attestation par T. de Bondié d'un chargement de pastel pour un marchand de Rouen à destination de Rouen ou de Dieppe + C du 25 mai
25 mai 1506 : C – pastel pour Arnemuiden – prêt de 6 l. 10 s. t. à la grosse aventure du m[e] à T. de Bondié
26 mai 1506 : RDD – Bordeaux – à T. de Bondié
3 juin 1506 : Af – blé pour Lisbonne ou Setubal + C du 25 juin 1506
9 juin 1506 : Af – blé pour Lisbonne ou Setubal + C du 25 juin 1506
13 juin 1506 : C – pastel pour Arnemuiden
23 juin : Af – blé pour Lisbonne ou Setubal (acte inachevé) + C du 25 juin
1er juillet 1506 : C – pastel pour Arnemuiden
7 juillet 1506 : T. de Bondié déclare avoir reçu une lettre de Denis de Belbesère, de Toulouse, mentionnant l'envoi d'une lettre de change de 1 000 livres par l'entremise de Jean de Bernuy – faute d'avoir reçu cette somme, T. de Bondié a dû laisser appareiller les navires affrétés – il doit procéder à d'autres affrètement et acheter du blé à plus haut prix/ copie d'une lettre de Salvat de la Het en castillan, donnant l'ordre de payer à T. de Bondié les 1 000 l. que lui doit un certain Corroal
13 juillet 1506 : C – pastel, vin et vinaigre pour Londres
7 juillet 1506 : suite au contrat passé à Bruges le 13 juin 1506, portant sur la vente par Jean Bisine, md de Bordeaux, à Pierre Lopes, marchand de Calatayud, de 2400 boisseaux de blé pour le prix de 200 écus – quittance de Jean de Bisine suite au paiement des 200 écus
7 juillet 1506 : suite au contrat passé à Bruges le 6 juin 1506, portant sur la vente par Jean Bisine, marchand de Bordeaux, à Diego de Castro, marchand espagnol, de 800 de blé de Zwin –Jean de Bisine constitue son frère Pierre comme garant pour effectuer le chargement
17 juillet 1506 : C – blé pour Lisbonne ou Setubal – faisant suite à un Af du 18 juin

5 août 1506 : quittance de Jean de Bisine à T. de Bondié pour le paiement de 100 écus en relation avec un chargement de blé pour Pierre de Lopes/ si les 200 pipes n'ont pas été chargées le 12 août, Jean de Bisine doit rembourser les 100 écus – marchand de Bordeaux garant de la transaction
19 août 1506 : RDD – Bordeaux – prêt d'argent (400 l. t. à Pierre de Bisine, marchand de Marmande)
11 septembre 1506 : RDD – vente de barriques à Bordeaux
15 septembre 1506 : RDD – vente de barriques
15 septembre 1506 : RDD – vente de barriques
15 septembre 1506 : RDD – vente de barriques et prêt d'argent – Bordeaux
16 septembre 1506 : RDD – vente de barriques – Bordeaux
16 septembre 1506 : RDD – vente de barriques – Bordeaux
5 septembre 1506 : RDD – vente de barriques – Bordeaux
23 septembre 1506 : RDD – vente de barriques – Bordeaux
30 septembre 1506 : RDD – vente de blé – marchand de Saragosse
14 novembre 1506 : C – pastel pour Arnemuiden
16 novembre : C – pastel pour Arnemuiden
19 novembre 1506 : Af – pastel (inachevé)

**Actes pour Louis de Bondié**

12 avril 1505 : RDD – Bordeaux – pastel vendu par Louis de Bondié + garantie
9 décembre 1506 : C – 60 tx de vin à Louis de Bondié pour Arnemuiden ou L'Écluse – prêt à la grosse aventure de 100 l. par le m$^{e}$ à L. de Bondié

**RÉSUMÉ**

**Les activités commerciales de Thomas de Bondié, bourgeois et marchand de Bordeaux, sont éclairées par une centaine d'actes notariés concentrés entre avril 1505 et décembre 1506. Tout en développant ses propres affaires, il affrète les navires sur lesquels le pastel d'importants marchands de Toulouse est expédié vers l'Angleterre et la Flandre. Lorsque l'occasion se présente Thomas de Bondié n'hésite pas à se lancer dans des opérations sortant de l'ordinaire, tant par les produits traités que par les routes commerciales empruntées. Pour ce marchand, comme pour beaucoup d'autres de son époque, la pluralité des activités constitue une forme de réactivité commerciale et d'adaptation aux opportunités du marché.**

*ABSTRACT*

*The commercial activities of Thomas Bondie, a burgher and merchant of Bordeaux, are known thanks to over a hundred notarial deeds dated between April 1505 and December 1506. While developing his own business, he chartered vessels that shipped pastel to England and Flanders for important merchants of Toulouse. When the opportunity presented itself, Thomas de Bondie did not hesitate to explore new ventures with different products or unfamiliar trade routes. For this merchant, as for many others of his time, pluriactivity was a form of commercial responsiveness that enabled him to adapt to market changes.*

# La gestion des risques économiques sur le littoral cantabrique au Moyen Âge : un ensemble d'activités ou une multiactivité ?

## L'exemple des « Quatre Villes de la Côte de la Mer[1] »

Jesús Angel Solórzano Telechea, Beatriz Arízaga Bolumburu
Université de Cantabrie – Grupo de Historia Urbana del Área de Historia Medieval

Dans l'historiographie espagnole sur les villes portuaires, les visions de l'histoire économique et de la géographie ont longtemps prévalu sur les perspectives sociales, avec des approches centrées sur les fonctions économiques des ports, les produits et les circuits d'échange[2]. Rarement la ville et le port ont été étudiés comme un tout[3]. Il est aujourd'hui nécessaire

1. Traduction littérale de l'expression « *Cuatro Villas de la Costa de la Mar* » *qui englobait les quatre villes portuaires de la province de Cantabrie, à savoir d'est en ouest : Castro Urdiales, Laredo, Santander et San Vincente de la Barquera.* Les auteurs remercient Michel Bochaca pour ses commentaires et la relecture d'une version précédente de cet article. La présente étude s'inscrit dans le cadre du projet de recherche *Las sociedades urbanas de las ciudades y villas portuarias de la Europa Atlántica en la Baja Edad Media* (HAR 2012-31801), dirigé par J. A. Solórzano Telechea et financé par le Ministerio de Economía y Competividad del gobierno de España.

2. Bonachía Hernando, Juan Antonio (coord.), *La ciudad medieval. Aspectos de la vida urbana en la Castilla Bajomedieval*, Valladolid, Servicio de Publicaciones de la Universidad de Valladolid, 1996. Asenjo González, María, « La ciudad medieval castellana. Panorama historiográfico », *Hispania* L/2, n° 175, 1990, p. 793-808. López Alsina, Fernando, *Introducción al fenómeno urbano medieval gallego, a través de tres ejemplos : Mondoñedo, Vivero y Ribadeo,* Santiago de Compostela, Universidad de Santiago de Compostela, 1976. Arízaga Bolumburu, Beatriz, *El nacimiento de las villas guipuzcoanas en los siglos* XIII *y* XIV *: Morfología y funciones urbanas,* San Sebastián, Sociedad Guipuzcoana de Ediciones y Publicaciones, 1978. Ferreira Priegue, Elisa, *Galicia en el comercio marítimo medieval*, La Coruña, Fundación Barrié de la Maza, 1988. Ruiz De La Peña, José Ignacio, *Las « polas » asturianas en la Edad Media. Estudio y Diplomatario,* Oviedo, Universidad de Oviedo, 1981. García Oro, José, *Galicia en los siglos* XIV *y* XV*. Galicia Urbana,* II, Pontevedra, Fundación Pedro Barrie de la Maza, 1987.

3. Voir Solórzano Telechea, Jesús Angel, Arízaga Bolumburu, Beatriz (éd.), *El fenómeno urbano medieval entre el Cantábrico y el* Duero, Santander, AJHC, 2002. Arizaga

de réintroduire les habitants de ces villes dans l'analyse en tant que protagonistes, en utilisant les outils méthodologiques de l'histoire économique, mais aussi de l'histoire sociale et culturelle, ou bien encore de la sociologie et de l'anthropologie. En définitive, il convient d'avoir une vision globale des villes et des sociétés portuaires en termes d'analyse comparée et dans une perspective interdisciplinaire conduite sur la longue durée.

L'objet de la présente étude est de définir la diversité des activités économiques des populations des quatre villes portuaires de Cantabrie : Castro Urdiales, Laredo, Santander et San Vicente de la Barquera[4], et d'apprécier les formes et les pratiques de la gestion de l'insécurité.

## Population et activités urbaines

Les habitants des villes portuaires de Cantabrie ont, dès les origines de celles-ci, pratiqué simultanément plusieurs types d'activités liées à la mer et la terre. Au XI<sup>e</sup> siècle, avant même leur fondation par le roi, existaient déjà des emplacements nommés « *portus* », c'est-à-dire des lieux d'échange accueillant des navires[5]. Selon la documentation du début de XII<sup>e</sup> siècle et les coutumes, il semble que la pêche était une activité complémentaire pour les paysans établis sur la côte[6]. L'*Historia Compostelana* (vers 1115) qualifie les habitants de la côte de paysans. Malgré la peur des raids sarrasins, il s'agit, comme l'atteste l'extrait suivant, d'un choix délibéré des populations de vivre sur la côte pendant certaines périodes de l'année : « Les paysans du littoral de l'océan abandonnaient la côte depuis la moitié du printemps jusqu'à la moitié de l'automne ou se cachaient dans des grottes avec toute leur famille[7]. » Une telle organisation met en lumière une double activité.

Bolumburu, Beatriz, Bochaca, Michel, « Caractères généraux des villes portuaires du nord de la Péninsule Ibérique », dans *Ports Maritimes et ports fluviaux au Moyen Âge*, Paris, Presses universitaires de la Sorbonne, 2005, p. 63-78. Solórzano Telechea, Jesús Angel, « Medieval Seaports of the Atlantic Coast of Spain », *International Journal of Maritime History*, XXI, 2009, p. 81-100.

4. Les « Cuatro Villas de la Costa de la Mar » étaient une structure administrative, née à la fin du Moyen Âge et administrée par le corregidor ou lieutenant du Roi.

5. « *Tribuo quoque clementer ut habeatis licentiam de pescare per omnes meos pelagos vel defesas, sive per marinos portos, scilicet, in Sancta Maria de Porto, et in por S. Emetherii et in illo de S. Martini et de Apleca* » (1068). Serrano, Luciano, *El obispado de Burgos y Castilla primitiva desde el siglo V al XIII*, Madrid, Instituto de Valencia de Don Juan, 1935, vol. III, p. 31-33. Quaghebeur, Joëlle, « Le monde littoral breton des IX<sup>e</sup>-XI<sup>e</sup> siècles », dans Cérino, Christophe, Geistdoerfer, Aliette, Le Bouëdec, Gérard, Ploux, François (dir.), *Entre terre et mer. Sociétés littorales et pluractivités (XV<sup>e</sup>-XX<sup>e</sup> siècle)*, Rennes, Presses universitaires de Rennes, 2004, p. 63.

6. Solórzano Telechea, Jesús Angel, « La fundación y promoción de las "villas nuevas" en litoral Atlántico del Norte peninsular durante el reinado de Alfonso X », dans *El mundo urbano en la Castilla del siglo XIII. 750 Aniversario de la Fundación de Ciudad Real. Actas del Congreso*, Ayuntamiento de Ciudad Real / Universidad de Sevilla, Ciudad Real, 2006, p. 315-328.

7. *Historia Compostelana*, Madrid, éd. Emma Falque, 1994.

Les activités comme la pêche, le commerce, l'agriculture et l'élevage apparaissent dans les coutumes octroyées à Santander, Laredo, Castro Urdiales et San Vicente de la Barquera par le roi Alphonse VIII entre 1163 et 1210[8]. La coutume de Laredo autorise les voisins de la ville (*vecinos*)[9] à faire circuler librement leur bétail dans tout le royaume. Celle de Santander leur octroie un espace de 15 kilomètres autour de la ville pour défricher, travailler et cultiver des terres et des vignobles[10]. La division du travail était sans doute très faible à l'origine, car peu de métiers sont mentionnés. Une lente spécialisation des activités s'opère au XIII^e^ siècle[11]. On voit apparaître des mentions de pêcheurs, de marchands, de charpentiers, de tonneliers, lesquels exerçaient parfois une autre activité, terrestre ou maritime[12]. Le secteur économique le plus spécialisé fut sans doute celui de la pêche, avec pour conséquence la naissance des confréries de pêcheurs et de marins au XIV^e^ siècle [13] : confrérie de Saint-Martin à Laredo en 1306, confrérie de Saint-Vincent à San Vincente de la Barquera en 1330, de Saint-Martin à Santander en 1384 et de Saint-André à Castro Urdiales en 1395[14].

Dès lors, étudier les sociétés urbaines du littoral cantabrique revient à s'intéresser à la complémentarité existant entre la profession déclarée des citadins et leurs autres activités économiques, caractéristique que les

8. FERREIRA PRIEGUE, Elisa, « L'incorporation du Nord-Ouest ibérique à la vie économique du golfe de Gascogne », dans *L'aventure maritime, du golfe de Gascogne à Terre-Neuve*, Paris, CTHS, 1995, p. 331-340. RUIZ DE LA PEÑA, José Ignacio, « El nacimiento de las villas costeras cántabro-atlánticas y su instrumentación jurídica (siglos XII-XIII) », dans *El Fuero de Laredo en el VIII centenario de su concesión,* Santander, Universidad de Cantabria, 2001, p. 156.

9. Le statut juridique du voisin s'apparente à celui du bourgeois.

10. « *Per omnes partes regni mei libera ganati vestri habeant pascua tamquam mei propii ganati* » (Coutume de Laredo de l'année 1200). Publié par MARTÍNEZ DÍEZ, Gonzalo, « Fueros locales de la Provincia de Santander », dans *Anuario de Historia del Derecho Español*, XLVI, p. 527-608.

11. RUIZ DE LA PEÑA SOLAR, José Ignacio, « El desarrollo urbano y mercantil de las villas cántabras en los siglos XII y XIII », dans *El fuero de Santander y su época. Actas del congreso conmemorativo de su VIII centenario,* Santander, Estudio, 1989, p. 257-259. *Id.*, « Nacimiento de las villas de la costa cántabro-atlántica », *Litoral Atlántico*, nº 3, 2001, p. 12-21.

12. « *La vigne de don Helias, chaudronnier* » (en 1274), « *charpentier que tu plantes une vigne* » (en 1326). FERNÁNDEZ GONZÁLEZ, Lorena, *Archivo de la catedral de Santander*, Santander, Fundación Marcelino Botín, 1994.

13. EPSTEIN, S. R., « Craft Guilds, Apprenticeship and Technological change in Preindustrial Europe », *The journal of Economic History,* 58, 3, 1998, p. 684-713. KIESER, Alfred, « Organizacional, institucional and societal evolution: Medieval Craft Guilds and the Genesis of formal Organizations », *Administrative Science Quarterly,* 34, 4, 1989, p. 540-564. TRIO, Paul, « Les confréries comme expression de solidarité et de conscience urbaine aux Pays-Bas à la fin du Moyen Âge », dans *Memoria, communitas, civitas. Mémoire et conscience urbaines en Occident à la fin du Moyen Âge,* Paris, 2003.

14. Archivo de la Real Audiencia y Chancillería de Valladolid. Sección Pleitos civiles. Fernando Alonso (F), c. 992-1. FERNÁNDEZ GONZÁLEZ, Lorena, *Archivo de la catedral de Santander. (ss. XII-XVI),* Santander, Fundación Marcelino Botín, 1998, p. 167-168. CUÑAT CISCAR, Virginia, *Documentación medieval de la villa de Laredo. 1200-1500*, Santander, Fundación Marcelino Botín, 1998, p. 83-84.

élites urbaines partageaient avec les gens du commun[15]. Quelles que soient leur profession et leur position sociale, les voisins exerçaient plusieurs activités[16]. En effet, rares sont ceux qui pratiquaient une seule et unique activité professionnelle.

Cependant, les groupes sociaux – oligarchie et commun – adoptaient des stratégies professionnelles différenciées. Composant 90 % de la population des villes portuaires, le commun formait le secteur productif de base de l'économie urbaine[17]. De composition variée, il se caractérise par l'absence de privilèges fiscaux et de participation dans les institutions politiques des villes[18]. Il faut distinguer en son sein les voisins exerçant des activités artisanales et mercantiles (appelés *omes ruanos*) et dont la position économique était suffisamment assurée pour pouvoir investir dans l'achat de terres ou participer aux frais d'entreprises de pêche, et les simples pêcheurs, les petits artisans (charpentiers, maçons...), les paysans et autres ouvriers et journaliers (*omes baxos*). Formant le groupe urbain le plus pauvre, ces derniers manquaient de moyens économiques et partageaient de ce fait souvent les revenus de la pêche avec la location et l'exploitation de vergers, de terres et de vignes pour assurer leur subsistance quand ils n'étaient pas en mer. Le cas des élites urbaines (*principales*) est quelque peu différent puisqu'elles sont en mesure de développer des stratégies complexes de diversification de leurs ressources économiques : commerce, propriété de biens ruraux, prises de participation aux revenus royaux et municipaux, piraterie, guerre, auxquelles s'ajoutait le contrôle des institutions locales qui leur permettait d'intervenir directement dans les affaires des villes, le plus souvent à leur profit.

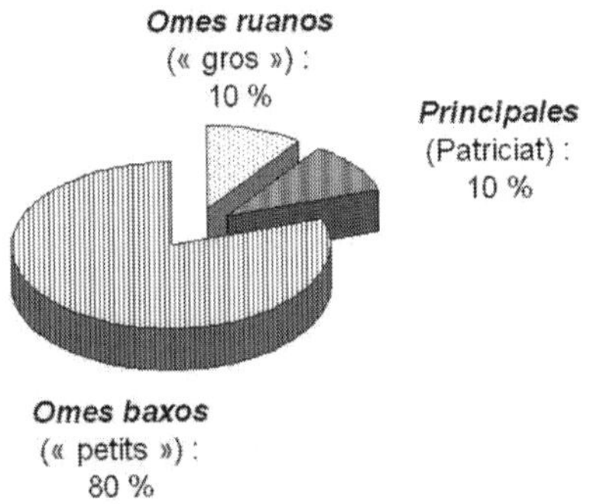


**Figure 1 – *La structure sociale à Santander selon l'enquête de 1504***

15. Arízaga Bolumburu, Beatriz, « El abastecimiento de las villas vizcaínas medievales: política comercial de las villas respecto al entorno y su interior », dans *La ciudad hispánica*, I, Madrid, Universidad Complutense de Madrid, 1985, p. 293-316.

16. Solórzano Telechea, Jesús Ángel, *Santander en la Edad Media : patrimonio, parentesco y poder*, Santander, Servicio de Publicaciones de la Universidad de Cantabria, 2002.

17. Solórzano Telechea, Jesús Ángel, Arízaga Bolumburu, Beatriz (éd.), « El fenómeno urbano... », *op. cit.*, p. 241-307.

18. Archivo de la Real Chancillería de Valladolid, Reales Ejecutorias, c. 286/32, f° 3 v°-4 v°.

## Les activités du commun par rapport à la terre

La majorité des propriétaires de terres situées autour des villes habitait à l'intérieur de l'enceinte urbaine et jouissait du statut de « voisin ». Les propriétaires habitant dans la banlieue (*término municipal*) étaient très peu nombreux. Plusieurs questions se posent dès lors : à partir de quand et pour quelles raisons les gens du commun se sont-ils intéressés aux propriétés rurales périurbaines ? Quels groupes au sein du commun étaient plus particulièrement concernés ?

Dans le cas de Santander, il faut attendre le troisième quart du XIV^e^ siècle pour trouver trace d'achats systématiques de propriétés rurales par les voisins. Jusqu'alors, la transmission des terres s'était faite par des legs testamentaires à l'intérieur du cercle familial. Avant 1360, 85 % des terres s'échangeaient entre les membres d'une même famille, alors que dans les décennies qui suivent, 63 % changent de mains par achat. Les transactions agraires entre voisins s'imposèrent, donnant naissance à un marché de la terre, dont le point d'expansion maximal à Santander se situe dans le deuxième quart du XV^e^ siècle (70 % des transactions)[19]. Au milieu du XV^e^ siècle, le marché de la terre s'est converti pour quelques voisins en un moyen d'accumulation de biens fonciers.

**Figure 2 – *Achats et locations de terres à Santander de 1350 à 1510***

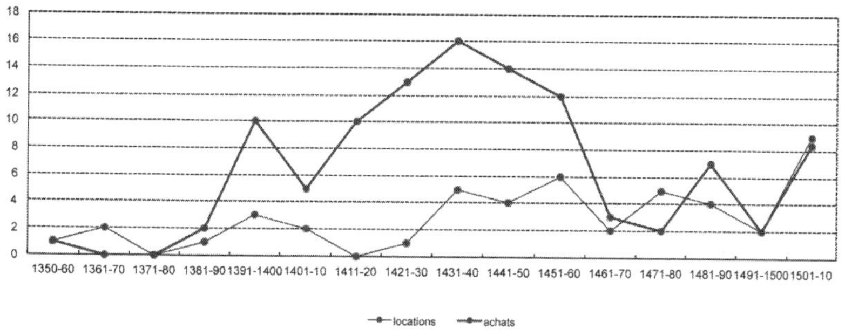


On peut s'interroger sur les raisons économiques de ces investissements. Ils répondent sans aucun doute à un souci de profit, mais également à une recherche de garantie et de sécurité pour les placements opérés. Pendant les années de crise, la production agricole locale a été la source fondamentale d'approvisionnement urbain et le moyen d'enrichissement et d'affermissement d'un petit groupe de voisins. Les achats de terres constituaient enfin un élément de prestige social, renvoyant à un idéal de vie qui permettait d'échapper aux oscillations du marché, voire d'imiter la

19. Solórzano Telechea, Jesús Angel, *Santander en la Edad Media…*, *op. cit.*, p. 20-31.

noblesse[20]. C'était le rêve des *omes ruanos*, groupe qui, de fait, a le mieux surmonté les crises.

De cette façon, nous pouvons établir un lien direct entre la crise économique et l'acquisition de propriétés rurales, en y voyant un moyen de faire face aux malheurs du temps grâce notamment à une diversification des activités. Entre le milieu du xiv^e^ siècle et le premier quart du xv^e^ siècle, la part des voisins propriétaires de biens ruraux autour de Santander s'élève jusqu'à atteindre 75 %. En 1450, une fois les crises passées, leur proportion tombe à 55 %. Ce pourcentage repart à la hausse à la fin du xv^e^ siècle, quand survient une autre crise économique et démographique causée par une épidémie de peste. Nous pouvons donc constater que le capital urbain tend à investir les campagnes environnantes pendant les années de crise, pour s'en extraire une fois les difficultés passées. Ces investissements étaient l'unique façon de sécuriser sur le long terme des profits économiques somme toute limités.

**Figure 3 – *Les moyens d'accès à la terre à Santander aux xiv^e^ et xv^e^ siècles***

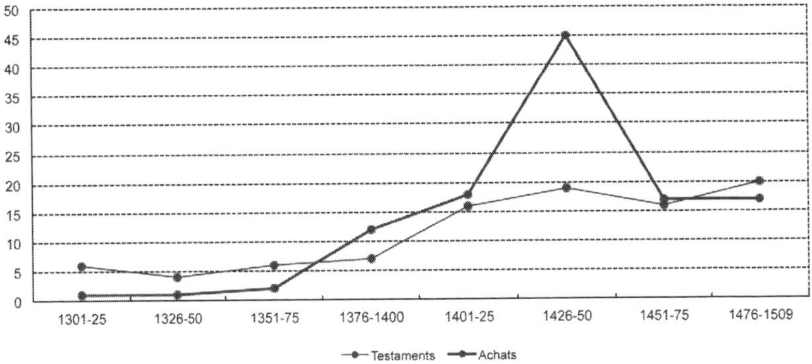


L'achat ou la location de vignes était le fait de voisins de différentes conditions socio-professionnelles, principalement des artisans (tailleurs d'habits, tanneurs, tisserands, forgerons, tonneliers, charpentiers, calfats, tailleurs de pierre, chaudronniers, cordonniers, etc.), mais aussi des notaires, apothicaires, chirurgiens, médecins, avocats, auxquels s'ajoutaient des marchands et des marins. Tous appartenaient au groupe des *omes ruanos*. Il s'agissait dans la plupart des cas d'exploitations dispersées et de faible superficie. La culture dominante dans la banlieue était la vigne, même si l'on trouve également des vergers et des plantations maraîchères.

20. Asenjo González, María, « Ciudad y territorio en la Castilla bajomedieval. Dinámica socioeconómica », dans *El poder a l'Edat mitjana*, Barcelona, Pagés, 2004, p. 173-208.

Ces biens rapportaient un complément financier non négligeable pour cette frange de la population, essentiellement dédiée à l'artisanat. Il s'agissait d'une forme d'investissement du capital qui leur permettait de participer à la vie économique locale et d'en tirer profit. Le vin rapportait des revenus réguliers, puisqu'il pouvait être facilement vendu. Des privilèges royaux permettaient de l'exporter dans le reste du royaume de Castille et des ordonnances royales et municipales protégeaient les marchands de la concurrence des vins étrangers importés[21]. Outre la possibilité d'écouler leur production sur le marché urbain, l'acquisition de biens ruraux constituait le plus sûr moyen de protéger le capital des fréquentes fluctuations monétaires.

On notera toutefois qu'il n'y avait pas de pêcheurs parmi les petits propriétaires terriens, bien que nous les trouvions occasionnellement comme locataires de vignes ou de vergers. La location était pour eux le moyen d'accéder aux fruits de la terre à défaut de pouvoir acquérir la propriété du sol. Ils pratiquaient l'agriculture, essentiellement la viticulture, comme une activité annexe – ils n'y consacraient qu'un temps limité – pour les besoins de leur propre consommation. Ces activités tant maritimes qu'agricoles avaient un caractère saisonnier qui rythmait la vie de ces sociétés littorales. En général, les pêcheurs travaillaient les champs quand ils ne pouvaient pas sortir en mer. Dans les ordonnances de la ville biscayenne voisine de Bermeo, la municipalité tente d'ailleurs en 1353 d'obliger les pêcheurs à travailler leurs terres les jours où ils ne sortaient pas pêcher[22]. L'arboriculture, notamment la culture des citronniers, constituait également une activité complémentaire.

L'enquête sur la situation de Santander lors de la peste de 1504 montre que les voisins rangeaient les pêcheurs et les paysans parmi les *omes baxos*. Ces derniers travaillaient de façon saisonnière les vignes, en qualité de journaliers. Une ordonnance municipale de Santander, du début du XVI^e^ siècle, mentionne la présence de « charpentiers, maçons, ouvriers, journaliers et les autres hommes et femmes et les ouvriers, que l'on a l'habitude à louer

---

21. ARÍZAGA BOLUMBURU, Beatriz, « La villa de Laredo : las rentas de sus términos jurisdiccionales en la Edad Media », dans *Os Reinos Ibericos na Idade Media*, Porto, Éditeur, 2003, p. 297-304.

22. *Id.*, « La pesca en el País Vasco en la Edad Media », *Itsas Memoria*, n° 3, 2000, p. 17. JAIME DE LABAYRU, Estanislao, *Historia General del Señorío de Bizcaya,* Bilbao, La Propaganda, 1897, t. II, p. 820-840. GARCÍA FERNÁNDEZ, Ernesto, « Las cofradías de oficios en el País Vasco durante la Edad Media (1350-1550) », *Studia Historica. Historia Medieval*, 1997, n° 15, p. 11-40. TENA GARCÍA, María Soledad, « Composición social y articulación interna de las cofradías de pescadores y mareantes. (Un análisis de la explotación de los recursos marítimos en la Marina de Castilla durante la Baja Edad Media) », *Espacio, tiempo y forma. Serie III, Historia medieval*, 1995, n° 8, p. 114. GARCÍA FERNÁNDEZ, Ernesto, « Las cofradías de mercaderes, mareantes y pescadores vascas en la Edad Media », dans ARÍZAGA BOLUMBURU, Beatriz, SOLÓRZANO TELECHEA, Jesús Angel, *Ciudades y villas portuarias del Atlántico en la Edad Media. Nájera. I Encuentros Internacionales del Medievo,* Logroño, IER, 2005, p. 257-294.

pour le travail des champs[23] ». Deux groupes sont nettement distingués : ceux qui avaient un métier mais qui travaillaient occasionnellement la terre (charpentier, maçons), et ceux qui étaient seulement ouvriers ou journaliers agricoles. On remarquera d'ailleurs qu'il n'y avait pas de pêcheurs parmi eux. De la même façon, les journaliers étaient employés pour l'entretien des infrastructures urbaines. En 1504, le manque de main-d'œuvre, causé par la peste, révèle combien le travail des journaliers était essentiel pour les voisins, ces derniers n'étant pas en mesure d'assurer eux-mêmes l'entretien de toutes leurs terres. La pénurie était tout aussi grave pour la mise en valeur des vignes et des propriétés rurales des élites urbaines et des *omes ruanos* (l'élite du commun)[24].

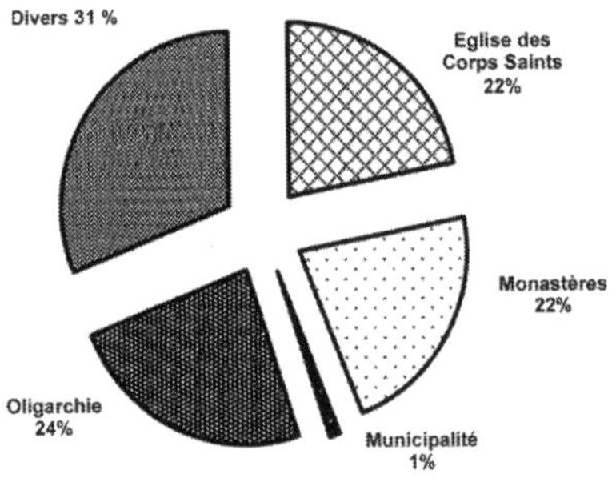


**Figure 4 – *Les propriétaires des terres dans la banlieue de Santander à la fin du Moyen Âge***

***Figure 5 – Développement de la propriété rurale dans la banlieue de Santander***

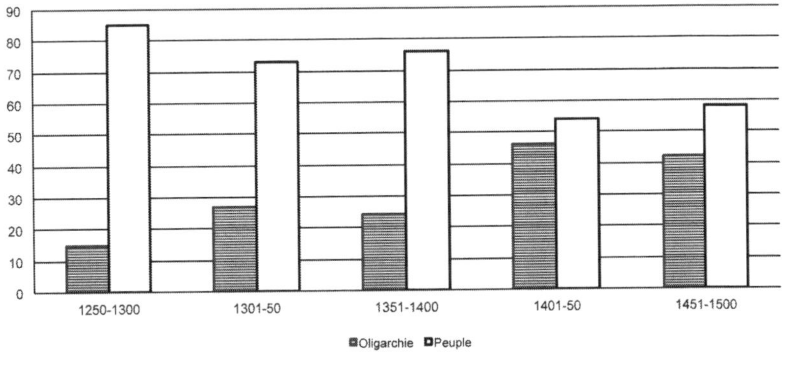


23. SOLÓRZANO TELECHEA, Jesús Angel, *Colección diplomática del Archivo Municipal de Santander. Documentación medieval*, Santander, Fundación Marcelino Botín, 1995, doc. 255.

24. *Ibidem.*

À la fin du Moyen Âge, les terres qui entourent les quatre villes portuaires du littoral cantabrique étaient surtout travaillées par des journaliers, ce qui témoigne d'une structure socioprofessionnelle plus spécialisée qu'auparavant. Un autre exemple de cette évolution nous est fourni au début du XVIe siècle. En effet, une décision du conseil municipal de Santander met en lumière le fait que l'embarquement des laines sur le port nuisait au travail des champs, de telle sorte que bon nombre de journaliers avaient délaissé les travaux agricoles préférant être employés comme manutentionnaires. Les pertes étaient évaluées à 2000 ducats[25]. Les travailleurs les plus pauvres pratiquaient une pluriactivité réelle dans les quatre villes de la côte. Ils subvenaient à leurs besoins grâce à l'exercice de plusieurs métiers.

La municipalité a réglementé les conditions de travail – souvent très difficiles – des journaliers au moyen d'ordonnances. Hommes et femmes devaient travailler du lever au coucher du soleil et apporter leurs propres outils, ainsi qu'un repas[26]. Leur situation s'est dégradée pendant le dernier quart du XVe siècle avec l'instauration d'une surveillance exercée par un gardien institué par le conseil municipal.

## Les activités du commun en relation avec la mer

Si les historiens ont particulièrement insisté sur la fonction commerciale et mercantile des villes portuaires, il n'en reste pas moins que la pêche demeure la principale activité économique. L'essentiel de la population vivait de la pêche et appartenait au groupe social des *omes baxos* ; ils se nommaient d'ailleurs « hommes de la mer et travailleurs[27] ». Environ 80 % des hommes habitant Orio au milieu du XVIe siècle étaient des pêcheurs[28]. À Laredo, selon un privilège royal accordé en 1406 à la confrérie des pêcheurs, « il n'y avait pas d'autres métiers dans la ville que ceux de naviguer et pêcher[29] ». Selon l'enquête sur l'état de la ville de Santander, dressé en 1504, le nombre de pêcheurs s'élevait à 800 voisins, soit 80 % du nombre total de voisins, estimé alors à 1000 selon la même enquête[30]. À Castro Urdiales, d'après l'enquête de 1558 concernant l'impôt royal prélevé sur les ventes de marchandises (*alcabalas*), la population masculine était composée à 70 % de pêcheurs et de marins, à 11 % de journaliers, 8 % d'artisans et 2 % de paysans[31].

25. Archives privées de la famille González-Camino (AFGC).
26. Archives Historiques de la Province de Cantabrie (AHPC), Diversos, leg. 52, n° 40.
27. SOLÓRZANO TELECHEA, Jesús Angel, VÁZQUEZ ÁLVAREZ, Roberto, ARÍZAGA BOLUMBURU, Beatriz, *San Vicente de la Barquera: una villa en conflicto,* Santander, AJHC, 2004, doc. 28.
28. ARÍZAGA BOLUMBURU, Beatriz, « Las sociedades urbanas en la España medieval », dans *XXIX Semana de Estudios Medievales de Estella*. Pamplona, Gobierno de Navarra, 2003, p. 219.
29. CUÑAT CISCAR, Virginia, *Documentación medieval de la villa de Laredo. 1200-1500.* Santander, Fundación Marcelino Botín, 1998.
30. SOLÓRZANO TELECHEA, Jesús Angel, *Colección diplomática…, op. cit.*, doc. 255.
31. BARÓ PAZOS, Juan, GALVÁN RIVERO, Carmen, *Libro de ordenanzas de Castro Urdiales (1519-1572),* Santander, Universidad de Cantabria, 2006, p. 53.

***Figure 6 – Population masculine active à Castro Urdiales (1558)***

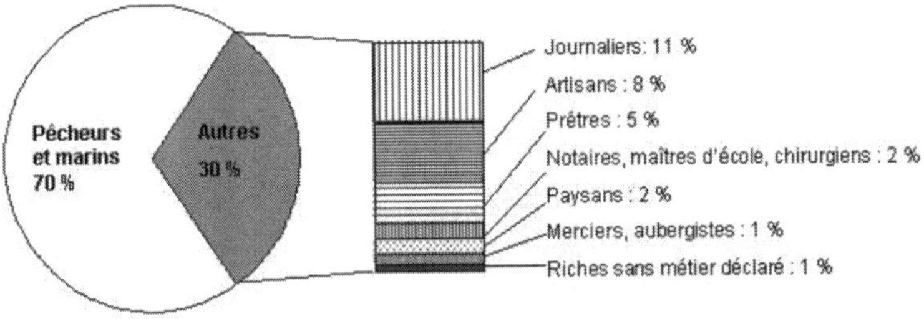


Dans les Quatre Villes de la Mer, les données fournies par les sources fiscales (*alcabalas*) montrent qu'au moins 50 % des recettes provenaient de la taxation de la pêche : 54 % à San Vicente de la Barquera, 53 % à Castro Urdiales et à Laredo, 48 % à Santander. Le reste était partagé entre différents produits, parmi lesquels le vin, avec 15 % des recettes, arrivait loin derrière les produits de la pêche[32]. Ces ordres de grandeur montrent que le principal moyen de subsistance des habitants était lié à la pêche et à la vente du poisson, de sorte que les autres activités n'avaient qu'un poids limité dans l'économie des villes. En 1409, un privilège du roi de Castille, Jean II, nous informe d'une plainte déposée par la confrérie des pêcheurs et marins de Saint-Martin de Laredo. Cette dernière le supplie de protéger les confrères d'éventuelles saisies de leurs propriétés, saisies orchestrées en raison des dettes que le conseil municipal de Laredo avait contractées envers le roi et d'autres conseils. Pour cette raison, aucun voisin n'osait aller pêcher et naviguer jusqu'en Galice ou vendre du poisson à Burgos ou toute autre marchandise ailleurs dans le royaume. La confrérie informait le roi que la ville de Laredo risquait de se dépeupler, puisque « il n'y avait que les métiers de la pêche et si le roi ne leur donnait pas sa protection, ils seraient obligés de vivre dans d'autres ports[33] ».

Le poisson n'était pas seulement un produit alimentaire essentiel pour la ville portuaire. Il représentait aussi une marchandise pour le commerce avec l'arrière-pays immédiat et les marchés urbains situés au-delà de la seule province de Castille. À partir du XIV^e siècle, la pêche prit la forme d'une activité économique à grande échelle, orientée vers la commercialisation des prises. Santander, Laredo et Castro Urdiales figurent déjà dans la liste des ports importants pour la pêche établie par les Cortes de Jerez de la Frontera en 1268[34].

32. ARÍZAGA BOLUMBURU, Beatriz, SOLÓRZANO TELECHEA, Jesús Angel, « Las actividades económicas de las villas medievales », dans *Historia de Cantabria,* vol. I, Santander, El Diario Montañés, 2006, p. 209-216.
33. CUÑAT CISCAR, Virginia, *Documentación medieval de la villa de Laredo…*, *op. cit.*, p. 247.
34. *Cortes de los antiguos reinos de León y Castilla*, vol. I, Madrid, 1861, p. 74.

Il existait deux saisons de pêche : l'une en hiver pour la daurade et l'autre au printemps pour la sardine. En outre, les innovations techniques permettaient aux pêcheurs d'aller de plus en plus loin, jusqu'en en Galice mais aussi en mer de Berbería[35] et en Irlande. Par conséquent, ils restaient hors de leur ville pendant de longues campagnes qui duraient presque toute l'année, voire s'étendaient sur plusieurs années (deux, trois ou plus)[36]. Par exemple, les hommes de la confrérie de San Vicente de la Barquera s'embarquaient en mars pour aller pêcher en Irlande ou en Berbería et ne revenaient pas avant septembre. Thérèse, femme de Pierre Abaño, voisin de Saint-Vincent de la Barquera, déclare en 1500 que son mari ne devait pas payer l'impôt de la pêche vendue, puisqu'il avait été pendant trois ans hors de la ville : « Son mari était parti en mer pendant une année en naviguant, et deux années il est allé en Galice pour commercer, de sorte qu'il était resté hors de la ville pendant trois années, et pour cette raison il ne devait pas payer la alcabala, puisqu'il n'avait rien vendu dans la ville[37]. »

Aux XIV^e^ et XV^e^ siècles, les pêcheurs diversifiaient leurs activités essentiellement dans la sphère maritime. Ceci explique qu'il est parfois difficile d'établir une distinction nette entre pêcheurs, marins et marchands. Nous pouvons trouver des pêcheurs qui vendaient du poisson puis affrétaient leur bateau pour une transaction commerciale. Une autre activité, en plus de la pêche et de la vente du poisson, consistait à revendre sur place des cargaisons lors du retour au port d'attache. En 1486, Jean Fernand Galíndez, pêcheur de San Vicente de la Barquera, part avec son bateau « à la mer pour gagner la zone de pêche » ; de retour de son voyage à Cantoviejo, il rapporte 120 douzaines de poissons qu'il vend 16000 maravédis[38].

Ceux qui parmi les voisins exerçaient la profession de marchands n'appartenaient pas aux confréries de pêcheurs. Ainsi, Juan González del Corro, dit le chauve, voisin de San Vicente de la Barquera et membre de l'oligarchie urbaine, a soutenu un procès contre des pêcheurs de la confrérie de San Vicente qui avaient intentionnellement endommagé une pinasse appelée la *Sainte-Marie* dans la mer de Berbería. Les attaquants alléguaient que le procès devait être résolu par la confrérie de pêcheurs et que le maire de la ville n'avait pas les compétences requises dans les affaires en rapport avec la mer comme « il se disait dans les Lois d'Oléron » (Rôles d'Oléron), lois qui réglaient les affaires de la confrérie. De son côté, Juan González del Corro faisait valoir au contraire que la réglementation de la confrérie de pêcheurs ne le concernait pas parce qu'il était marchand[39].

35. L'expression « mer de Berbería » désignait les eaux atlantiques au large du Maghreb.
36. Lewis, Archibald, *The Sea and Medieval Civilization*, Londres, Variorum Reprints, 1978.
37. Solórzano Telechea, Jesús Angel, Vázquez, Roberto, Arízaga Bolumburu, Beatriz, *San Vicente de la Barquera…*, *op. cit.*, doc. 49.
38. *Ibidem*, doc. 19.
39. *Ibid.*, doc. 40.

D'autre part, à partir du dernier quart du XV^e^ siècle, diverses formes d'associations commerciales commencent à apparaître dans la documentation en relation avec la pêche à grande échelle. En général, les pêcheurs et les marins ne disposaient pas de moyens financiers suffisants pour armer des bateaux pendant de longues campagnes. Aussi, ils se sont souvent associés à des marchands pour financer les expéditions et répartir les risques que de telles entreprises faisaient courir. En 1498, Juan del Castillo, marchand de San Vicente de la Barquera, prête une quantité importante d'argent à Gonzalo Bravo, marin et pêcheur, pour aller en Galice[40]. Cette alliance était indispensable pour les pêcheurs, puisqu'ils trouvaient l'argent pour aller pêcher au loin. En 1486, le bachelier Alonso Ferrero, qui avait prêté 12000 maravedis à Jean Minguélez, pêcheur et voisin de San Vicente, pour équiper un baleinier pour une campagne à Cantoviejo, réclame son dû au retour du navire chargé de 120 douzaines de poissons pouvant valoir 16000 maravédis. Une fois l'emprunt déduit, les revenus furent répartis entre les deux associés[41]. De cette façon, la pêche qui, à l'origine, était plutôt une activité artisanale s'est peu à peu transformée en une activité industrielle[42].

•

Les habitants des villes portuaires du Nord ont généralement pratiqué une double activité économique pendant tout le Moyen Âge, et même, dans quelques cas, une pluriactivité, soit plusieurs métiers ou activités professionnelles assurés de façon successive ou simultanée au cours de l'année par un seul individu.

Les activités économiques des élites urbaines étaient très différentes de celles du reste des autres groupes de citadins. Parmi le commun, il faut distinguer les *omes ruanos* qui avaient accès au marché de la terre de ceux qui en étaient exclus, les *omes baxos*. Les premiers exerçaient principalement des activités artisanales et mercantiles et occupaient une position économique qui leur permettait d'investir dans l'achat de terres ou de participer au financement d'entreprises de pêche.

L'essentiel de la population urbaine vivait de la pêche et appartenait au groupe des *omes baxos*. Certains pêcheurs développaient parfois des activités commerciales en relation avec des marchands *(omes ruanos)*, mais très peu diversifiaient leurs activités en direction de la terre. Tournées vers la mer, leurs activités étaient étroitement encadrées et réglementées par les confréries de pêcheurs et de marins.

---

40. *Ibid.*, doc. 21.
41. *Ibid.*, doc. 12.
42. Arízaga Bolumburu, Beatriz, « La pesca en el País Vasco en la Edad Media », *Itsas Memoria, Revista de Estudios Marítimos Vascos*, n° 3, 2001, p. 13-28. Ferreira Priegue, Elisa, « O desenvolvemento da actividade pesqueira desde a Alta Idade Media ó século XVII », dans *Historia da pesca en Galicia,* Santiago de Compostela, Universidad de Santiago de Compostela, 1998, p. 51-68. Aznar Vallejo, Eduardo, « Marinos y pescadores », *Medievalismo*, 2004, n° 13-14, p. 229-240.

En définitive, on peut affirmer – en relation avec l'hypothèse de départ de cet article – que seuls les *omes ruanos* et, à l'autre extrémité de l'échelle sociale, les journaliers ont pu développer une réelle pluriactivité, alors que la majorité des habitants n'a exercé que le métier de pêcheur.


**RÉSUMÉ**

**Le présent article se propose d'analyser les différentes activités économiques des populations des villes portuaires de la Cantabrie au Moyen Âge dans le but d'étudier la manière dont elles assuraient leur subsistance et géraient les risques inhérents. Nous analyserons leurs activités principales, en particulier l'agriculture et l'exploitation des ressources offertes par la mer. Alors que la majorité des habitants a pratiqué une double activité tout au long du Moyen Âge seuls les groupes socio-économiques urbains de niveau intermédiaire ont développé une véritable pluriactivité.**

*ABSTRACT*

*This article attempts to define the various economic activities of the town-ports of Cantabria in order to determine the different ways to manage risk in the Middle Ages. Thus, author analyses the prevailing urban activities in these towns, with particular reference to the agricultural and maritime sector. Although most inhabitants practiced more than one economic activity throughout the Middle Ages, the author concludes that only the middle class developed what could be characterised as genuine pluriactivity.*

# La pêche à Terre-Neuve et le commerce international : deux activités complémentaires au XVIe siècle[1]

Hilario CASADO ALONSO
Université de Valladolid

La somme des recherches consacrées à la pêche à Terre-Neuve et au Labrador forme aujourd'hui un chapitre à part dans la bibliographie de l'histoire maritime mondiale[2]. Nous savons qu'à partir des premières années du XVIe siècle, la pêche européenne commença à investir les eaux canadiennes pour capturer de la morue et chasser des cétacés. Les pêcheurs portugais, normands et bretons maintenaient une activité modeste mais régulière dans ces eaux. À partir des années 1520, les marins du Pays basque français et certainement d'Espagne se joignirent à eux, et rapidement ils supplantèrent leurs prédécesseurs[3], si bien que, dès le milieu du siècle, cette pêche transatlantique pratiquée par les Biscaïens, les marins de Guipúzcoa et les

1. Ce travail a été réalisé dans le cadre des projets « Empresas y empresarios en Castilla y León (siglos XVI-XX) », subventionné par la Junta de Castilla y León (Ref. VA050A06), et « Dynamic Complexity of Cooperation-Based Self-Organizing Networks in the First Global Age (DynCoopNet) », subventionné par la European Science Foundation au titre du programme EUROCORES (Ref. 06-TECT-FP-004).

2. MOLLAT du JOURDIN, Michel (dir.), *Histoire des pêches maritimes en France*, Toulouse, Privat, 1987. CELL, G. T., *English Enterprise in Newfoundland, 1577-1660*, Toronto, University of Toronto Press, 1969. LA MORANDIÈRE, Charles de, *Histoire française de la pêche à la morue en Amérique septentrionale (des origines à 1789)*, Paris, Maisonneuve et Larose, 1962. ADAMS INNIS, Harold, *The Cod Fisheries: the History of An International Economy*, Toronto, University of Toronto Press, 1954.

3. BELANGER, René, *Les Basques dans l'estuaire du Saint-Laurent, 1535-1635*, Montréal, Presses de l'Université du Québec, 1971. AZPIAZU ELORZA, Jose Antonio, « La pesca del bacalao, su preparación y comercialización en Guipúzcoa en la Alta Edad Moderna », *Anuario del Instituto de Estudios Marítimos Juan de la Cosa*, n° 7, 1988-1998, p. 85-110. AZPIAZU ELORZA, Jose Antonio, *Balleneros vascos en el Cantábrico*, San Sebastián, Estudios, 2000. BOURGOIN, Jean, CARPINE-LANCRE, Jacqueline, (éd.), *L'Aventure maritime, du golfe de Gascogne à Terre-Neuve*, 118e congrès national des sociétés historiques et scientifiques (Pau, 1993), Paris, Éditions du CTHS, 1995. TURGEON, Laurier, « Pêches basques du Labourd en Atlantique nord (XVIe-XVIIe siècles) : ports routes et trafics », *Itsas memoria. Revista de estudios marítimos del País Vasco*, n° 3, 2000, p. 163-178.

Basques français atteignit son apogée. Des améliorations dans les techniques navales, avec une augmentation de la rentabilité économique des produits obtenus – l'huile de baleine et les morues salées – suscitèrent un intérêt croissant de la part des investisseurs, des patrons et des marins pour cette pêche en haute mer, ce qui se traduisit par une augmentation du nombre de bateaux expédiés vers ces eaux à diverses époques de l'année. Dans le cas espagnol, S. Huxley et M. Barkham, les meilleurs spécialistes de ces exploitations de pêche, signalent que la flotte hispano-basque de Terre-Neuve disposait annuellement, de 1559 à 1585, d'environ 40 bateaux (de 20 à 25 pour la pêche à la morue et de 15 à 20 pour la chasse à la baleine), soit une capacité de quelque 9500 tonneaux[4]. Ce fut l'époque de la splendeur avant que ne commence une crise progressive au cours de laquelle la flotte basque et celle du golfe de Gascogne furent dépassées par d'autres concurrents.

La plupart des travaux publiés sur le thème de la pêche exercée par les différentes flottes européennes à Terre-Neuve et au Labrador et de leurs industries navales connexes partent d'une prémisse : les bateaux et les hommes qui pratiquaient la capture de la morue et de la baleine dans les eaux canadiennes se consacraient de façon presque exclusive à ces activités. Il aurait ainsi existé une certaine spécialisation des bâtiments de pêche à cette époque. S'il s'agit effectivement d'une réalité contemporaine, les flottes de pêche et de commerce étant aujourd'hui très différentes, cela ne paraît toutefois pas une évidence pour des temps plus reculés. Il convient donc de s'interroger sur les usages faits des navires terre-neuvas au XVI^e^ siècle.

L'objectif de cet article est de montrer comment, tout du moins pour le XVI^e^ siècle, la pêche était en réalité indissociable du commerce. Pour les navires comme pour les patrons, les maîtres et les marins, les campagnes à Terre-Neuve alternaient avec les expéditions commerciales et le transport international sur d'autres routes. Comme nous le verrons, cette complémentarité ressortissait à la nécessité de disposer des liquidités indispensables au financement de la plupart des voyages vers les eaux canadiennes. Bien souvent, un même bâtiment pratiquait alternativement, pendant des mois ou des années, la pêche, le commerce et le transport à longue distance. C'est pourquoi je crois qu'au XVI^e^ siècle on ne peut parler

4. Huxley, Selma, « Los Vascos y las pesquerías transatlánticas, 1517-1713 », Ayerbe, E. (dir.), *Itsasoa 3. Los vascos en el marco Atlántico norte. Siglos XVI y XVII*, San Sebastián, Etor, 1987, p. 26-210. Huxley, Selma, « Aperçu de l'évolution de la pêche sur les côtes de l'Est canadien », *L'Aventure maritime…, op. cit.*, p. 175-180. Huxley, Selma, Michael Barkham, Michael, « Los Arriola de Urazandi : iniciativa empresarial marítima en Vizcaya y Guipúzcoa (c. 1540-c. 1630) », *Itsas memoria. Revista de estudios marítimos del País Vasco*, n° 1, 1996, p. 349-388. Barkham, Michael, *Shipowning, Shipbuilding ans Trans-Atlantic Fishing in Spanish Basque Ports, 1560-1630 : a Case Study of Motrico ans Zumaya*, thèse de doctorat, Université de Cambridge, 1990. Barkham, Michael, « La industria pesquera en el País Vasco peninsular al principio de la Edad Moderna : ¿Una edad de oro? », *Itsas memoria. Revista de estudios marítimos del País Vasco*, n° 3, 2000, p. 29-75.

d'une spécialisation de la pêche de la part des flottes espagnole, portugaise et franco-basque. Au contraire, la documentation employée, formée de milliers de polices d'assurances maritimes de Burgos, montre la grande complémentarité qui existait alors entre les activités marchandes et la pêche en haute mer.

## Les assurances maritimes de Burgos : observatoire de la pêche à Terre-Neuve au XVIe siècle

Bien que l'on ait conservé des données sur les assurances maritimes depuis la fin du XVe siècle, ce n'est qu'à partir du milieu du siècle suivant que le Consulat de Burgos les enregistra systématiquement. Certes, nous ne disposons que de 10 396 polices, ce qui n'est qu'une modeste fraction du corpus originel[5]. Cependant, pour la période antérieure au XVIIIe siècle, cette quantité est la plus importante qui soit disponible au sein des archives européennes. À ce titre, la documentation burgalaise procure une somme d'informations considérable pour la connaissance de l'histoire de l'assurance et donc de l'histoire navale de l'Europe. Précisément, les registres de polices couvrent la période comprise entre 1565 et 1619. Sur le total de 10 396 actes qu'ils contiennent, la majorité – soit 8 195 – concerne les années 1565-1573. Un si grand nombre de polices concentré sur une période aussi courte permet d'étudier précisément tout à la fois la navigation, le commerce et la pêche. J'ai pu individualiser 4 743 expéditions de bateaux assurées à Burgos entre les années 1565 et 1619. En dehors des expéditions de pêche à Terre-Neuve, les routes évoquées dans ces contrats d'assurance maritime sont nombreuses. Certaines participent à l'intense commerce de cabotage joignant, par le Portugal, les côtes du golfe de Gascogne à Séville. D'autres conduisent jusqu'à l'Amérique espagnole et au Brésil. Les routes atlantiques vers les anciens Pays-Bas, l'Angleterre, la France et l'Allemagne et même la Baltique y sont aussi présentes, comme celles qui liaient par un trafic soutenu les côtes espagnoles et italiennes. Enfin, dans une moindre mesure, l'on rencontre le commerce tissé entre l'Afrique et la péninsule ibérique et l'Amérique, ainsi que les routes de l'Inde. Ces expéditions employaient des maîtres et des bateaux de tout type, originaires des marines basque, cantabre, bretonne, flamande, hollandaise, de Raguse, hanséatique, portugaise, andalouse, galicienne, anglaise, catalane, génoise et bordelaise[6].

---

5. Archivo de la Diputación Provincial de Burgos, Consulado. Libros 28, 37, 39, 41, 44, 46, 74, 95, 98, 99 et 101.

6. CASADO ALONSO, Hilario, « Comercio Internacional y Seguros Marítimos en Burgos en la época de los Reyes Católicos », *Bartolomeu Dias e a sua epoca*, actes du congrès, Oporto, Universidad, 1990. p. 221-238. CASADO ALONSO, Hilario, « El mercado internacional de seguros de Burgos en el siglo XVI », *Boletín de la Institución Fernán González*, année LXXVIII, n° 219, 1999/2, p. 277-306. CASADO ALONSO, Hilario, « El comercio de hierro vasco visto a través de los seguros marítimos burgaleses (1565-1596) », *Itsas Memoria. Revista de Estudios marítimos del País Vasco*, n° 4, 2003, p. 165-192. CASADO ALONSO, Hilario, « Los

Parmi ce grand ensemble d'assurances burgalaises, 415 se rapportent à la pêche à Terre-Neuve et totalisent un montant de 213973 ducats[7]. Les aléas archivistiques ont voulu que la plupart des contrats conservés datent des années 1565-1572. Aussi, il ne faudrait pas en conclure que pendant les années postérieures il y eut moins de voyages à Terre-Neuve ou que ceux-ci furent assurés dans un autre lieu. Les polices étaient contractées de différentes manières, selon la répartition des investissements réalisés par les organisateurs de l'expédition. Le plus souvent, on prenait deux polices différentes, l'une sur la coque, l'artillerie et les munitions, l'autre sur l'équipement (hameçons, harpons, chaudières, filets), l'avitaillement (biscuits, vin, cidre, sel, barriques et autres vivres) et la pêche obtenue (poisson salé et à l'huile). Dans d'autres cas, l'assurance portait sur l'argent prêté aux maîtres pour acheter les équipements. Il était aussi fréquent de signer une police sur le voyage d'aller et une autre sur celui de retour, quoiqu'il ne soit pas rare que toute la route soit couverte par un même contrat. Plus rarement, le risque était réparti en trois ou quatre polices (tableau n° 1, annexes). Les polices permettent également de distinguer les types de pêche exercée lors de ces expéditions. Leur analyse détaillée indique que la capture des morues supplante en nombre de contrats la prise des baleines. Cependant, les sommes engagées pour cette dernière activité sont supérieures à celles relatives à la première. Ce fait réaffirme ce que d'autres auteurs ont signalé : la pêche baleinière exigeait de plus grands investissements que celle de la morue[8].

Les 415 contrats recensés se rapportent à l'assurance de 263 expéditions pour Terre-Neuve, l'année 1572 étant celle durant laquelle il y eut le plus grand nombre de campagnes de pêche (annexe 2)[9]. Dans la plupart des cas, le départ du voyage se faisait depuis les ports de la côte du golfe de Gascogne, d'Avilés à Fuenterrabía, jusqu'à Capbreton. Saint-Sébastien arrive en tête, suivi de Deva et des ports du Pays basque français (Bayonne, Saint-Jean-de-Luz et Ciboure). Ensuite, viennent les ports biscaïens – Bilbao et Portugalete notamment – et ceux de Cantabrie comme Laredo. Signalons enfin la présence singulière de la flotte portugaise de Viana do Castelo. Les ports d'attache des navires employés pour les campagnes de pêche étaient souvent ceux à partir desquels étaient lancées les expéditions.

---

seguros marítimos de Burgos. Observatorio del comercio internacional portugués en el siglo xvi », *Revista da Faculdade de Letras. História*. Porto, 3e série, vol. 4, 2003, p. 213-242.

7. Huxley, Selma, « Burgos Insurance for Basque Ships: Maritime Policies from Spain, 1547-1592 », *Archivaria*, 11, 1980-1981, p. 87-99. Barkham, Michael, « Mercaderes, comercio y finanzas en el norte de España: el seguro marítimo en Burgos y su desarrollo en S. Sebastián, Bilbao y Madrid (1500-1630) », *Actas del V Centenario del Consulado de Burgos*, Burgos, 1994, vol. I, p. 557-619.

8. Dans certains cas, celle-ci n'est pas très définie, ce qui fait penser qu'ils alternèrent les deux types d'activité. J'ai signalé celle qui m'a semblé la plus remarquable. La plupart des polices aux buts inconnus sont des assurances sur l'argent prêté aux maîtres pour armer les embarcations.

9. Pour leur calcul, j'ai regroupé en une seule quantité les expéditions où l'aller et le retour furent assurés.

***Origine des navires terre-neuviers dont les cargaisons ont été assurées à Burgos (1565-1615)***

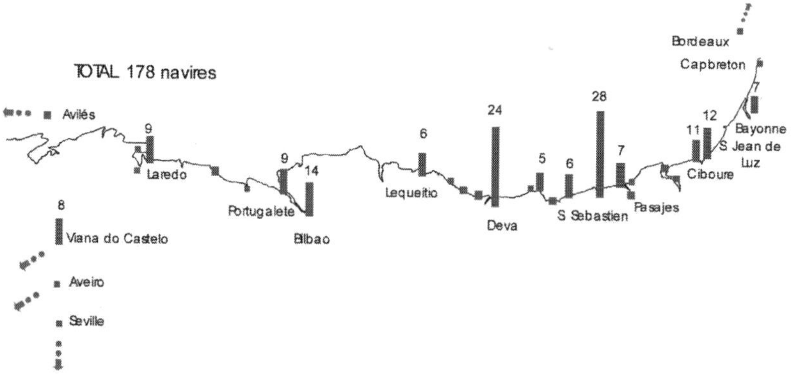


Beaucoup de ces bateaux n'apparaissent qu'occasionnellement, tandis que d'autres étaient affectés régulièrement aux itinéraires terre-neuviers. J'ai inventorié 178 bateaux différents, en fonction de leur type, de leur nom, de leur patron et de leur maître. Ils provenaient de Guipúzcoa, de Biscaye, de Santander, du Pays basque français et du Portugal. Il faut remarquer qu'aucune police ne se rapporte à un bateau breton ou anglais, alors qu'on les sait très actifs à cette époque à Terre-Neuve ; ils étaient logiquement assurés dans leurs territoires respectifs. À propos du type de bateaux utilisés dans cette pêche hauturière, pour la plupart les polices précisent qu'il s'agissait de galions et de nefs, sauf dans quelques rares cas où l'on parle d'une « zabra » et de deux galéasses.

Si l'on considère enfin l'origine des parties contractantes, 49 localités différentes sont mentionnées (annexe 3). Comme il est naturel, celles qui prédominent sont celles de Guipúzcoa – spécialement Saint-Sébastien, Deva, Rentería et Eibar – suivies de celles de Biscaye et du Pays basque français. Vient ensuite un éventail de multiples localités. Les contractants sont en général des patrons de bateaux qui participaient à la pêche en haute mer, et qui pouvaient être aussi propriétaires de forges, fabricants d'armes ou commerçants. Ils composaient la classe entreprenante et florissante qui prospéra et s'enrichit au Pays basque et en Cantabrie pendant le règne de Philippe II. Parmi les quelques cas remarquables et très connus, signalons Juan de Portu, Miguel de Beroiz, Baltasar de Lerchundi, Martín et Esteban de Santiago, originaires de Saint-Sébastien ; Martín Ochoa de Irrazazabal et Domingo de Sorasu, originaires de Deva ; María de Uranzo et Sebastián de Zubieta, originaires de Rentería ; Juan Pérez de Ocariz de Mondragón ; Domingo de Villaviciosa de Pasajes ; Andrés de Arrizabalaga et Martín López de Isasi, originaires de Eibar ; Tomás de Esparza de Fuenterrabía ; Francisco Cachopín de Laredo ; Melchor et

Martín de Alzaga de Portugalete; Auger de Barcos de Bayonne; Martinón, Juan et Pedro de Sociondo de Saint-Jean-de-Luz. La forte rentabilité économique des expéditions terre-neuvières attirait des capitaux provenant d'autres secteurs que la pêche. Les investissements n'étaient donc pas réservés aux gens de mer, mais relevaient aussi de commerçants, de fabricants d'armes, et même de membres des dynasties locales, à la tête de grandes entreprises, qui voyaient dans la capture des morues et des baleines le moyen de diversifier leurs affaires. Ce fait nous amène à nous demander s'il y avait à cette époque une complémentarité entre la pêche et le commerce international.

## La complémentarité entre la pêche à Terre-Neuve et le commerce international

Comme je l'ai signalé en introduction, l'histoire de la pêche repose sur un postulat implicite selon lequel elle aurait été l'occupation exclusive de ses acteurs. Tout au plus, il est dit que les pêcheurs étaient parfois aussi agriculteurs. C'est le cas des différentes études sur les confréries de pêcheurs de beaucoup de villes côtières basques. Quand l'objectif est d'analyser la pêche hauturière, par exemple celle qui se pratiquait dans les eaux de Terre-Neuve, la plupart des chercheurs ne signalent pas si les patrons, maîtres ou marins travaillaient aussi dans d'autres secteurs. Cette façon d'aborder le problème peut amener le lecteur à en conclure que la pêche et le commerce international étaient deux activités complètement différenciées. Il est vrai que cette distinction était valable pour les bateaux, certains étant exclusivement consacrés à la pêche, d'autres au commerce, comme c'est le cas aujourd'hui.

Cette conception ne résiste pas à l'étude des polices d'assurances maritimes de Burgos. En rapprochant les 415 contrats signés pour la pêche à Terre-Neuve des milliers d'autres assurances, il est possible de reconstruire, année par année, une partie des itinéraires et des activités des navires. Nous appuyant simplement sur les données relatives au nom de chaque bateau, à sa provenance, à son maître et à son patron, on peut suivre quelles furent certaines des opérations et des routes auxquelles il participa. Il nous faut cependant immédiatement relativiser la portée de ce travail d'analyse et de reconstitution. Ces données sont *a priori* incomplètes puisqu'elles ne concernent que les expéditions ayant fait l'objet d'un contrat d'assurance; tous les mouvements non contractuels nous échappent. De plus, l'histoire individuelle des bâtiments ne nous est connue que de façon partielle, vu qu'il n'était pas rare qu'ils changent de nom et de maître au cours de leur existence. Ainsi, il est probable que des bateaux décrits dans les documents sous des identités différentes correspondent en réalité à un seul et même spécimen. Faute de sources complémentaires comme les immatriculations de bateaux, les registres de douanes ou d'impôts d'avaries, il n'est donc pas possible de préciser davantage l'histoire des navires. Mais ce travail est impossible pour d'autres ports et flottes totalement privés de ce type de documents.

Sur les 178 bateaux ayant été assurés au moins une fois entre 1565 et 1615 pour se rendre à Terre-Neuve, 71 furent également employés en dehors d'expéditions de pêche. Un même bâtiment peut apparaître dans des actes successifs, contractés par des acteurs différents ou non et couvrant des trajets vers le Canada ainsi que vers d'autres destinations. Plusieurs observations ressortent des données rassemblées dans l'annexe 4. D'abord, pour une série de bateaux, on eut recours au commerce dans les ports escales du parcours pour financer l'expédition vers Terre-Neuve. Comme S. Huxley l'a déjà fait remarquer, très souvent le voyage des côtes du golfe de Biscaye jusqu'au Canada n'était pas effectué en droiture mais empruntait un itinéraire marqué d'arrêts intermédiaires pour s'approvisionner de tout ce dont on avait besoin pour la pêche. Quelquefois, ces escales sont indiquées sur la police d'assurance principale, mais à d'autres reprises elles figurent sur des contrats différents, ce qui ferait penser à première vue qu'il s'agit d'autres expéditions. Trois voies indirectes étaient alors privilégiées pour se rendre à Terre-Neuve : la côte basque – La Rochelle/Nantes – Terre-Neuve ; la côte basque – le Portugal – Terre-Neuve ; la côte basque – Séville – Terre-Neuve. La première avait notamment pour but d'acheter l'équipement et l'attirail nécessaires pour la pêche : biscuit, vin, hameçons, harpons et filets. Les deux autres (par Aveiro, Lisbonne, Setúbal ou Séville) servaient davantage à l'approvisionnement en sel, denrée nécessaire pour conserver la morue. Les navires ne se rendaient pas à vide dans ces ports d'escale. Ils partaient à La Rochelle et à Nantes chargés en général de laine et de fer qu'ils échangeaient. S'ils mettaient le cap sur le sud à la recherche du sel, c'est avec du fer, des objets ferreux et des armes. Ils côtoyaient alors les autres bâtiments qui, à cette époque, participaient à l'intense commerce de cabotage entre la côte du golfe de Gascogne, le Portugal et l'Andalousie.

À côté de ces opérations relativement élaborées, où se mêlaient et se complétaient la pêche, l'approvisionnement et le négoce, beaucoup d'autres se succédaient dans l'agenda du bateau pour des motifs très différents, sans aucun rapport entre eux. Pendant quelques mois, le navire accomplissait sa saison morutière ou baleinière ; puis, de retour à son port d'attache et ayant déposé ses barriques de graisse et ses morues salées, il était aussitôt chargé de marchandises pour rejoindre une autre destination. Dans certains cas, un même bâtiment faisait ainsi deux ou trois expéditions dans l'année. Dans le même temps, il lui arrivait parfois de changer de patron et d'équipage. Étant donné la courte période renseignée par les polices disponibles, on regrette de ne pas pouvoir calculer la durée de vie utile des navires ni d'être en mesure de reconstituer l'usage qui en était fait tout au long de la seconde moitié du XVI^e^ siècle.

Les polices de Burgos indiquent que les nefs, les galions et les « zabras » employés pour la pêche hauturière participaient simultanément aux multiples trafics qui partaient des ports de l'Atlantique, qu'ils fussent espagnols, français ou portugais. On les voit ainsi chargés de fer, d'objets ferreux, de sacs de laine, de cuirs, de tissus, d'épices, de sucre, de colorants et d'autres marchandises. Il n'est pas rare qu'ils fissent partie des flottes de la laine castillane à destination des Flandres, de la Normandie et de la Bretagne, ou des flottes portugaises de Viana do Castelo, chargés de sucre et de teintures du Brésil. Il existait donc une « pluri-utilisation » des bateaux, selon le besoin des affaires menées par les patrons et les autres financeurs des expéditions.

Six cas illustrent parfaitement ce phénomène. Le premier d'entre eux est celui du galion de Zumaya, *La Trinidad*, dont était maître Baltasar de Orio, habitant de Guetaria. Entre les mois de décembre 1567 et avril 1568, il voyagea de Zumaya à Séville chargé de fer, de ferrures, de clous, de houes, de haches et de brai, le tout assuré pour 10270 ducats et consigné au nom de divers marchands d'Elorrio, d'Azpeitia, d'Eibar, de Plasencia, d'Elgueta et de Séville. Parmi ces négociants, il faut signaler les Iturbe d'Elorrio et le fameux marchand d'Eibar, Martín López de Isasi. Durant l'hiver 1568-1569, le bâtiment prit la même route avec un chargement très semblable au précédent, dont la plus grande partie appartenait aux Lobiano, une famille basque installée à Séville; puis, en mars 1569, le bateau partit pour Terre-Neuve, Gregorio de Sorasu de Marquina assurant sa carcasse pour 300 ducats. Selon cet exemple, un navire pouvait être employé autant pour le commerce de fer basque à destination de l'Andalousie et de l'Amérique que pour la pêche en terre-neuviène.

Le *Santa Cruz* (Sainte-Croix), galion de Lequeitio, qui avait pour maîtres les frères Rodrigo et Juan de Legarza, était spécialement destiné à la pêche. Au printemps 1568, plusieurs habitants de Motrico assurèrent l'équipement et les vivres pour qu'il parte capturer des morues à Terre-Neuve. Nous ne savons pas ce qu'il fit en 1569, mais dans les premiers mois de 1570, plusieurs marchands de Marquina, Vitoria, Ermua, Elgueta et Séville assurèrent, pour une valeur de 3400 ducats, un chargement de fers, de haches et de clous, que ce bateau devait mener à Séville. En septembre de cette année-là, le « Santa Cruz », désormais détenu par Martín Ibáñez de Sarasua, habitant de Marquina, était à Terre-Neuve. Son propriétaire assura sa coque pour 600 ducats et Pedro de Licona et Juan Arrechu son équipement pour 250 ducats, avant qu'il ne réalise son voyage de retour à Lequeitio. De novembre 1570 à janvier 1571, l'on devait préparer son départ pour Séville puisque différents marchands de Guipúzcoa assurèrent sa cargaison de fers, d'arquebuses et de diverses autres denrées. La date de son appareillage nous est inconnue mais le printemps suivant, il réapparaît dans deux polices contractées sur la coque par son propriétaire, Martín Ibáñez, auquel s'était associé Rodrigo de Legarza, le maître. L'opération prévoyait un premier trajet de Lequeitio à Séville, puis une traversée jusqu'à Terre-Neuve, et enfin un retour à Bilbao. En octobre 1571, il semble qu'il ait réitéré le même parcours avec un chargement identique, au départ cette fois-ci d'Ondárroa. Le voyage se répète au début de l'année 1572, la cargaison étant formée de fers et « d'angers » appartenant aux Urquizu d'Elorrio et aux Lobiano de Séville. Le bateau quitta ensuite l'Andalousie pour la

Canada, les propriétaires assurant au retour de sa campagne morutière la coque et l'équipement naval. En somme, les itinéraires de ces deux galions rendent assez bien compte de l'utilisation du commerce du fer et d'autres objets ferreux entre le Pays basque et Séville pour financer les expéditions de pêche à Terre-Neuve.

Cette complémentarité apparaît plus évidente encore dans les pérégrinations de deux autres bâtiments. Prenons l'exemple de la *Santa María* (Sainte-Marie), nef de Viana do Castelo placée sous le commandement de Manuel Pita le jeune. Ce bateau, entre septembre et décembre 1567, navigua de Portimão à Londres et à Anvers, faisant escale à Bayona de Galice, chargé de figues appartenant au marchand de Viana, Antonio Alvares Veigas. En mai 1568, il fut assuré pour partir à la pêche à la morue à Terre-Neuve. On ne sait pas ce qu'il fit l'année suivante. En juillet 1570, une police couvrit une nouvelle expédition morutière, complétée peut-être par la capture de baleines car l'acte cite des barriques de graisse parmi le chargement. Une campagne de pêche similaire fut reproduite en juillet de l'année suivante. Dans toutes ces expéditions de pêche, le maître apparaît comme patron du navire. La trajectoire d'une autre nef, *La Juana* (la Jeanne) de Capbreton, commandée par Esteban de Bayona, est très semblable. En janvier 1569, Auger de Barcos, marchand de Bayonne et propriétaire du bâtiment, assura sa coque pour aller de Bayonne à Séville. En juillet de cette même année, ledit Auger, qui était aussi agent d'assurances, contracta une police pour couvrir le voyage de Terre-Neuve à Bayonne avec le poisson et les graisses. À la fin de 1569, *La Juana* prit la mer avec de la résine et du fer à destination de Nantes, puis rejoignit le Canada. En mai 1570, la nef, dûment assurée, était de retour de la pêche à la morue. En août, son propriétaire fit charger du brai et de la résine pour joindre Bordeaux à Anvers; au voyage de retour, le navire embarqua des marchandises diverses. À la fin de 1570, après avoir été vendu à Mingot de Biarritz, il fut assuré pour le compte de marchands de Bayonne afin de transporter, de ce port à celui de Lisbonne, du brai et de la résine; il en rapporta du sucre et des épices.

Le *San Juan* (Saint-Jean), galion de Laredo, avait pour maîtres les frères Sebastián et Francisco de Uro, et pour patrons Juan de Alvarado, habitant de Colindres, et Pedro de Uro, habitant de Laredo. Ce vaisseau fut spécialement employé pour le commerce international de laine. En 1566, il conduisit des sacs de laine appartenant à divers éleveurs de Nájera et d'Ezcaray, de Deva à Bruges. Pendant l'hiver de 1569-1570, il fit partie d'une flotte composée de six bateaux espagnols et de deux hourques de Zélande, qui transporta des sacs de laine du port de Santander à Rouen et à Bruges. Sa cargaison, propriété de plusieurs marchands de Burgos, fut assurée pour 10000 ducats. En 1571 et 1572, il participa à deux expéditions comparables entre Santander et Bruges. Bien qu'il fût utilisé spécialement pour le transport de la laine, ses armateurs pouvaient l'employer pour d'autres types de trajets. En mars 1569, ils assurèrent pour 1140 ducats sa coque et son équipement naval pour l'expédier vers les bancs morutiers de Terre-Neuve.

Il fit le voyage en compagnie d'un galion de Laredo nommé « San Miguel » (Saint-Michel) et commandé par Juan del Hoyo Llanes.

Le meilleur exemple de l'usage pluriel et indéterminé des navires du XVI^e^ siècle est celui de la « zabra » de Deva, *La Magdalena* (la Madeleine), commandée par Martín de Zumeta et Domingo de Gárate, qui étaient aussi ses propriétaires. En 1567, elle apparaît dans les polices de Burgos chargée de fers, propriété de Martín López de Isasi de Eibar et de Martín de Unamuno de Plasencia de las Armas, marchandises qu'elle devait conduire de Deva à Séville. En novembre 1568, Andrés de Berastegui de Elorrio assura sa cargaison – composée de fer, d'acier et de ferrures – pour une valeur de 800 ducats. Le voyage consistait à relier Castrourdiales à Lisbonne. En janvier 1569, le bateau revenait à Saint-Sébastien avec sa cargaison d'épices et de cotons, le tout couvert par une police de 700 ducats contractée par différents marchands espagnols résidant à Lisbonne. En mars de cette même année, ses patrons décidèrent de l'expédier pour la pêche à la morue à Terre-Neuve, assurant pour cela sa carcasse et ses vivres à hauteur de 350 ducats. De retour au début de l'automne, sa coque fut réassurée, dès octobre, pour le transport entre Deva et Anvers de barriques de graisse appartenant à Martín López de Isasi (un personnage très souvent cité dans les documents) ; ces produits provenaient vraisemblablement de la campagne canadienne précédente. Au début de l'année 1570, *La Magdalena* réapparaît, commandée par Domingo de Gárate et en route pour Séville, avec des fers et des armes de différents marchands de Guipúzcoa. Pendant le printemps et l'été suivants, ses propriétaires décident de l'envoyer de Deva à Bruges, sous les ordres de Tomás de Arrieta, chargée de sacs de laine, propriété de divers éleveurs de Los Cameros, Logroño, Vitoria, Estella, Pamplona et Tudela. Ces derniers assurèrent la cargaison pour 5 432,5 ducats. Le reste de l'année paraît inactif, jusqu'en février 1571 où divers consignataires de Burgos, Bilbao, Pamplona et Eibar assurèrent des sacs de laine et des graisses de baleine pour que le maître et propriétaire, Martín de Zumeta, les transporte de Deva à Bruges et à Anvers. Cette expédition devait également faire escale à Bordeaux. La date de son retour est indéterminée. Toutefois, en mai de cette année-là, plusieurs marchands d'Eibar assurèrent un autre chargement de fers et de lingeries qu'ils expédiaient de Deva à Séville. Le maître de la « zabra » était alors Joaquín de Retes. Pendant l'hiver, le navire, désormais sous le commandement de Domingo de Gárate, participa de nouveau à la flotte lainière qui reliait Bruges depuis Deva. Le transport lainier se reproduisit en octobre 1572, cette fois à destination de Nantes et avec Tomás de Arrieta comme maître. Au final, notre documentation – qui n'est pas censée couvrir la totalité de l'activité du navire, rappelons-le – rend compte des multiples usages faits de la « zabra » tout au long de ces cinq années. Elle fut fondamentalement destinée au commerce international, mais ses propriétaires ne dédaignèrent pas de l'employer pour la pêche à Terre-Neuve.

•

En conclusion, nous appuyant sur un échantillon significatif de contrats d'assurance maritime, et notamment sur quelques exemples probants, nous avons pu mettre en lumière la pluralité des usages qui étaient faits des flottes espagnoles, portugaises et françaises au XVIe siècle. Les navires étaient tout autant destinés à la pêche hauturière, au commerce et au transport international. Aucune spécialisation des galions et des « zabras » n'apparaît nettement dans la documentation de Burgos. Au gré des besoins des maîtres et des propriétaires ainsi que des circonstances économiques et politiques, un même bâtiment pouvait servir de bateau de pêche, de navire de charge ou de vaisseau de guerre. Il était seulement nécessaire, avant chaque expédition, de revêtir l'embarcation des équipements appropriés à son usage du moment. La « pluriactivité » des moyens navals ressortissait à la nécessité de rentabiliser l'investissement de l'armateur d'une part, à celle de financer l'expédition de pêche d'autre part. De ce point de vue, il apparaît clairement que la pêche à Terre-Neuve et le commerce international étaient des activités économiques totalement complémentaires au XVIe siècle.

## Annexe 1 – *Contrats d'assurances de Burgos relatifs à la pêche à Terre-Neuve*

| | Morue | | Baleine | | Inconnu | | TOTAL | |
|---|---|---|---|---|---|---|---|---|
| Années | POLICES | DUCATS | POLICES | DUCATS | POLICES | DUCATS | POLICES | DUCATS |
| 1565 | | | 26 | 12030 | | | 26 | 12030 |
| 1566 | 8 | 5500 | 1 | 100 | 2 | 1000 | 11 | 6600 |
| 1567 | 2 | 400 | 6 | 4900 | 2 | 2000 | 10 | 7300 |
| 1568 | 22 | 8040 | 38 | 26200 | 2 | 800 | 62 | 35040 |
| 1569 | 56 | 21770 | 12 | 7400 | 1 | 800 | 69 | 29970 |
| 1570 | 47 | 17855 | 15 | 10610 | 4 | 1900 | 66 | 30365 |
| 1571 | 28 | 9970 | 21 | 21130 | 4 | 2610 | 53 | 33710 |
| 1572 | 48 | 13584 | 41 | 32544 | 10 | 2830 | 99 | 48958 |
| 1573 | 2 | 1500 | 1 | 500 | | | 3 | 2000 |
| 1582 | 3 | 1400 | | | | | 3 | 1400 |
| 1584 | 3 | 1300 | 1 | 900 | | | 4 | 2200 |
| 1585 | 5 | 1650 | | | | | 5 | 1650 |
| 1586 | | | | | 1 | 400 | 1 | 400 |
| 1590 | | | 1 | 550 | | | 1 | 550 |
| 1592 | | | 1 | 500 | | | 1 | 500 |
| 1615 | | | | | 1 | 1300 | 1 | 1300 |
| Total | 224 | 82969 | 164 | 117364 | 27 | 13640 | 415 | 213973 |

## Annexe 2 – *Origine des navires assurés à Burgos pour des expéditions vers Terre-Neuve*

| Dates | 1565 | 1566 | 1567 | 1568 | 1569 | 1570 | 1571 | 1572 | 1573 | 1579 | 1582 | 1584 | 1585 | 1586 | 1590 | 1592 | 1615 | Total |
|---|---|---|---|---|---|---|---|---|---|---|---|---|---|---|---|---|---|---|
| Localités | | | | | | | | | | | | | | | | | | |
| Aveiro | | | | | | | | | | | | | 1 | | | | | 1 |
| Avilés | | | | | 3 | 1 | | | | | | | | | | | | 4 |
| Baracaldo | | | | | | | | 1 | | | | | | | | | | 1 |
| Bayonne | | | | 3 | 4 | 2 | | 1 | 1 | | | | | | | | | 11 |
| Bermeo | | | | | | | | 1 | | | | | | | | | | 1 |
| Bilbao | 5 | 2 | | 2 | 1 | 1 | 2 | 3 | | | | 1 | 1 | | | | 1 | 19 |
| Burdeos | | | | | 1 | | | 1 | | | | | | | | | | 2 |
| Capbreton | | | | | 1 | 1 | | | | | | | | | | | | 2 |
| Castrourdiales | | | | | | | | 2 | | | | | | | | | | 2 |
| Ciboure | | | 1 | | 1 | 4 | 1 | 3 | | | | | 1 | | 1 | | | 12 |
| Colindres | | | | | | | | 1 | | | | | | | | | | 1 |
| Deva | 2 | 4 | 3 | 5 | 5 | 2 | 4 | 9 | | | | | | | | | | 34 |
| Fuenterrabía | | | | | | 3 | 1 | | 2 | | | | | | | | | 6 |
| Guetaria | | | | | | | | | | | | 1 | | | | | | 1 |
| Laredo | | 1 | | 1 | 4 | 1 | 3 | 2 | | | 1 | | | | | | | 13 |
| Lequéitio | | | | | | 2 | 1 | 5 | | 1 | | | | | | | | 9 |
| Lezo | | | | | | | 1 | | | | | | | | | | | 1 |
| Marquina | | | | | | | 1 | | | | | | | | | | | 1 |
| Motrico | | | | 2 | 2 | | | | | | | | | 1 | | | | 5 |
| Ondárroa | | 1 | | | 1 | | 2 | 2 | 1 | | | | | | | | | 7 |
| Orio | | | | 1 | 1 | 2 | 1 | 2 | | | | | | | | | | 7 |
| Pasajes | 1 | 1 | | 1 | 1 | 1 | 1 | 2 | | | | | | | | | | 8 |
| Portugalete | 2 | | | | | 2 | | 4 | | | 1 | 1 | | | | | | 10 |
| Rentería | | | | | | 3 | 4 | | | | | | | | | | | 7 |
| Saint-Jean-de-Luz | | | | 6 | 5 | 4 | 1 | 2 | | | | | | | 1 | | | 19 |
| San Sebastián | | | 1 | 6 | 5 | 6 | 11 | 17 | | | | | | | | 1 | | 47 |
| Sevilla | | | | | | 1 | | | | | | | | | | | | 1 |
| Viana do Castelo | | | | 3 | 3 | 1 | 4 | | | | | | | | | | | 11 |
| Zarauz | | | | | | | | 2 | | | | | | | | | | 2 |
| Zumaya | | | | 1 | 1 | | 1 | 3 | | | | | | | | | | 6 |
| origine connue : total | 10 | 9 | 5 | 31 | 39 | 37 | 39 | 63 | 4 | 1 | 2 | 3 | 3 | 1 | 2 | 1 | 1 | 251 |
| origine inconnue | 2 | | | | 1 | | 4 | 4 | | | | | 1 | | | | | 12 |
| Total | 12 | 9 | 5 | 31 | 40 | 37 | 43 | 67 | 4 | 1 | 2 | 3 | 4 | 1 | 2 | 1 | 1 | 263 |

## Annexe 3 – *Valeur par localité des contrats d'assurance pour la pêche à Terre-Neuve*

| Localité | Ducats |
|---|---|
| Saint Sébastien | 47 839 |
| Deva | 23 765 |
| Bilbao | 15 800 |
| Rentería | 12 850 |
| Eibar | 12 050 |
| Saint Jean de Luz | 10 350 |
| Desconocido | 8 335 |
| Bayonne | 7 950 |
| Laredo | 6 920 |
| Portugalete | 5 200 |
| Pasajes | 4 800 |
| Lequeitio | 4 750 |
| Ondárroa | 4 600 |
| Marquina | 4 400 |
| Zumaya | 4 370 |
| Avilés | 3 800 |
| Orio | 3 800 |
| Motrico | 3 650 |
| Guetaria | 3 440 |
| Viana do Castelo | 3 160 |
| Fuenterrabía | 3 100 |
| Bordeaux | 2 509 |
| Ciboure | 1 500 |
| Baracaldo | 1 500 |
| Vitoria | 1 300 |

| Localité | Ducats |
|---|---|
| Colindres | 1 250 |
| Azpeitia | 1 200 |
| Mondragón | 1 000 |
| Nantes | 1 000 |
| Oñate | 1 000 |
| Ea | 1 000 |
| Castrourdiales | 760 |
| Seville | 550 |
| Zarauz | 500 |
| Azcoitia | 500 |
| Ermua | 500 |
| Carasa | 400 |
| Santoña | 400 |
| Puebla del Dean | 300 |
| Beranguelua | 300 |
| Tolosa | 250 |
| Elgoibar | 250 |
| Bermeo | 225 |
| Aveiro | 200 |
| Lezo | 200 |
| Guecho | 150 |
| Porto | 150 |
| Elorrio | 100 |
| Lisbonne | 50 |
| Total | 213 973 |

## Annexe 4 – *La complémentarité entre la pêche à Terre-Neuve et le commerce international (selon les polices d'assurance maritimes enregistrées à Burgos, 1565-1591)*

| | *Navire* | *Localité* | *Maître* | *Année* | *Itinéraire* |
|---|---|---|---|---|---|
| 1 | San Nicolás | Bilbao | Lope de la Sierra | 1565 | Bilbao – Terre-Neuve – Portugalete |
| | | | | 1568 | Bilbao – Anvers |
| 2 | La Trinidad | Pasajes | Juan de Navejas | 1565 | Pasajes – Terre-Neuve – Pasajes |
| | | | | 1571 | Pasajes – Terre-Neuve – Pasajes |
| | | | | 1571 | Pasajes – Bruges |
| | | | | 1572 | Pasajes – Bruges |
| 3 | Nª Sª de la Concepción | Portugalete | Juan de Montellano | 1565 | Bilbao – Terre-Neuve |
| | | | | 1568 | Bilbao – Anvers |
| | | | | 1570 | Bilbao – Bruges |
| | | | | 1571 | Bilbao – Bruges |
| | | | | 1572 | Bilbao – Anvers |
| 4 | San Miguel | Deva | Domingo de Gorozica | 1566 | Deva – Séville |
| | | | | 1566 | Guetaria – Terre-Neuve |
| 5 | Santa Lucía | Deva | Juan de Irrazazabal | 1566 | Guetaria – La Rochelle – Terre-Neuve – Guetaria |
| 6 | La Catalina | | Pedro de Zuaznabar | 1566 | Pasajes – La Rochelle – Terre-Neuve – La Rochelle |
| 7 | San Buenaventura | Pasajes | Juan de Lacón | 1566 | La Rochelle – Terre-Neuve – Pasajes |
| 8 | San Vicente | Bilbao | Juan de Beurco | 1566 | Bermeo – Terre-Neuve – Bermeo |
| | | | | 1570 | Bilbao – Aveiro |
| | | | | 1572 | Bilbao – Portugal – Terre-Neuve – Bilbao |
| | | | | 1572 | Castrourdiales – Terre-Neuve |
| 9 | San Juan | St-Sébastien | Juan de Bora | 1567 | Pasajes – Terre-Neuve – Pasajes |
| | | | | 1572 | Pasajes – Bruges |
| 10 | La Concepción | Bilbao | Iñigo de Ibártola | 1567 | Guetaria – Terre-Neuve – Deva |
| | | | | 1568 | Portugalete – Nantes – Terre-Neuve – Portugalete |

| | | | | | |
|---|---|---|---|---|---|
| 11 | La Catalina | Ciboure | Bocal de Amezqueta | 1567 | Terre-Neuve – Séville |
| | | | | 1568 | Pasajes – Bruges |
| 12 | Santa Cruz | Lequéitio | Rodrigo o Juan de Legarza | 1568 | Deva – Terre-Neuve – Deva |
| | | | | 1570 | Lequeitio – Séville |
| | | | | 1570 | Terre-Neuve – Lequéitio |
| | | | | 1571 | Deva – Séville – Terre-Neuve – Bilbao |
| | | | | 1571 | Deva – Séville |
| | | | | 1572 | Ondárroa – Séville |
| | | | | 1572 | Séville – Guipúzcoa |
| | | | | 1572 | Guetaria – Séville – Terre-Neuve |
| 13 | La Juana | Bayonne | Peyrot de Bigue | 1568 | Bayonne – Lisbonne – Terre-Neuve |
| | | | | 1569 | Bayonne – Cadix – Séville |
| 14 | La Juana | Bayonne | Sansin de Challa | 1568 | Bayonne – Lisbonne – Terre-Neuve |
| 15 | La Maria | Bayonne | Per Anton de Alchocta | 1568 | Bayonne – Lisbonne – Terre-Neuve |
| | | | | 1569 | Terre-Neuve – Bayonne |
| | | | | 1569 | Bayonne – Nantes |
| 16 | La Concepción | Deva | Juan de Perure | 1568 | Portugalete – Nantes – Terre-Neuve – Portugalete |
| 17 | Santi Spiritus | St-Jean-de-Luz | Batun de Ibañeta | 1568 | St-Jean-de-Luz – Terre-Neuve |
| | | | | 1569 | Pasajes – Bruges |
| 18 | La Concepción | Bilbao | Juan de Bedia | 1568 | Nantes – Terre-Neuve – Portugalete |
| | | | | 1569 | Bilbao – Séville |
| 19 | Santa María | Viana do Castelo | Manuel Pita, el mozo | 1567 | Portimão – Bayona – Londres – Anvers |
| | | | | 1568 | Viana – Terre-Neuve – Viana |
| | | | | 1570 | Viana – Terre-Neuve – Viana |
| | | | | 1571 | Viana – Terre-Neuve – Viana |
| 20 | Santa Cruz | Viana do Castelo | Pantaleón Diaz | 1568 | Terre-Neuve – Viana |
| | | | | 1571 | Pernambuco – Viana |

| | | | | | |
|---|---|---|---|---|---|
| 21 | La Buena Ventura | St-Jean-de-Luz | Juan y Martín de Hoviaga | 1568 | St-Jean-de-Luz – Nantes |
| | | | | 1568 | Pasajes – Terre-Neuve |
| 22 | La María | Deva | Juan de Espilla | 1568 | Pasajes – Terre-Neuve – Pasajes |
| | | | | 1572 | Laredo – Bruges |
| 23 | La María | St-Sébastien | Marques de Orayn | 1567 | Pasajes – La Esclusa |
| | | | | 1568 | St-Sébastien – Bruges |
| | | | | 1568 | St-Sébastien – Terre-Neuve – St-Sébastien |
| | | | | 1569 | Terre-Neuve – St-Sébastien |
| | | | | 1570 | St-Sébastien – Terre-Neuve |
| | | | | 1571 | St-Sébastien – Terre-Neuve |
| | | | | 1572 | St-Sébastien – Terre-Neuve |
| 24 | Espiritu Santo | Viana do Castelo | Melchor Mendes | 1568 | Terre-Neuve – Viana |
| | | | | 1571 | Viana – Pernambuco |
| | | | | 1572 | Pernambuco – Viana |
| 25 | La Buena Ventura | St-Jean-de-Luz | Lorenzo de Lizaurdi | 1567 | St-Jean-de-Luz – Bruges |
| | | | | 1568 | St-Jean-de-Luz – Bruges |
| | | | | 1568 | Terre-Neuve – Pasajes |
| 26 | La María de San Vicente | St-Jean-de-Luz | Domingo de Zubirain | 1568 | Terre-Neuve – St-Jean-de-Luz |
| | | | | 1571 | Bilbao – Rouen |
| 27 | La María | Bayonne | Laurens y Juanot de Arroseta | 1569 | Bayonne – Lisbonne – Terre-Neuve – Bayonne |
| | | | | 1570 | Terre-Neuve – Bordeaux |
| 28 | San Bartolomé | Ondárroa | Ochoa de Gaviola | 1569 | Ondárroa – Séville – Terre-Neuve – Ondárroa |
| | | | | 1570 | Deva – Séville |
| 29 | La Trinidad | Zumaya | Baltasar de Orio | 1567 | Zumaya – Séville |
| | | | | 1568 | Zumaya – Séville |
| | | | | 1569 | Zumaya – Séville |
| | | | | 1569 | Séville – Terre-Neuve – Guetaria |
| 30 | Santiago | St-Sébastien | Miguel de Santiago | 1569 | St-Sébastien – Lisbonne – Terre-Neuve – St-Sébastien |
| | | | | 1572 | Pasajes – Séville |

| | | | | | |
|---|---|---|---|---|---|
| 31 | Santa Catalina | St-Sébastien | Martín Cardel | 1569 | St-Sébastien – Terre-Neuve |
| | | | | 1571 | Pasajes – Séville |
| | | | | 1572 | Pasajes – Séville |
| 32 | Santa María | St-Sébastien | Martín Sanz de Larrea | 1567 | St-Sébastien – Séville |
| | | | | 1569 | St-Sébastien – Lisbonne – Terre-Neuve – St-Sébastien |
| | | | | 1569 | Terre-Neuve – St-Sébastien |
| 33 | La Magdalena | Deva | Martín de Zumeta | 1567 | Deva – Séville |
| | | | | 1568 | Castrourdiales – Lisbonne |
| | | | | 1569 | Lisbonne – St-Sébastien |
| | | | | 1569 | Deva – Terre-Neuve – Deva |
| | | | | 1569 | Deva – Bruges/Anvers |
| | | | | 1570 | Deva – Séville |
| | | | | 1570 | Deva – Bruges |
| | | | | 1571 | Deva – Bordeaux – Bruges/Anvers |
| | | | | 1571 | Deva – Séville |
| | | | | 1571 | Deva – Bruges |
| | | | | 1572 | Deva – Nantes |
| 34 | La María | St-Jean-de-Luz | Juan Beltrán de Echegaray | 1569 | Pasajes – Bruges |
| | | | | 1569 | St-Jean-de-Luz – La Baie – Terre-Neuve |
| | | | | 1570 | Terre-Neuve – St-Jean-de-Luz |
| | | | | 1571 | Bordeaux – Terre-Neuve |
| 35 | San Miguel | Santoña | Juan del Hoyo | 1569 | Santoña – Terre-Neuve |
| | | | | 1582 | Laredo – Rouen |
| 36 | San Juan | Laredo | Sebastián y Francisco de Uro | 1566 | Deva – Bruges |
| | | | | 1569 | Laredo – Terre-Neuve – Laredo |
| | | | | 1570 | Santander – Rouen – Bruges |
| | | | | 1571 | Santander – Bruges |
| | | | | 1572 | Laredo – Bruges |
| 37 | San Nicolás | Motrico | Juan Martinez de Amezquita | 1569 | Motrico – Terre-Neuve – Motrico |
| | | | | 1571 | Deva – Bruges |
| | | | | 1571 | Motrico – Séville |
| | | | | 1572 | Deva – Bruges |
| | | | | 1572 | Deva – Séville |

| | | | | | |
|---|---|---|---|---|---|
| 38 | Nª Señora de la Concepción | Laredo | Juan Diego | 1569 | Santander – Rouen |
| | | | | 1569 | Laredo – Terre-Neuve – Laredo |
| 39 | La Concepción | Viana do Castelo | Martín Alvares Sarramede | 1569 | Viana – Terre-Neuve – Viana |
| | | | | 1572 | S. Salvador de Bahía – Viana |
| 40 | San Cristobal | Viana do Castelo | Valentín Peres | 1569 | Viana – Terre-Neuve – Viana |
| | | | | 1570 | Olinda – Viana |
| 41 | San Esteban | Orio | Josefo de Echaniz | 1570 | Guetaria – Setúbal – Terre-Neuve – Guetaria |
| 42 | La Buenaventura | Fuenter-rabía | Jerónimo de Gijón y Juan Surez | 1570 | Pasajes – Lisbonne – Terre-Neuve – Pasajes |
| | | | | 1571 | St-Sébastien – Terre-Neuve – St-Sébastien |
| 43 | La Madalena | Rentería | Juanes de Sarai-sas Gárate | 1570 | Cadix – Terre-Neuve – Cadix |
| 44 | La María | Pasajes | Domingo de Villaviciosa | 1567 | Pasajes – Bruges |
| | | | | 1569 | Pasajes – Lisbonne |
| | | | | 1569 | Lisbonne – Terre-Neuve – Pasajes |
| | | | | 1572 | Laredo – Bruges |
| 45 | La María | Bayonne | Juan Dule | 1569 | Terre-Neuve – St-Sé-bastien |
| | | | | 1570 | Bayonne – Rouen |
| | | | | 1570 | Rouen – Bayonne |
| 46 | La María | Motrico | Juan de Olabar-rieta | 1569 | Pasajes – Terre-Neuve – Pasajes |
| | | | | 1571 | Lisbonne – Pasajes |
| 47 | La Juana | Capbreton | Esteban de Bayona | 1569 | Bayonne – Séville |
| | | | | 1569 | Terre-Neuve – Bayonne |
| | | | | 1569 | Bayonne – Nantes |
| | | | | 1570 | Terre-Neuve – Bayonne |
| | | | | 1570 | Bordeaux – Anvers – Bayonne |
| | | | | 1570 | Bayonne – Lisbonne – Bayonne |
| 48 | San Nicolás | Deva | Domingo de Urdaide | 1569 | Terre-Neuve – Pasajes |
| | | | | 1571 | Laredo – Bruges |

| | | | | | |
|---|---|---|---|---|---|
| 49 | Nª Señora de la Concepción | Portugalete | Ochoa de La Sierra | 1565 | Santander – Bruges |
| | | | | 1565 | L'Ecluse – Portugalete |
| | | | | 1568 | Santander – Bruges |
| | | | | 1569 | Anvers – Laredo |
| | | | | 1570 | Laredo – Terre-Neuve – Laredo |
| | | | | 1572 | Laredo – Anvers |
| 50 | La Concepción | Deva | Domingo de Ganchegui | 1569 | Deva – Lisbonne |
| | | | | 1569 | Deva – Séville |
| | | | | 1570 | Deva – Séville – Terre-Neuve – Séville/Deva |
| | | | | 1571 | Deva – Séville |
| | | | | 1571 | Séville – St-Sébastien |
| | | | | 1572 | Deva – Séville |
| 51 | La Concepción | Laredo | Juan de Escalante | 1570 | Santander – Rouen |
| | | | | 1570 | Laredo – Setúbal – Terre-Neuve – Laredo |
| 52 | La María de San Vicente | Ciboure | Miguel de Aunquiz | 1569 | Bilbao – Nantes |
| | | | | 1570 | Bilbao – Terre-Neuve |
| 53 | Santa María de la Candelaria | Lequeitio | Juan Martínez de Unda | 1570 | Lequeitio – Terre-Neuve |
| | | | | 1572 | Terre-Neuve – Lequeitio |
| | | | | 1572 | Lequeitio – Setúbal/Aveiro – Terre-Neuve |
| | | | | 1572 | Terre-Neuve – Lequeitio |
| | | | | 1573 | Deva – Séville |
| 54 | El Jesús | Pasajes | Vicente de Echave | 1567 | Pasajes – Bruges |
| | | | | 1570 | Motrico – Lisbonne – Terre-Neuve – Motrico |
| | | | | 1571 | Pasajes – Setúbal – Terre-Neuve – Pasajes |
| 55 | San Salvador | Rentería | Sebastian y Jos de Zubieta | 1569 | Pasajes – Séville |
| | | | | 1570 | Pasajes – Terre-Neuve |
| | | | | 1570 | Terre-Neuve – Pasajes |
| | | | | 1571 | Pasajes – Terre-Neuve – Pasajes |
| | | | | 1571 | Terre-Neuve – St-Sébastien |
| | | | | 1572 | Pasajes – Séville |
| 56 | La María de San Vicente | Ciboure | Bartolomé de Sarria | 1570 | Terre-Neuve – St-Jean-de-Luz |
| | | | | 1571 | St-Jean-de-Luz – Bruges |

| | | | | | |
|---|---|---|---|---|---|
| 57 | Nuestra Señora de Begoña | Portugalete | Martín de Alzaga | 1570 | Bilbao – Nantes |
| | | | | 1570 | Terre-Neuve – Portugalete |
| 58 | Nuestra Señora de Begoña | Portugalete | Lope de Berriz | 1571 | Bilbao – Bruges |
| | | | | 1571 | Bilbao – Nantes |
| | | | | 1571 | Bilbao – Terre-Neuve – Bilbao |
| | | | | 1572 | Santander – Bruges |
| | | | | 1572 | Terre-Neuve – Bilbao |
| | | | | 1591 | Bilbao – Bruges |
| 59 | San Miguel | Ondárroa | Juan de la Rentería | 1569 | Ondárroa – Cadix |
| | | | | 1571 | Ondárroa – Terre-Neuve |
| 60 | San Miguel | Ondárroa | Juan de Ayardia | 1569 | Ondárroa – Séville |
| | | | | 1571 | Ondárroa – Terre-Neuve |
| | | | | 1571 | Terre-Neuve – Ondárroa |
| | | | | 1572 | Guetaria – Séville |
| 61 | Santa María | Deva | Domingo de Vergara | 1572 | Deva – Séville |
| | | | | 1572 | Deva – Séville – Terre-Neuve – Deva |
| 62 | Nuestra Señora de Begoña | Bilbao | Ochoa de Larrea | 1570 | Santander – Bruges |
| | | | | 1571 | Santander – Bruges |
| | | | | 1572 | Portugalete – Setúbal – Terre-Neuve |
| 63 | La Candelaria | Lequeitio | Martín de Beleda | 1572 | Lequeitio – Setúbal – Terre-Neuve – Lequeitio |
| 64 | La Trinidad | Deva | Juan Pérez de Arriola | 1570 | Deva – Terre-Neuve – Deva |
| | | | | 1571 | Deva – Bruges |
| | | | | 1571 | Deva – Lisbonne |
| | | | | 1572 | Deva – Terre-Neuve |
| 65 | San Bartolomé | Ondárroa | Domingo de Ondárroa | 1571 | Ondárroa – Séville |
| | | | | 1572 | Motrico – Séville – Terre-Neuve – Motrico |
| | | | | 1572 | Motrico – Séville |
| | | | | 1572 | Séville – Motrico |

| | | | | | |
|---|---|---|---|---|---|
| 66 | Santa María de la Candelaria | Lequeitio | Juan de Uribe | 1568 | Deva – Séville |
| | | | | 1568 | Séville – Lequeitio |
| | | | | 1569 | Deva – Séville |
| | | | | 1570 | Deva – Séville |
| | | | | 1571 | Deva – Séville |
| | | | | 1572 | Lequeitio – Setúbal – Terre-Neuve |
| | | | | 1580 | Ondárroa – Séville |
| 67 | San Antón | Orio | Juan Pérez de Sociondo | 1572 | St-Sébastien – Lisbonne |
| | | | | 1572 | Deva – Terre-Neuve |
| 68 | La María | Bilbao | Juan Martínez de Zabaleta | 1584 | Bilbao – Rouen |
| | | | | 1584 | Bilbao – Terre-Neuve |
| | | | | 1585 | Bilbao – Nantes |
| | | | | 1585 | Bilbao – Nantes – Terre-Neuve – Bilbao |
| 69 | San Vicente | Laredo | Juan de Herotache | 1572 | Bilbao – Lisbonne – Terre-Neuve – Portugalete |
| 70 | Nª Señora de Begoña | Portugalete | Juan de Lallosa | 1572 | Bilbao – Portugal – Terre-Neuve – Bilbao |
| 71 | Nª Señora de Begoña | Portugalete | Juan de Penoli | 1572 | Nantes – Terre-Neuve – Bilbao |

**RÉSUMÉ**

**L'article étudie la pêche à Terre-Neuve dans la seconde moitié du XVI^e siècle à partir de 415 polices d'assurance enregistrées devant le Consulat de Burgos, un des principaux centres d'assurance en Europe à cette époque. Ces documents détaillent d'une part les caractéristiques desdits voyages : prix, dangers encourus, participants, destination, routes, provenance des bateaux et des marins, etc. Ils sont à replacer parmi les 10 397 polices d'assurance conservées qui permettent de reconstituer au total 4743 expéditions entre 1565 et 1619. On constate que les maîtres, les propriétaires et les équipages des navires combinaient la pêche à Terre-Neuve avec le commerce international qui formaient deux activités complémentaires, sans qu'il y ait spécialisation entre les différentes activités. Les flottes espagnoles, portugaises et françaises développaient un pluriactivité, moyen de diversifier les affaires et par voie de conséquence de répartir les risques.**

*ABSTRACT*

*This paper studies fishing in Newfoundland during the second half of the sixteenth century. It analyses 415 maritime insurance contracts, all of which were registered at the Burgos Consulate, which was then one of the major insurance centres in Spain. We analyse the main characteristics of the journeys undertaken: price, danger, function, routes, origin of ships and sailors, etc. Furthermore, the surviving documentation (10,397 contracts) also allows us to reconstruct 4,372 maritime expeditions between 1565 and 1619. These data have allowed us to observe that the masters, owners and sailors who undertook fishing expeditions to Newfoundland also engaged in international trade. Fishing and trade were complementary activities and ships did not specialise in one or the other. In the sixteenth century, the Spanish, Portuguese and French fleets were very versatile and sought to diversify their activities and, thereby, reduce risk.*

Seconde partie

# *Les atouts de la mutualisation : assumer à plusieurs des risques partagés*

# Les groupes d'intérêts et la gestion des risques dans le commerce maritime et la pêche des anciens Pays-Bas, vers 1480-1560

Louis SICKING
Université de Leiden

L'emploi du lobbying par des groupes d'intérêt, dans le but d'exercer une influence sur des institutions publiques, est un sujet majeur, non seulement au plan local ou national mais aussi au plan européen et international[1]. Par ce moyen qui paraît nouveau, les citoyens ont aujourd'hui accès à tous les niveaux de gouvernement. S'ils disposent d'une représentation directe ou s'ils sont membres d'une organisation lobbyiste, ils peuvent faire valoir leurs intérêts auprès de leurs autorités. Ce phénomène joue actuellement un rôle clé au sein des institutions européennes. Bruxelles est par excellence le centre nerveux des activités des lobbyistes auprès de « l'Europe ».

Il y a presque cinq siècles, à l'époque de l'empereur Charles Quint, souverain des Pays-Bas (1506-1555), Bruxelles, en tant que centre gouvernemental, était déjà la cible de groupes d'intérêt. Les anciens Pays-Bas – ou XVII Provinces – étaient alors composés d'un ensemble de duchés, de comtés et d'autres territoires réunis par les ducs de Bourgogne et les Habsbourg au cours des XV^e^ et XVI^e^ siècles. Ce groupe de régions était alors devenu un État, composé d'une administration centrale et d'administrations régionales et locales, couvrant à peu près le territoire actuel des pays du Benelux (à l'exception de la principauté de Liège). Cette situation perdura jusqu'à la Révolte des Pays-Bas, dite aussi Guerre de Quatre-vingts Ans (1568-1648), dont résulta la création de deux nouveaux États : les Pays-Bas espagnols et la république des Provinces-Unies. Les historiographies natio-

1. Voir par exemple HARRIS, Ph., et FLEISHER, C., *The Handbook of Public Affairs*, Londres et New Delhi, Sage, 2005 ; VENETIË, E. Van, et LUIKENAAR, J., *Het grote lobbyboek. De ongeschreven regels van het spel*, Zutphen, Plataan, 2006 ; SCHENDELEN, R. Van, *Machiavelli in Brussels, the art of lobbying in the EU*, Amsterdam, Amsterdam University Press, 2005.

nales, belges et néerlandaises, ont toujours eu tendance à anticiper cette division des anciens Pays-Bas, considérant que dès le temps des ducs de Bourgogne et des Habsbourg, une distinction existait entre leurs parties méridionale et septentrionale. Cependant, l'on sait aujourd'hui qu'il n'en était rien[2]. C'est ce que nous montrerons en partie dans cet article à travers les activités des groupes d'intérêts maritimes des sociétés littorales néerlandaises (flamandes, zélandaises et hollandaises) pendant la période précédant la Révolte.

Le duché de Brabant et les comtés de Flandre, Hollande et Zélande étaient considérés comme le centre névralgique des Pays-Bas : la majorité de la population y habitait, le degré d'urbanisation y était le plus élevé et la production industrielle et artistique y était concentrée[3]. De véritables sociétés maritimes s'y étaient également développées. Les administrations régionales de ces provinces côtières et les administrations locales des villes littorales faisaient pression sur le gouvernement central afin que leurs intérêts soient défendus. Il s'agissait tout particulièrement du commerce maritime et de la pêche, deux activités qui étaient mises en danger par la guerre, la course et la piraterie.

Les sources du milieu du XVI^e^ siècle relatives au gouvernement central de Bruxelles rapportent en effet l'existence de plusieurs groupes d'intérêt maritimes : les commerçants d'Anvers, les capitaines (« schippers ») d'Anvers, les commerçants espagnols et portugais (aux Pays-Bas), les Zélandais, les commerçants de Bruges, les villes maritimes de Flandre (Dunkerque, Nieuport et Ostende) et les Hollandais (Waterlanders). La composition de ces groupes d'intérêt révèle pour Anvers une distinction entre les négociants et les capitaines, ce que l'on ne retrouve pas en Hollande. Alors que dans la ville brabançonne, le commerce et la navigation étaient pratiqués par des catégories professionnelles distinctes, en pays hollandais, c'est en général le marchand-capitaine qui assumait seul l'ensemble de ces charges. L'on observe donc, de part et d'autre, des organisations professionnelles différentes : la spécialisation des tâches à Anvers, la polyvalence en Hollande.

2. Ce n'est qu'au début du XVII^e^ siècle que la rupture entre la partie méridionale et la partie septentrionale des anciens Pays-Bas est devenue une réalité historique. Hugo de Schepper est l'un des historiens les plus critiques à l'égard des approches étroites des historiographies nationales belges et néerlandaises. Voir Schepper, Hugo de, « Het Nederland van Willem van Oranje : geen Noord en geen Zuid », *Willem van Oranjelezing 2007. Willem van Oranje Noord en Zuid*, Delft, 2008, p. 7-31.

3. Blockmans, Wim, *Metropolen aan de Noordzee. De geschiedenis van Nederland, 1100-1560*, Amsterdam, Uitgeverij Bert Bakker, 2010, p. 21-22, 544, 556. Prevenier, Walter, Blockmans, Wim, *De Bourgondische Nederlanden*, Anvers, Mercatorfonds, 1983, p. 9-10, 29. Blockmans, Wim, « Kern en periferie in de Bourgondische Nederlanden », *Handelingen van de koninklijke Kring voor Oudheidkunde, Letteren en Kunst van Mechelen*, Mechelen : Koninklijke Kring voor Oudheidkunde, Letteren en Kunst van Mechelen, 1986, p 49-56. Schepper, Hugo de, *Belgium nostrum 1500-1650. Over integratie en desintegratie van het Nederland*, Anvers, De orde van den Prince, 1987, p. 4-10.

Les trois villes maritimes de Flandre abritaient, elles aussi, un groupe d'intérêt. Leur économie était essentiellement tournée vers la pêche au hareng; en dehors de cette activité, le commerce restait peu développé. Les marins flamands défendaient donc leur flotte harenguière avec vigueur, et cela de plusieurs manières. Par exemple, lorsqu'il était impossible de pêcher à cause de la guerre ou en raison d'une interdiction gouvernementale, ils n'hésitaient à troquer les filets pour les armes et à partir en course. Ils étaient alors susceptibles de poursuivre et de capturer toute embarcation, des bateaux de pêcheurs « ennemis », voire des bateaux marchands.

L'énoncé de ces deux cas laisse supposer que les pêcheurs flamands comme les marchands-capitaines hollandais développaient des stratégies de réduction du risque, propres à sauvegarder leurs intérêts. Il s'agissait pour l'essentiel de répondre aux dangers que faisaient peser la guerre, la course et la piraterie sur leurs activités. Ces menaces furent quasi permanentes pendant les guerres entre les Valois et les Habsbourg, seulement interrompues épisodiquement, entre 1521 et 1559, et eurent de graves conséquences sur la pêche et le commerce maritime. Pour y obvier, ils ont souvent essayé d'influencer les autorités régionales et centrales afin de les sensibiliser à la défense de leurs intérêts. Il s'agira donc ici pour nous de proposer une analyse comparative de leurs initiatives afin de mettre en évidence leurs stratégies de résorption des risques[4].

## La gestion des risques propres à la pêche au hareng : le cas des trois villes maritimes de Flandre

### *Les développements de la pêche harenguière des Pays-Bas*

En Flandre, Ostende, Dunkerque et Nieuport étaient devenus les premiers ports de pêche au hareng. Déjà durant la décennie 1480, ces trois villes possédaient respectivement 55, 37 et 33 capitaines. Et quarante ans plus tard, l'on sait que Dunkerque abritait plus de 60 busses. Chaque année, ces bâtiments déchargeaient quelques 2000 last de harengs vidés et salés *(kaakharing)* et 1200 last de hareng frais[5]. En 1556, 2800 last de hareng salé furent vendus aux enchères à Dunkerque. Cette célèbre « grande pêche », qui produisait du *kaakharing* à grande échelle, était essentiellement pratiquée sur des busses, des bâtiments volumineux dont la quille interdisait de les tirer sur la plage. C'est ce qui explique pour partie qu'elle fut concentrée à proximité de ces trois villes, lesquelles offraient des facilités nautiques

4. Cet article intègre les arguments des articles suivants : Sicking, Louis, « Le lobby pêcheur flamand (1485-1559) », *Revue historique de Dunkerque et du littoral*, n° 39, 2006, p. 3-14; *id.*, « Protection costs and profitability of the herring fishery in the Netherlands in the sixteenth century : a case study », *International journal of maritime history*, t. XIX n° 2, 2007, p. 265-277; *id.*, « Stratégies de réduction de risque dans le transport maritime des Pays-Bas au XVI^e^ siècle », *XXXVII^e^ Settimana di Studi. Ricchezza del mare. Ricchezza dal mare. Secc. XIII-XVIII*, Istituto internazionale di storia economica « F. Datini », 11-16 April 2005, Prato, Le Monnier, 2006, p. 795-808.

5. 1 last équivaut à environ 10000 harengs, soit 14 barils, soit 2 tonnes de charge.

pour accueillir les gros navires de pêche. L'économie de ces ports dépendait alors entièrement des activités halieutiques. Les magistrats municipaux étaient très impliqués dans le commerce du hareng et défendaient tout particulièrement les intérêts de cette industrie. La « petite pêche » ou pêche côtière n'était quant à elle pas limitée à Ostende, Dunkerque et Nieuport. En effet, des pêcheurs sur la grève opéraient depuis Raversijde, Blankenberge, Lombardsijde, Heist et Wenduine[6].

Nous pouvons établir quelques comparaisons entre la pêche flamande et celle qui se développa en Hollande et en Zélande. En dépit du caractère lacunaire des données statistiques, il est possible de fournir quelques éléments, relatifs aux anciens Pays-Bas, sur les quantités de poissons pêchés ainsi que sur les lieux de pêche. En 1476, il est admis que la flotte totale était composée de 375 busses : 150 venaient de Zélande, 125 de Flandre et 100 de Hollande[7]. En 1562, ce chiffre grimpe à 700 : 400 pour la Hollande, 200 pour la Zélande et 100 pour la Flandre[8]. Ainsi, durant cette période, la flotte harenguière a presque doublé, avec 325 unités supplémentaires. Parallèlement, la distribution interprovinciale fut profondément modifiée. La flotte flamande décrut d'au moins 25 unités et en pourcentage passa de 33 % à 14 % entre 1476 et 1562. La Flandre perdit quant à elle plus de la moitié de son potentiel, tandis que la flotte hollandaise s'accrut de manière

6. Uytven, Raymond van, « Visserij in de Zuidelijke Nederlanden », dans Block, D.P. (dir.), *Algemene Geschiedenis der Nederlanden,* t. vi, Haarlem, Fibula-Van Dishoeck, 1979, p. 139. Danhieux, L., « Visserij van de Zuidnederlanders », dans Asaert, Gustaaf (dir.), *Maritieme Geschiedenis der Nederlanden (MGN*), Bussum, De Boer maritiem, 1976, t. I, p. 281. Blockmans, Wim, « Voor wijn en vis : de politieke rol van de Vlaamse kustplaatsen aan de vooravond van de nieuwe tijden », *Ostendiana*, t. III, 1978, p. 128 et 133-134. Vlietinck, E., *Eene bladzijde uit de geschiedenis der stad Nieupoort, Nieupoort & zijne visscherij in de xv*e *eeuw; het beleg van 20-28 juli 1489; de Dankprocessie van Sint Jan* , Ostende, 1889, p. 18-21. Au sujet des termes « grande » et « petite pêche », voir Warnsinck, J.C.M., « De Memorie van Cornelis de Schepper van den 12e Februari 1552 over de verdediging van Holland, Zeeland en Vlaanderen, in den Oorlog tegen Frankrijk », dans *Historische Opstellen aangeboden aan J. Huizinga op 7 December 1942 door het Historisch Gezelschap te 's-Gravenhage,* Haarlem, Tjeenk Willink & zoon, 1948, p. 269.

7. Les nombres des vaisseaux hollandais et zélandais sont extraits d'une « remontrance » de la ville de Brielle envoyée au Grand Conseil de Malines en 1476. Haak, S.P. « Brielle als vrije en bloeiende handselsstad in de xve Eeuw », *Bijdragen voor vaderlandse geschiedenis en oudheidkunde,* 4e série, 1907, t. VI, p. 65. Tracy, James D., « Herring wars : The Habsburg Netherlands and the struggle for control of the North Sea circa 1520-1560 », *The sixteenth century journal,* t. XXIV, 1993, p. 253. En 1440, on mentionnait un total de 150 busses en Zélande et de 100 en Hollande, tandis qu'en 1519, Flessingue, Brouwershaven et Veere, se taillant la part du lion dans la pêche du hareng en Zélande, comptaient ensemble 140 busses. Degryse, Rogier, « De Zeeuws-Hollandse buisnering en konvooiering omstreeks 1439-1440 », *Holland. Regionaal-historisch tijdschrift,* t. VI, 1974, p. 70; *id.*, « De gemeenschappelijke Grote visserij van de Nederlanden in de xve eeuw », *Bijdragen tot de geschiedenis der Nederlanden*, t. VII, 1953, p. 35 et 39.

8. Ces informations sont fournies par les représentants des ports de pêcheurs des trois provinces assemblées en 1562. Boelmans Kranenburg, H.A.H., *De zeevisscherij van Holland in den tijd der Republiek*, Amsterdam, Paris, 1946, p. 25. Tracy, James D., « Herring wars... », *op. cit.*, p. 253. Degryse, R., « Grote visserij... », *op. cit.*, p. 48.

significative pour constituer plus de la moitié de la flotte harenguière des XVII Provinces en 1562.

Ces données de 1562 peuvent être comparées avec celles du « lastgeld » de 1551. L'étude de cette taxe, levée sur chaque last de hareng capturé, permet de se faire une idée de la place tenue par la pêche dans l'économie de cette région. Les chiffres montrent que, globalement, les trois provinces connurent une croissance entre 1551 et 1562. Toutefois, la taille moyenne des busses hollandaises étant alors supérieure à celle des busses flamandes et zélandaises[9], il est à penser que la part des premières en 1562 dépassait encore celle relevée en 1551. L'on retiendra de ces indications qu'entre 1476 et 1551, le centre de gravité de la pêche harenguière s'est déplacé vers le nord, ce qui est une conséquence de l'expansion de la flotte hollandaise. Non seulement le nombre total des busses augmenta, mais les nouvelles unités présentaient des capacités supérieures. Dans le même temps, la pêche zélandaise connaissait une croissance modérée et la pêche flamande déclinait. De telles évolutions expliquent qu'un certain nombre de villes, au sein desquelles la pêche représentait une activité importante, se sont organisées pour faire face aux attaques des pirates, des corsaires et des flottes de guerre.

### *La protection de la pêche au hareng*

En 1506, Charles Quint évoquait la pêche en mer comme étant « l'une des principales négociations dont les manans de nostre pays de Flandres d'ancienneté ont été soustenuz ». Vers le milieu du XVI^e^ siècle, alors même que leur place s'érodait au sein de la pêche néerlandaise, les villes côtières de Flandre se référaient encore à ce passé pour souligner l'importance que représentait chez elles l'économie harenguière[10]. Cela traduit aussi la permanence des efforts consentis par les acteurs de ce secteur pour le défendre. Au XV^e^ siècle, les villes côtières formaient déjà l'un des groupements d'intérêts les plus dynamiques et cohérents. Leurs autorités, – les magistrats en premier lieu –, agissaient et s'exprimaient pour soutenir diverses revendications, et en particulier celles qui concernaient la pêche. De surcroît, la défense des intérêts des pêcheurs était fortement renforcée par les liens familiaux étroits et par les relations économico-fiscales qui unissaient l'élite sociale et politique aux marchands de poissons aisés, aux mareyeurs et aux armateurs[11].

Quand les pêcheurs étaient menacés, les magistrats collaboraient pour faire pression sur le gouvernement des XVII Provinces ou sur les Quatre

9. Boelmans Kranenburg, H.A.H., *De zeevisscherij...*, *op. cit.*, p. 25.
10. Uytven, Raymond van, « Visserij... », *op. cit.*, p. 138.
11. Blockmans, Wim, *De Volksvertegenwoordiging in Vlaanderen in de Overgang van Middeleeuwen naar nieuwe tijden (1384-1506).* Verhandelingen van de Koninklijke Academie voor Wetenschappen, Letteren en Schone Kunsten van België, Klasse der Letteren, t. XC, Bruxelles, Koninklijke Academie voor Wetenschappen, Letteren en Schone Kunsten van België, 1978, p. 105; et *Id.* « Voor wijn en Vis... », *op. cit.*, p. 119 et 133-134.

Membres de Flandre (ou l'un d'eux). Le mode d'intervention dépendait de l'urgence de la situation même si, en règle générale, on s'adressait de préférence directement aux Quatre Membres de Flandre qui constituaient le gouvernement provincial du comté. Ce puissant corps politique représentait les villes de Gand, d'Ypres, de Bruges et le Franc de Bruges, c'est-à-dire le plat-pays qui l'entourait et qui formait une juridiction distincte et influente. Alors que les villes littorales étaient passées sous l'autorité de Bruges, les villages côtiers demeurèrent en effet sous la tutelle du Franc ; aussi, lorsque la pêche était menacée, les instances communales avaient pour habitude d'associer à leurs démarches cette juridiction. Ensemble, Bruges et le Franc représentaient donc à la fois les grandes places maritimes flamandes, – Dunkerque, Nieuport et Ostende –, mais aussi les petites villes et les villages de pêcheurs environnants[12].

À l'époque de Charles Quint, pour protéger les campagnes de pêche, trois types d'intervention pouvaient être recherchés : une trêve entre pêcheurs (« tresve pescheresse » ou « stilsaete[13] »), un échange de sauf-conduits, la constitution d'un convoi ou l'armement de navires de guerre[14]. Dans le premier cas, les parties belligérantes tombaient d'accord pour que les navires de pêche et leurs équipages soient mis à l'abri d'une attaque ou d'une capture sur un théâtre d'opération spécifique. Dans le second cas, elles échangeaient des sauf-conduits, de telle sorte que les pêcheurs étaient autorisés à sortir, munis du passeport délivré par l'ennemi ; ils pouvaient ainsi naviguer sans risquer d'être attaqués ni inspectés par des bâtiments de guerre. Le troisième cas imposait le déploiement de la marine de l'État ou de navires de guerre spécialement affrétés pour protéger les flottes de pêche des actes hostiles de l'ennemi.

Ces mesures étaient déjà pratiquées au XV^e^ siècle. Les deux premières, bien que peu coûteuses pour les pêcheurs, demeuraient fragiles. Si l'une des parties venait à violer les accords, les dispositions de protection pouvaient se révéler vaines et entraîner l'ouverture d'un nouveau cycle de représailles et de contre-représailles. En revanche, la constitution d'une flotte de défense procurait une sécurité plus efficace, non seulement parce qu'elle fournissait une protection tangible contre l'ennemi en temps de guerre, mais également parce qu'elle constituait

12. Archives Générales du Royaume, Bruxelles, Archives du Conseil d'État et de l'Audience, n° 1642/3A, f° 21 : « *Ceulx de Dunckercke, Nieuport et Oostende comme représentantz de la pesscherie audit pays de Flandres* », Marie de Hongrie, régente des Pays-Bas, à Louis van Schore, président du Conseil privé, 11 avril 1543.

13. Archives Générales du Royaume, Bruxelles, Archives du Conseil d'État et de l'Audience, n° 1653/1 : Marie de Hongrie au Magistrat de Dunkerque, 4 juin 1544.

14. Archives Générales du Royaume, Bruxelles, Archives du Conseil d'État et de l'Audience, n° 1578B, f° 10-23 v° et Archives du Conseil d'État et de l'Audience, n° 1659/3D, f° 95-114 : « Il n'a que trois moiens pour effectuer icelle pescherye : ung par saufconduitz..., l'autre par abstinence de guerre, le troisième par force », mémoire écrit par Cornelis de Schepper (Scepperus) au sujet de la protection des pêcheries aux harengs, 26 avril 1553. Il est signé par l'amiral Maximilien de Bourgogne et Scepperus.

une force d'intervention contre les pirates qui n'observaient pas les trêves et les sauf-conduits.

Le choix des mesures de protection variait donc selon les circonstances et les nécessités. À cet égard, chaque saison de pêche au hareng était en quelque sorte singulière. Néanmoins, entre 1485 et 1559, trois larges périodes chronologiques peuvent être distinguées. De 1485 aux premières années du XVIe siècle, les temps furent relativement paisibles, surtout après la révolte flamande de 1488-1492. La période 1521-1544, durant laquelle l'hostilité contre la puissance française fut particulièrement aiguë, se caractérise par la participation très active des Quatre Membres dans la défense de la pêche. En 1545, une troisième phase s'ouvrit : le gouvernement central tenta de pousser les pêcheurs flamands à coopérer avec leurs homologues hollandais et zélandais pour mettre en œuvre une défense commune de leurs intérêts contre la France.

Le rôle joué par les trois villes maritimes de Flandre peut être appréhendé dans les comptes municipaux de Nieuport et d'Ostende qui couvrent presque toute la période considérée. Sur un total de 148 comptes, 146 sont aujourd'hui disponibles, les lacunes concernant les deux années 1485 et 1492. Ces documents éclairent en particulier les conférences des représentants des villes concernées qui prenaient des mesures communes pour la défense de leurs pêcheurs. La tenue de ces réunions entraînait des dépenses diverses, relatives par exemple à l'expédition des lettres, aux salaires des messagers, à leur vin, etc., dont le montant fut consigné dans les comptes étudiés[15]. Ces données permettent d'analyser les réunions au cours desquelles le problème de la protection de la pêche harenguière fut évoqué.

Celles auxquelles les représentants de Nieuport, d'Ostende et de Dunkerque participèrent peuvent se répartir de la manière suivante : rencontres des trois villes maritimes (A); rencontres d'une d'elles avec un ou plusieurs Membres de Flandre et/ou avec une instance du gouvernement central (B); rencontres de deux ou trois d'entre-elles avec un ou plusieurs Membres de Flandre et/ou avec une instance du gouvernement central (D); rencontres d'une des trois villes avec des autorités étrangères (F); rencontres d'une des trois villes avec des représentants de la Hollande ou de la Zélande (H). La figure ci-dessous résume l'activité annuelle de leur groupe de pression entre 1485 et 1559[16].

15. Archives de l'État à Bruges, Archives communales de Nieuport (fonds ancien), n° 3577, 3583, 3584 : comptes de la ville de Nieuport, 1485-1487, 1493-1494, 1494-1495; Archives Générales du Royaume, Bruxelles, chambre des comptes, n° 36788-36856 : comptes de la ville de Nieuport, 1485, 1487-1488, 1488, 1489, 1490, 1491-1492, 1496-1558; Archives Générales du Royaume, Bruxelles, chambre des comptes, n° 37311-37381 : comptes de la ville d'Ostende, 1485, 1487-1558. Les comptes de la ville de Dunkerque n'ont pas été pris en considération du fait de leur faible nombre (Archives municipales de Dunkerque, série 310, n° 1-11 : comptes de la ville de Dunkerque, 1519-1520, 1536-1537, 1548-1554,1556-1559).

16. Matthijs Gerrits a assuré la réalisation du graphique.

***Nombre des réunions des trois villes maritimes de Flandre (Dunkerque, Nieuport, Ostende), 1485-1559***

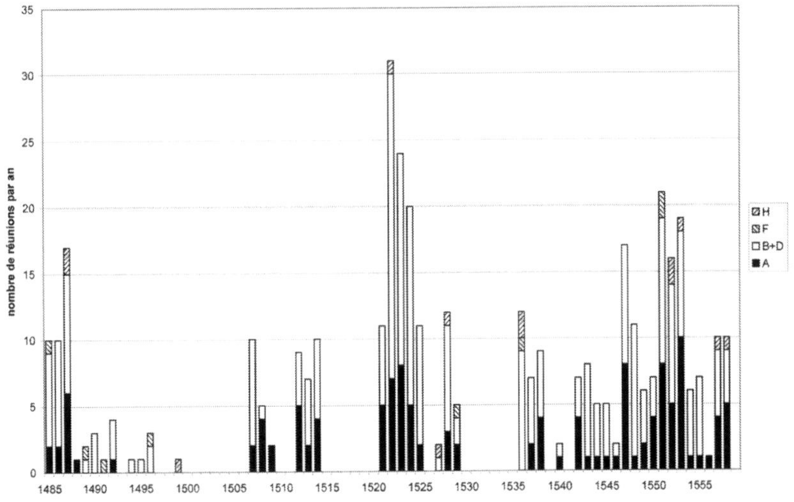


La fréquence des réunions des trois villes maritimes de Flandre rend parfaitement compte de l'impact des périodes de guerre sur la navigation. De 1485 à 1492, la révolte flamande contre Maximilien d'Autriche affecta sévèrement l'activité maritime. En 1507, ce sont plusieurs corsaires du duché de Gueldre, menés par Jan Kaproen, qui attaquèrent les navires de commerce et de pêche des provinces littorales. La Sainte Ligue (Pape, Espagne et Angleterre) s'opposa à la France en 1511, ce qui provoqua des inquiétudes en mer du Nord, surtout lorsque Maximilien rejoignit l'alliance en 1513. Entre 1521 et 1559, la Flandre fut plongée dans une période de tensions quasi permanentes : guerre entre les Habsbourg et les Valois (1521-1525, 1528-1529, 1536-1538, 1542-1544, 1551-1556, 1557-1559), guerre anglo-écossaise qui éclata après la mort de Henri VIII d'Angleterre en 1547. À partir de cette année là, la pêche le long des côtes britanniques orientales connut de fortes perturbations : les Écossais, alliés de la France, harcelaient les pêcheurs néerlandais. Le traité de Binche, signé en 1550, entre l'Écosse et les Pays-Bas, leur permit de reprendre un court instant leurs activités. Toutefois, en septembre de la même année, le conflit s'ouvrait à nouveau. À l'exception d'une courte trêve en 1556, la tension ne s'est pas arrêtée avant 1559. Ces guerres, qui plongeaient la pêche dans l'insécurité, nécessitaient que soient prises des mesures de protection pour que le secteur ne sombre pas dans la crise : échange de sauf-conduits et de « trêves pecheresses », organisation de convois encadrés par des bâtiments armés. L'efficacité de ces dispositions dépendait par ailleurs du niveau de collaboration : durant les années 1550, encouragées par le gouvernement central et conduites sous l'égide de l'amiral, des rencontres furent organisées entre les trois villes maritimes de Flandres et des représentants de la Hollande et de la Zélande (H), annonçant la mise en place d'une coopération interprovinciale.

Il est clair que Dunkerque, Nieuport et Ostende formèrent un puissant groupe de pression au cours des années 1485-1559, comme ils le faisaient déjà, de manière plus épisodique, durant le XV^e^ siècle. Il exista un lien direct entre la sécurité sur mer et les rencontres qu'elles organisaient ou auxquelles elles participaient. Chaque fois que la guerre éclatait, elles tombaient d'accord pour décider des mesures à prendre. En cas de nécessité, dans les circonstances les plus graves, elles n'hésitaient pas à prendre contact avec les Quatre Membres ou le gouvernement central. L'envoi d'une délégation à l'étranger pouvait être également envisagé, même si Bruxelles cherchait à conserver son monopole en matière de relations diplomatiques avec l'extérieur. Quand les Quatre Membres n'étaient plus en mesure de supporter les charges financières induites par les hostilités, l'on entrait en contact direct avec le gouvernement central qui, à partir de 1547, essaya, avec l'aide de l'Amiral, de coordonner les efforts de la Flandre, de la Hollande et de la Zélande afin de garantir la sécurité maritime. Remarquons enfin que ces initiatives récurrentes n'aboutirent pas pour autant à l'émergence d'une réforme administrative structurelle destinée à protéger la flotte de pêche.

L'expérience montre que la plupart des busses étaient capturées aux abords des côtes, au retour de leur campagne de pêche, lorsqu'elles étaient chargées de hareng. La Flandre et la Hollande considéraient différemment l'organisation des convois. En Flandre – région la plus proche de l'ennemi français – les villes maritimes avaient pour tradition d'armer leurs propres bâtiments de guerre. Plus au nord, et donc plus loin de l'ennemi principal, la France, les Hollandais étaient moins persuadés de l'utilité de tels navires. De plus, leurs pêcheurs pouvaient armer eux-mêmes leurs propres busses, ce qui restait interdit aux Flamands dont les bateaux de pêche étaient trop petits. Enfin, mentalement, la Hollande paraît avoir été beaucoup moins disposée à équiper des navires d'escorte que la Flandre. Dès lors qu'elle domina la pêche harenguière, elle fit obstacle à toute organisation interprovinciale de défense à caractère durable. De telles mesures n'étaient acceptées que dans des circonstances exceptionnelles. La mise en place, au tournant du milieu du XVI^e^ siècle, d'un commandement commun ou supra-provincial constitua le degré maximal de coopération destinée à la protection de la pêche. Toutefois, en dépit des réticences de leurs partenaires potentiels, les trois cités maritimes de Flandre ne relâchèrent jamais la pression sur les Quatre Membres de Flandre, le gouvernement central et l'Amiral. Animées d'un esprit pragmatique, elles continuèrent de protéger la navigation par leurs propres moyens, dans le cadre plus réduit de leur étroite coopération, afin de sauvegarder leur principale richesse économique.

## La gestion des risques propres au transport et au commerce maritime : l'exemple des Hollandais et des Anversois

Pendant les années 1540, les commerçants installés à Anvers se sont plaints à plusieurs reprises des déprédations ennemies perpétrées par des corsaires et des pirates. Entre 1540 et 1544, le commerce maritime des Pays-Bas fut la cible des Français ; en 1545-1546, ce fut au tour des Anglais de s'en prendre à lui ; puis en 1547-1548, les Écossais prirent le relais. Durant cette quatrième décennie du XVI^e^ siècle, les dommages subis par l'ensemble de la navigation des Pays-Bas s'élevèrent à plus de deux millions d'écus[17]. Les doléances adressées au gouvernement central de Bruxelles conduisirent la régente des Pays-Bas, Marie de Hongrie, à commander une enquête sur les assurances[18]. En effet, le gouvernement était très critique à l'égard de ces contrats censés couvrir les risques maritimes encourus par les commerçants et les propriétaires de navires et désirait en limiter l'usage. Il considérait que, par principe, l'assurance était toujours désavantageuse pour l'une des parties concernées : soit pour celle qui payait la prime, soit pour celle qui dédommageait en cas de dégâts. Pire, selon Bruxelles, choisir l'assurance pour garantir ses biens, c'était en conséquence négliger la défense du trafic maritime et favoriser, de ce fait, les actions de l'ennemi. Les navires de commerce, mal défendus, étaient une proie facile pour des bâtiments de guerre ennemis, des corsaires et des pirates. Souhaitant mettre un terme à ce problème, le gouvernement était d'avis que l'argent consacré aux contrats d'assurance aurait été mieux employé à financer l'armement de la flotte marchande ou l'organisation de convois commerciaux. Les fonctionnaires bruxellois pensaient même que cela rendrait superflue la souscription de polices[19].

Plusieurs mesures furent prises à cette fin dans une ordonnance sur la navigation datée de 1550. Les navires de commerce devaient, par exemple, être suffisamment armés pour pouvoir se défendre en cas d'attaque. Ils étaient tenus de voyager en convoi, sous l'autorité d'un amiral ou un d'un commandant en chef. Avant leur départ, des contrôleurs engagés par le

17. Archives Générales du Royaume, Bruxelles, Archives du Conseil d'État et de l'Audience, n° 1659/3D, f° 50 : Remontrance adressée à Marie de Hongrie, sans date, mais antérieure au 7 septembre 1551. Hinneman, J., « Sprokkelingen uit de geschiedenis van onze betrekkingen met Schotland ten tijde van keizer Karel », *Mededelingen van de Academie der Marine van België*, 7, 1953, p. 185-216, 196-197. Denucé, Jan, *De Vlaamsche en de Antwerpsche admiraliteit*, Bruxelles, De Burcht, 1944, p. 19. Koninckx, Christiaan, « Convoyeurs et convoyés au XVI^e^ siècle aux Pays-Bas espagnols. Quelques aspects de la vie à bord en mer », dans *Atti del V convegno internazionale di studi colombiani « Navi e navigazione nei secoli XV-XVI »* (Genova, 26-28 ottobre 1987), Genève, 1990, p. 63-64.

18. Archives Générales du Royaume, Bruxelles, Archives du Conseil d'État et de l'Audience, n° 1665/1, f° 187 : Marie de Hongrie à Cornille de Schepper, 31 mai 1549.

19. Archives Générales du Royaume, Bruxelles, Archives du Conseil d'État et de l'Audience, n° 1665/1 f° 270 : De Schepper à Marie de Hongrie, 3 septembre 1551 ; f° 315 v° : De Schepper à Marie de Hongrie, 11 septembre 1551.

gouvernement étaient chargés de contrôler leur équipage[20]. Au cours de la préparation de cette ordonnance, plusieurs discussions eurent lieu à propos de la gestion des risques dans le transport et le commerce maritime, entre des hauts fonctionnaires du gouvernement central à Bruxelles et les groupes d'intérêt mentionnés ci-dessus. Ces débats font notamment état des avantages dont auraient disposé des marchands-capitaines hollandais sur les capitaines anversois, – que ces derniers reconnaissaient d'ailleurs –, grâce à une gestion des risques plus efficace.

### *Premier avantage : propriété partagée des navires*

Le premier avantage des Hollandais provenait du fait que leurs armateurs partageaient la propriété des navires. Ce phénomène était certes déjà courant en Flandre, à Anvers, et en Hollande au bas Moyen Âge, mais dans des proportions différentes[21]. Un même bâtiment hollandais pouvait être détenu par 10, 20, 30, 40, voire parfois par 72 propriétaires, comme le montrent des exemples du XV^e^ siècle. Il était plus sûr et beaucoup moins risqué de posséder plusieurs parts dans différents navires qu'un unique spécimen. Cela permettait aussi de réduire de façon importante le coût des polices, puisque la propriété partagée rendait les assurances moins nécessaires. De ce fait, les capitaines hollandais considéraient qu'ils réalisaient de substantielles économies par rapport à leurs homologues anversois[22]. Cette idée est contenue dans les craintes formulées par ces derniers : selon eux, si les Hollandais n'étaient pas tenus d'équiper leurs bateaux d'artillerie défensive, comme devaient le faire les autres Néerlandais, ils pourraient pratiquer de meilleurs nolis et capteraient donc tout le commerce maritime, au point « que 1 000 autres navires ne le pourraient jamais faire ». Il en découlerait la disparition des navigations concurrentes. En exprimant cette inquiétude, ils songeaient avant tout à préserver leurs propres activités de transport.

### *Deuxième avantage : le transport combiné de produits de haute et de faible valeur*

Les discussions à Bruxelles furent également vives à propos de la distinction entre produits de haute et de faible valeur. Le gouvernement

20. Voir SICKING, Louis, *Neptune and the Netherlands. State, economy and war at sea in the Renaissance*, Leiden et Boston, 2004, Brill, p. 249-254 *sqq*.

21. BOER, Dick E.H. de, « Looking for security. Merchant networks and risk reduction strategies », dans BRAND, Hanno (dir.), *The German Hanse in past and present Europe. A medieval league as a model for modern interregional cooperation?*, Groningue, Hanse Passage / Castel International Publishers, 2008, p. 55, 57. La propriété partagée des navires a perdu de l'importance à Anvers au XVI^e^ siècle. Les capitaines anversois, qui témoignèrent en 1549, semblent avoir été impressionnés par l'ampleur de ce phénomène chez les armateurs hollandais : Archives Générales du Royaume, Bruxelles, Manuscrits divers, n° 181a, f° 29 v°-30 v°.

22. D'après les capitaines anversois, les Hollandais avaient de grands navires de 300, 400 ou 500 last, avec un équipage de 15, 20 ou 30 hommes.

central, influencé en cela par les commerçants espagnols et portugais d'Anvers, était avant tout préoccupé par la protection du commerce des denrées précieuses sur lesquelles les marges de profit étaient généralement élevées[23]. Les Hollandais, très critique à l'égard de cette partie du projet d'ordonnance, regrettaient que l'avis de leurs capitaines et armateurs, ou celui « de nations comparables qui comprenaient les problèmes de la navigation et savaient quels coûts et avantages étaient en jeu dans ce domaine », n'aient pas été pris en compte. Ils soupçonnaient le gouvernement se plier aux volontés des marchands étrangers qui cherchaient à transporter leurs biens au meilleur coût.

Il ressort des explications fournies par les protagonistes de ces débats que la rentabilité et le succès de la navigation hollandaise étaient le résultat de la combinaison du transport de biens de haute et de basse valeur. Cette pratique s'appliquait à toutes les navigations, qu'elles concernent l'est, c'est-à-dire la mer du Nord et la Baltique, ou l'ouest, en direction de la France, de l'Espagne et du Portugal. Au cours des discussions avec les fonctionnaires du gouvernement central, les États de Hollande distinguèrent trois destinations privilégiées de leurs navigations vers l'est : Bergen en Norvège, le Danemark, les villes de Danzig, Koningsbergen, Riga et Reval[24]. Avec ces dernières, les Hollandais trafiquaient surtout du bois, de la cendre, du brai, du goudron, de la filasse de lin, du seigle, du froment, de la farine en tonneaux, de l'orge, de la graine de lin, des peaux, et du chanvre. En complément de ces marchandises, les capitaines hollandais chargeaient généralement six à huit last de cuivre. Ce métal, qui constituait une source de revenu supplémentaire, était disposé en fond de cale des bateaux afin d'augmenter leur stabilité. Les autres denrées étaient ensuite disposées par-dessus. L'on pensait en effet qu'un navire dont la cargaison aurait été uniquement constituée de bois ne pouvait pas tenir correctement la mer. Mais là ne s'arrêtait pas l'avantage de ce transport combiné. Les commerçants du cuivre, dont les Fugger, refusaient de concentrer leurs marchandises, du fait de leur valeur, sur seulement trois ou quatre navires. Ils préféraient répartir sur 60 à 70 navires de petites quantités de métal afin de réduire le risque de perte en cas de naufrage ou de prise. Selon la volonté même de leurs propriétaires, les denrées en vrac de faible valeur, – comme le bois et le blé –, devaient donc être conjointement expédiées avec des produits de haute valeur, – comme le cuivre et la cire –, le tout étant fractionné sur de nombreux bâtiments. Or, il se trouvait que le commerce pratiqué par les Hollandais, fondé sur des marchandises communes dont le transport exigeait la disposition d'une flotte importante, répondait parfaitement aux exigences des marchands étrangers. En somme, grâce au

23. Sur les marges de profit concernant le commerce de produits de grande et de faible valeur, voir Spruyt, H., *The Sovereign State and its Competitors. An Analysis of Systems Change*, Princeton, Princeton University Press, 1994, p. 112-113, 122-123, 133-134.

24. Archives Générales du Royaume, Archives du Conseil de l'Amirauté : documents concernant les plaintes des États de Hollande sur l'ordonnance de la navigation adressée à l'empereur, sans date [1549].

grand nombre de bateaux qu'ils employaient pour le convoyage de leurs produits ordinaires, les Hollandais disposaient d'un avantage important sur le marché du fret des articles plus rares et coûteux : leur transport pouvait avoir lieu avec un risque réduit.

Cette conclusion permet de reprendre un débat qui existe entre les historiens économistes des Pays-Bas : serait-ce le commerce de marchandises en vrac ou bien le « rich trade », c'est-à-dire le commerce de produits précieux, qui fut déterminant pour la croissance de la République des Provinces-Unies[25] ? Le transport combiné de denrées de faible et de haute valeur, considéré comme crucial par les acteurs de l'époque, éclaire d'un nouveau jour le succès de la navigation et du commerce maritime des Hollandais. En définitive, durant la période précédant la Révolte des Pays-Bas, le choix entre les deux catégories de produits ne comptait pas tant que leur degré d'association dans les navires. Leur expédition conjointe contribuait à réduire les risques qui pesaient sur les bateaux et leurs cargaisons. Cela permettait de surcroît aux commerçants de marchandises très appréciées de diminuer du même coup, – voire dans certains cas de supprimer –, le recours à l'assurance. En outre, les pratiques des négociants de cuivre et de cire confirment la thèse selon laquelle le trafic des blés baltes était à la base des échanges maritimes hollandais. Ils saisirent l'opportunité de ce commerce pour répartir leurs valeurs sur un grand nombre de bâtiments chargés de denrées en vrac. De ce fait, la flotte hollandaise, dont la croissance avait reposé sur le transport de marchandises ordinaires, acquit également une place de choix sur le marché du fret des produits précieux[26].

25. D'après Israel, Jonathan I., *Dutch Primacy in World Trade 1585-1740*, Oxford, Oxford University Press, 1989. La Révolte des Pays-Bas a provoqué un brusque changement dans le développement de la Hollande. À l'occasion de la chute d'Anvers en 1585, des milliers d'ouvriers industriels et des centaines de marchands capitalistes spécialisés dans le commerce de produits de luxe (« rich trade ») s'y réfugièrent, ce qui aurait été déterminant pour la croissance d'Amsterdam et d'autres villes hollandaises. L'indépendance a également rendu possible l'accès direct des négociants de Hollande et des autres provinces des Pays-Bas septentrionaux aux marchés asiatique et africain. Ce point de vue est soutenu par Gelderblom, O, *Zuid-Nederlandse kooplieden en de opkomst van de Nederlandse stapelmarkt (1578-1630)*, Hilversum, Uitgeverij Verloren, 2000. D'après Vries, Jan de, et Woude, Ad van der, (*Nederland 1500-1815. De eerste ronde van moderne economische groei*, Amsterdam, 1995), la croissance de l'économie hollandaise au xvi^e^ siècle aurait été le résultat d'un long processus de spécialisation dans l'agriculture, d'un transfert de main d'œuvre vers la navigation, l'industrie et le commerce, et d'investissements dans tous ces secteurs. Selon cette approche, l'on souligne également l'importance du développement continu du commerce avec la Baltique ainsi que de l'importation de produits en vrac, en particulier du blé. Ce point de vue est soutenu par Tielhof, Milja van, *De Hollandse graanhandel, 1470-1570. Koren op de Amsterdamse molen*, La Haye, Stichting Hollandse Historische Reeks, 1995 ; *Idem*, *The « Mother of All Trades ». The Baltic Grain Trade in Amsterdam from the Late 16^th^ to the Early 19^th^ Century*, Leiden, Boston et Cologne, Brill, 2002.

26. À la question posée à Jonathan I. Israel, « *But then, how can it be an advantage having a bulk fleet, when you need a completely different fleet to set up rich trades?* », celui-ci répondait : « *Because you have got the seamen, the experience in shipbuilding, the timber supplies, the ropes, the sails and a vast knowledge of navigation.* » Hoven, B. van den, et Vries, P.

Le commerce hollandais avec les régions baltes, ainsi que les différents aspects politiques et militaires qui lui sont liés, ont occupé des générations d'historiens et continuent à attirer leur attention[27]. Au contraire, les recherches sur les échanges avec l'ouest, c'est-à-dire avec la France et la péninsule ibérique, sont plus rares[28]. À partir de 1521 (début des guerres entre Habsbourg et Valois), les navires, qui à l'origine partaient des Pays-Bas vers la France pour aller chercher du sel, se dirigèrent davantage vers l'Espagne et le Portugal. Les négociants espagnols affrétaient alors les navires néerlandais, surtout ceux de Hollande. Ils les considéraient appropriés au transport de leurs produits de valeur élevée, comme le vin et les épices. Les marchands espagnols, répartissant le transport de leurs biens sur plusieurs bâtiments hollandais qui faisaient escale en Espagne, réduisaient d'autant le risque de perte de leurs biens. Les capitaines hollandais quant à eux voyaient leurs revenus augmenter, profitant de la croissance du volume et de la valeur du fret espagnol.

Pour faire face aux conditions de navigation vers l'ouest et absorber le trafic entre l'Espagne, le Portugal et les Pays-Bas, les Hollandais avaient construit beaucoup de grands et lourds bâtiments. Ces navires étaient pourvus d'hommes, d'armes et de munitions en quantités suffisantes pour résister aux éventuelles attaques des Français et des pirates. Cette ligne commerciale était devenue très rentable, et ce pour trois raisons : un potentiel de fret supplémentaire venait s'ajouter aux revenus habituellement tirés du transport et du commerce du sel, d'une part ; l'acheminement de biens de grande valeur justifiait la négociation de tarifs d'acheminement plus élevés, d'autre part ; enfin, les capitaines hollandais faisaient, à l'occasion de ces voyages, commerce des draps de laine et de lin en Espagne. Ils payaient probablement le sel qu'ils achetaient pour leur propre compte au moyen d'argent liquide et de textiles exportés des Pays-Bas.

Ce témoignage relatif aux pratiques de la navigation d'ouest émane des États de Hollande. L'on y observe une analogie remarquable avec les navigations d'est : les navires, qui à l'origine transportaient des denrées

---

« I Would not Describe Myself as an Economic Historian. In gesprek met Jonathan Israel », *Leidschrift. Historisch tijdschrift*, 9, 1992, 1, p. 5-21. Au XVI^e^ siècle, ces avantages étaient déjà présents mais il faut ajouter l'élément clé de la péréquation des risques.

27. Voir par exemple Tracy, James D., *Holland under Habsburg rule, 1506-1566. The Formation of a Body Politic*, Berkeley, Los Angeles/Oxford, University of California Press, 1990 ; Tielhof, Milja van, *De Hollandse graanhandel…*, *op. cit.*, et *id.*, *The « Mother of All Trades »…*, *op. cit.* ; Sicking, Louis, « Die offensive Lösung. Militärische Aspekte des Holländischen Ostseehandels im 15. und 16. Jahrhundert », *Hansische Geschichtsblätter*, 117, 1999, p. 39-51 et *id.*, *Neptune and the Netherlands…*, *op. cit.*.

28. Emmer, Pieter C., Poton de Xaintrailles, Didier, et Souty, François (dir.), *Les Pays-Bas et l'Atlantique 1500-1800*, Rennes, PUR, 2009, et Bruyn Kops, Henriette de, *A spirited exchange. The wine and brandy trade between France and the Dutch Republic in its Atlantic framework, 1600-1650*, Leiden et Boston, Brill, 2007, représentent des exceptions récentes. Lesger, C., *Handel in Amsterdam ten tijde van de Opstand. Kooplieden, commerciële expansie en verandering in de ruimtelijke economie van de Nederlanden ca. 1550-ca. 1630*, Hilversum, Uitgeverij Verloren, 2001, est une exception positive de la perspective d'Amsterdam.

communes et bon marché, voyaient désormais leurs cargaisons complétées de produits plus estimés. Dans un cas comme dans l'autre, le nombre des bateaux qui composaient la flotte marchande hollandaise avaient permis aux négociants, en y répartissant leurs biens, de réduire considérablement les risques de perte. L'on sait par ailleurs que les mesures prises pour sécuriser le voyage de ces navires étaient moins lourdes, et donc moins onéreuses, que celles nécessaires au convoyage de bâtiments chargés uniquement de produits très appréciés. Les équipages hollandais comportaient un tiers d'hommes de moins, ce qui augmentait d'autant les capacités de transport de leurs bateaux. Leurs nolis étaient donc de 40 % inférieurs à ceux des Anversois. Autrement dit, mixant les cargaisons de marchandises aux valeurs différentes, les Hollandais diminuaient les coûts de protection du transport. Cela explique pourquoi ils voyaient d'un mauvais œil les mesures sécuritaires proposées par le gouvernement central dans le projet d'ordonnance.

Parce qu'ils étaient en mesure d'abaisser les frais du transport, les capitaines hollandais proposaient des prix très compétitifs avec lesquels leurs concurrents espagnols et anversois ne pouvaient pas rivaliser. Ces derniers, qui jusque là prenaient en charge une part importante du trafic entre l'Espagne et les Pays-Bas, étaient conscients des avantages qu'offraient les armateurs hollandais. Ils se plaignirent donc ouvertement auprès du gouvernement central à Bruxelles de leurs procédés, en particulier de celui qui consistait à associer dans un même chargement des denrées de valeurs très différentes. Selon eux, cette pratique aurait provoqué la perte de marchandises en mer. En effet, les capitaines hollandais empilaient sur leur propre sel des produits de luxe appartenant à d'autres commerçants ; si, pendant une tempête, leur navire connaissait une avarie, ils commençaient par jeter à la mer les marchandises situées sur le dessus, – celles de grande valeur –, pour ne pas perdre leur cargaison de sel. S'il n'est pas exclu que cette accusation ait été fondée, elle ne discréditait pas pour autant le procédé dans lequel les commerçants trouvaient finalement un réel intérêt. En somme, il ne fait aucun doute qu'au milieu du XVIe siècle, les capitaines anversois reconnaissaient la supériorité de la navigation de leurs confrères hollandais.

### *Troisième avantage : réduction ou suppression des assurances*

On l'aura compris, il découle des méthodes hollandaises d'armement et d'affrètement une meilleure péréquation des risques, au point que les marchands de produits de forte valeur pouvaient s'abstenir d'assurer leurs biens ou, tout du moins, les assurer pour de bien meilleurs tarifs. Cela explique également les positions anversoises qui pressaient le gouvernement de maintenir les capacités d'assurance, tandis que les Hollandais ne s'opposaient pas aux mesures prévues pour en limiter l'usage.

### *Les avantages renforcés en temps de guerre*

Les avantages acquis par les Hollandais en matière de gestion des risques étaient encore plus sensibles en période de conflit, puisqu'alors les nolis augmentaient[29]. Il est à noter que pendant une période de trente-huit ans, entre 1521 et 1559, les Habsbourg et les Valois se sont affrontés à six reprises, les guerres couvrant une période totale de vingt ans. Ces dernières eurent de graves répercussions sur la mer, menaçant directement le commerce entre les Pays-Bas, la France, l'Espagne et le Portugal. Les États de Hollande n'avaient pas de doutes quant à la rentabilité de la navigation en période d'hostilité quand ils affirmaient en 1536 que « en temps de guerre avec les Français le plus grand profit est à faire vers l'ouest et qu'ils [les capitaines hollandais] faisaient incomparablement plus de profits en temps de guerre que en temps de paix, grâce au sel et aux autres marchandises qu'ils vont chercher en Andalousie et dans d'autres quartiers[30] ». En effet, durant les crises, tandis que leurs concurrents voyaient croître les coûts d'armement et de protection des navires, – augmentation qui était répercutée sur leurs nolis –, les Hollandais pouvaient stabiliser les prix en naviguant en escadres d'une part, en répartissant les marchandises de valeur sur un grand nombre de bâtiments d'autre part. Ainsi, l'attractivité de leurs tarifs de transport se trouvait renforcée. Pendant ces nombreuses années de guerre, les Hollandais purent étendre leur avantage sur leurs concurrents et dominer la navigation vers l'ouest. Au cours des années 1540, ils auraient importé aux Pays-Bas plus de marchandises que l'ensemble des autres nations néerlandaises et étrangères. Si une telle affirmation mérite d'être tempérée, il n'en reste pas moins que la dynamique hollandaise décriée par les déclarations anversoises était bien réelle.

•

Dans tous les secteurs de la navigation maritime, les Hollandais ont su réduire les risques de façon plus efficace et plus économique que leurs concurrents. S'agissant de la pêche, les réalités géopolitiques (degré d'exposition aux attaques de l'ennemi principal de l'époque, la France) et navales (capacité des busses à porter elles-mêmes de l'artillerie) des différents acteurs tournèrent à leur avantage. Tandis que les Hollandais s'abstenaient d'équiper des navires de convois, considérant cette mesure coûteuse comme une ultime possibilité en cas de menace extrême, les Flamands y avaient systématiquement recours en période de guerre. Il en découlait une disparité des coûts investis dans la protection navale, ce qui impactait la rentabilité et donc le dynamisme des flottes flamandes. Ce fut

29. La validité générale de ce principe à l'époque moderne est confirmée par une liste de frets présentée par Van Tielhof, *The « Mother of All Trades »*..., *op. cit.*, p. 342-345. Les frets moyens ont été augmentés pendant la première décennie du XVIII^e^ siècle, à l'époque de la Grande Guerre nordique (1700-1721).

30. Häpke, Rudolf (dir.), *Niederländische Akten und Urkunden zur Geschichte der Hanse und zur Deutschen Seegeschichte, 1531-1557*, München et Leipzig, Duncker & Humblot, 1913, p. 31.

l'un des principaux facteurs qui permirent à la pêche hollandaise d'affirmer sa suprématie[31].

En matière de transport et de commerce maritime, les Hollandais ont également su réaliser une réduction des risques plus efficace que leurs homologues anversois et étrangers. En direction de l'est et de l'ouest, ils s'imposèrent sur le marché du fret des marchandises de valeur, tirant parti de leur grande flotte initialement destinée au trafic des denrées communes. La répartition d'articles onéreux (cuivre, cire et épices) sur plusieurs bâtiments chargés de produits de moindre valeur (sel et blé), permettait de limiter les frais inhérents à la protection du transport, ce qui n'était pas le cas lorsque ces biens précieux étaient concentrés sur un même bateau. Les Hollandais obtinrent ainsi un avantage déterminant sur les capitaines anversois qui, au contraire, se voyaient obligés de pourvoir leurs navires de moyens de défense (hommes, armes et munitions) plus nombreux et plus coûteux. La combinaison et la diversification du fret ont donc été une des clés du succès hollandais dans le transport maritime des Pays-Bas avant le milieu du XVI^e^ siècle. Ce ne fut pas la seule. La propriété partagée des navires et la réduction, voire l'absence, des polices d'assurance, leur permirent également de réduire de façon substantielle les frais de protection, et donc celui de leurs nolis, devançant en cela largement leurs homologues flamands et anversois. L'on peut ainsi penser que le lobbying flamand et anversois fut davantage motivé par des considérations de concurrence maritime que par la seule volonté d'améliorer la sécurité navale.

Notons enfin que c'est pendant les guerres entre Habsbourg et Valois (1521-1559), et plus particulièrement avant 1550 déjà, que ces réussites hollandaises s'opérèrent. Ce constat contribue à soutenir l'idée selon laquelle l'importance de la Révolte dans la croissance économique des Provinces-Unies doit être relativisée.

31. SICKING, Louis et VLIET, Adri P. van, « Our Triumph of Holland. War, Violence and the Herring Fishery of the Low Countries, c. 1400-1650 », dans SICKING, Louis, et ABREU-FERREIRA, Darlene, (dir.), *Beyond the Catch. Fisheries of the North Atlantic, the North Sea and the Baltic, 900-1850*, Leiden et Boston, Brill, 2009, p. 337-364.

**RÉSUMÉ**

**Le duché de Brabant et les comtés de Flandre, Hollande et Zélande étaient considérés comme le centre névralgique des Pays-Bas aux XV^e^-XVI^e^ siècles : la majorité de la population y habitait, le degré d'urbanisation y était le plus élevé et la production industrielle et artistique y était concentrée. De véritables sociétés maritimes s'y étaient également développées. Les administrations régionales de ces provinces côtières et les administrations locales des villes littorales faisaient pression sur le gouvernement central afin que leurs intérêts soient défendus. Il s'agissait tout particulièrement du commerce maritime et de la pêche, deux activités qui étaient mises en danger par la guerre, la course et la piraterie. Ces menaces furent quasi permanentes pendant les guerres entre les Valois et les Habsbourg, seulement interrompues épisodiquement entre 1521 et 1559, et eurent de graves conséquences sur la pêche et le commerce maritime. Pour y obvier, des groupes d'intérêts ont souvent essayé d'influencer les autorités régionales et centrales afin de les sensibiliser à la défense de leurs intérêts. L'article propose une analyse comparative de leurs initiatives afin de mettre en évidence leurs stratégies de résorption des risques.**

*ABSTRACT*

*The duchy of Brabant and the counties of Flanders, Holland and Zealand were considered to be the beating heart of the Low Countries in the fifteenth and sixteenth centuries: most of the population resided there, the degree of urbanisation was higher, and the industrial and artistic production was concentrated there. Truly maritime societies had developed. The regional administration of these coastal provinces and the local administration of the littoral towns put pressure on the central government to defend their interests. In particular, this involved the twin issues of maritime commerce and fishing, two activities that had been put at risk by war, privateering and piracy. These threats were almost constant dangers during the Habsburg-Valois conflict that continued with only episodic interruptions between 1521 and 1559. This had serious consequences for fishing and maritime commerce and led interest groups to lobby both regional and central authorities to encourage them to defend their interests. This study offers a comparative analysis of their initiatives in order to highlight the strategies they adopted to reduce risks.*

# Le convoi de la mer breton (1372-1559) : une stratégie de mutualisation des risques ?

Alain GALLICÉ
Docteur en histoire médiévale
chercheur associé au CRHIA, EA 1163 – Université de Nantes

Laurence MOAL
Docteur en histoire médiévale
chercheuse associée au CERHIO, UMR 6258 CNRS – Université de Rennes 2

Étudier la mutualisation des risques inhérents aux activités maritimes en Bretagne pose un redoutable problème de sources. Les mentions, éparses, ne manquent pas mais il est impossible, par exemple, pour la parsonnie[1], de faire état du moindre contrat portant sur un navire ou une cargaison, et encore moins de suivre un navire ou un parsonnier sur une certaine durée. Aussi, plutôt que de multiplier des allusions à des pratiques de mutualisation mieux établies par ailleurs, le parti a-t-il été pris de faire le point sur une autre stratégie, le « convoi de la mer ».

Le 1er juillet 1372, une ordonnance du duc Jean IV institue un convoi[2], c'est-à-dire, dans une logique de sécurisation, la concentration de navires marchands escortés par des navires « de guerre » mobilisés à cet effet dans le cadre d'un système réglementé sur un trajet donné et à une date fixée. Cette création est à rapprocher d'un convoi flamand mentionné en

1. Par exemple, Arch. dép. de Loire-Atlantique, B 2986, f° 223, 230-231, 242 v°. Voir TOUCHARD, Henri, *Le Commerce maritime breton à la fin du Moyen Âge*, Paris, Les Belles Lettres, 1967, p. 22, 368-369 ; et surtout BERNARD, Jacques, *Navires et gens de mer à Bordeaux (vers 1400-vers 1550)*, 3 vol., Paris, SEPVEN, 1968, t. III, *passim* ; ou encore Arch. dép. du Finistère, 1 E 727 ; Arch. dép. de Loire-Atlantique, B 10, f° 237-248 v°, 29-30 août 1487 ; B 26, f° 211 v°, 7 décembre 1521.

2. Mise au point récente : KERHERVÉ, Jean, *L'État breton aux 14e et 15e siècles : les ducs, l'argent et les hommes*, 2 vol. Paris, Maloine, 1987, t. II, p. 682-686 ; *Id.*, « Le vin et l'impôt public en Bretagne aux 14e et 15e siècles », dans *Études sur la Bretagne et les pays celtiques, Mélanges offerts à Yves Le Gallo*, Brest, CRBC, 1987, p. 190-193.

1371[3], d'un autre, anglais, ordonné par Édouard III, le 14 octobre 1372, vers Bordeaux[4], alors qu'un convoi hanséate vers la baie de Bourgneuf existe également. Dans les cas flamand et anglais, l'intervention des autorités cesse rapidement puisque les navires de ces pays peuvent naviguer alors de conserve, mais sans escorte de navires « de guerre » armés par celles-ci[5], alors qu'en Bretagne le système établi en 1372 ne disparaît qu'au cours du XVI^e^ siècle. L'originalité du convoi breton tient donc au fait qu'il ne répond pas seulement à un problème ponctuel d'insécurité mais qu'il est aussi une institution publique dans laquelle se mêlent, dès l'origine, des préoccupations politiques, économiques et fiscales[6]. En effet, si les frais sont en principe à la charge des marchands, l'équipement est décidé par le conseil ducal et financé par une taxation publique[7]. Il fait partie des droits royaux revendiqués par les ducs[8], ce qui se traduit par la tradition d'ancienneté associée au convoi dont les Bretons font remonter la création à Conan Mériadec, le premier des rois légendaires de Bretagne[9]. D'autre part, le convoi breton survit au duché puisqu'il est ensuite très souvent renouvelé jusqu'en 1559, date de sa suppression définitive[10].

Ce constat conduit à s'interroger sur la nature du convoi breton : peut-il être considéré comme une forme de mutualisation des risques? Ou est-il avant tout une institution publique? Si la réponse à ces questions a pu varier avec le temps, elle exige d'examiner les motivations de l'État breton, puis de l'État français après l'union du duché au royaume, mais aussi de s'interroger sur son efficacité et sur l'adaptation du convoi breton aux demandes exprimées par les marchands et les transporteurs : répond-il à leurs attentes? Comment réagissent-ils à un système imposé par le pouvoir

3. CRAEYBECK, Jan, *Un grand commerce d'importation : les vins de France aux anciens Pays-Bas (XIII^e^-XIV^e^ siècles)*, Paris, SEPVEN, 1958, p. 114-120. Mise au point dans PAVIOT, Jacques, *La Politique navale des ducs de Bourgogne, 1384-1482*, Lille, Presses universitaires de Lille, 1995, p. 201-205; RUSSON, Marc, *Les Côtes guerrières : mer, guerre et pouvoirs au Moyen Âge, France-Façade océanique, XIII^e^-XV^e^ siècles*, Rennes, PUR, 2004, p. 257-265.

4. DARSEL, Joachim, « La protection des flottes du vin au Moyen Âge dans la Manche et dans l'Atlantique », *Bulletin philologique et historique*, Paris, éd. CTHS, p. 188-190.

5. *Ibidem*, p. 190; Jacques Paviot ne signale, pour la période 1384 à 1482, qu'à deux reprises (en 1387 et 1436) un projet du duc de Bourgogne d'armer un convoi de protection de la flotte gagnant La Rochelle, projet qui n'est réalisé qu'en 1387 *(La Politique navale des ducs de Bourgogne…, op. cit.*, p. 205).

6. Il figure à ce titre dans PLANIOL, Marcel, *Histoire des institutions de la Bretagne*, 4 vol., Mayenne, éd. Floch, 1981-1982, t. IV, p. 61-63.

7. Arch. dép. de Loire-Atlantique, E 126/7. JONES, Michael, *Recueil des actes de Jean IV, duc de Bretagne,* 2 vol., Paris, Klincksiek, 1980-1983, n° 201.

8. KERHERVÉ, Jean, « Les enquêtes sur les droits "royaux et ducaux" de Bretagne aux XIV^e^ et XV^e^ siècles », dans BOUDREAU, Claire, FIANU, Kouky, GAUVARD, Claude et HÉBOT, Michel, (dir.), *Information et société en Occident à la fin du Moyen Âge*, Actes du colloque international tenu à l'université du Québec à Montréal et à l'université d'Ottawa (9-11 mai 2002), Paris, Publications de la Sorbonne, 2004, p. 405-425.

9. BnF, 16735, f° 106.

10. Et non 1555, comme il est énoncé traditionnellement à la suite de MORICE, Hyacinthe, *Mémoires pour servir de preuves à l'histoire ecclésiastique et civile de Bretagne*, 3 vol., Paris, 1742-1746, t. III, col. 1123-1124.

central ? Sa mise en place n'a-t-elle pas bloqué l'émergence d'autres formes de mutualisation des risques, sous forme d'association ou de réseaux, voire d'assurance ? Notre documentation, limitée et d'origine publique, permet d'apporter des éléments de réponses à certaines des questions posées. Après avoir présenté le convoi breton, nous nous interrogeons sur sa nature puis nous étudions les oppositions qu'il suscite et les conditions qui marquent sa suppression.

## Une organisation à géométrie variable

### *Périodicité, trajet et aspects du convoi*

L'état de la documentation ne permet pas d'établir un calendrier. Pour Marcel Planiol, le convoi se forme « à peu près tous les ans[11] ». Cependant, parmi les registres conservés de la chancellerie bretonne, ceux de 1466, 1467, 1468, 1480 et 1487[12] ne contiennent pas de lettre de convoi ; ils attestent une certaine irrégularité, d'autant que certains convois ordonnés peuvent être annulés, comme en 1406 et 1470[13] (voir Annexe, figure 1)

Équipés, les navires escorteurs se placent à la pointe de Bretagne, au « chenal de Saint Mahé » (Saint-Mathieu) ou dans le passage du Four[14] (figure 1). La concentration des navires marchands peut commencer, un[15], parfois deux[16], navire(s) escorteur(s) est (sont) dépêché(s) jusqu'à Bréhat ou Saint-Malo (en 1473) pour convoyer ceux de la côte nord. Puis, lors de son avance vers le sud-est, le convoi est rejoint par des navires en provenance des ports de Cornouaille, du Vannetais et du Pays nantais[17]. En 1503, une double concentration est signalée : pour ceux « de la le ras a Blavet » et ceux « deza a Morbihan[18] ». La partie la plus importante du convoi gagne La Rochelle et certains navires d'escorte se placent « entre les terres[19] » à l'abri des îles de Ré et d'Oléron ; d'autres navires marchands poursuivent leur parcours vers Bordeaux ou Bayonne sous escorte réduite. Une nef et une barque gagnent Guérande et escortent les navires réunis « dans la riviere de Guerande[20] ». Les cargaisons chargées, la flotte se reconstitue et

11. Planiol, Marcel, *Histoire des institutions de la Bretagne…, op. cit.*, t. IV, p. 61.
12. Arch. dép. de Loire-Atlantique, B 4, 6, 8, 9 et 11.
13. Voir *Infra.*
14. Arch. dép. de Loire-Atlantique, B 10, f° 111 v°-112, 9 janvier 1487.
15. Arch. dép. de Loire-Atlantique, B 7, f° 120 v°-121.
16. C'est le cas en 1464 (Arch. dép. de Loire-Atlantique, B 3, f° 98-98 v°, 3 août 1464) ; et la possibilité est évoquée en 1487, un ou deux (Arch. dép. de Loire-Atlantique, B 10, f° 111 v°-112).
17. Morice, Hyacinthe, *Mémoires…, op. cit.,* t. III, col. 1122.
18. Arch. dép. de Loire-Atlantique, B 14, f° 121 v°, 22 septembre 1503.
19. Pour Arthur de La Borderie, il faut entendre entre la côte de Bretagne et celle de Bayonne (« Le commerce et la féodalité en Bretagne », *Revue de Bretagne et de Vendée,* 1859/2, p. 452) ; pour Jean Kerhervé, il faut comprendre l'espace entre les îles de Ré et d'Oléron (*L'État breton aux 14e et 15e siècles…, op. cit.*, carte p. 685).
20. L'expression est curieuse. Ne faut-il pas plutôt lire « riviere de Loire », expression qui désigne l'estuaire de la Loire, dont les navires se rassembleraient aux environs de Guérande ?

refait un trajet inverse de celui de l'aller[21], rejointe par les navires en partance de l'estuaire de la Loire. Une « monstre » se fait au retour : en 1487, au retour de la deuxième flotte, elle est assurée par Thomas de Kerasret, prévôt des maréchaux[22].

Sur ce tracé, les « flottes » du convoi se succèdent. Par exemple, le 31 août 1462, « la lettre de convoy », qui s'adresse aux navires destinés à aller charger des cargaisons de vins « dans les parties de La Rochelle, Bordeaux, Bayonne », indique les effectifs, la durée et le positionnement de ces « flottes » : 500 « combatans bien equipez en bons navires », du 15 septembre au 15 novembre; 400, du 1er février au 1er avril, dont 140 « combatans » sont affectés à la « flote du navire de Saint-Malo et des autres havres jusques a Brehat »; 300, du 1er mai au premier jour de juin[23]. Trois flottes sont levées pour, chacune, une durée de deux mois. Leurs effectifs décroissants se calquent sur l'évolution de l'importance du trafic du vin à partir de l'Aunis et de la Gascogne vers le nord. La coupure de l'hiver s'explique en raison des conditions difficiles de navigation. Celle de printemps est destinée à « permettre auxdits navires de guerre [de] s'apprester et rafraichir leur vitaille[24] ».

### *Des aménagements qui témoignent d'une certaine réactivité*

Ce cadre général peut connaître divers aménagements. Les dates des diverses flottes fluctuent en raison des données viticoles (la date des vendanges et l'importance de la production variant selon les années). La première flotte peut intervenir le 1er septembre en 1484[25], le 5 septembre en 1503[26], le 8 septembre en 1464[27], le 1er octobre en 1473 (et jusqu'à Noël)[28] et 1490 (et jusqu'au 1er décembre)[29] ou le 15 octobre en 1481 et 1482[30]; la seconde, le 15 janvier[31]; la troisième peut s'arrêter le 15 mai[32] ou se prolonger jusqu'au 15 juin[33]. Le nombre de flottes peut être augmenté et être porté à quatre, ainsi en 1459[34]; ou au contraire se réduire à deux avec la disparition de celle d'hiver, comme on le constate en 1483 : à la première flotte, entre le 1er septembre au 30 novembre, succède une seconde entre

21. MORICE, Hyacinthe, *Mémoires…*, *op. cit.*, t. III, col. 1122.
22. *Ibidem*, col. 536.
23. Arch. dép. de Loire-Atlantique, B 2, f° 91.
24. MORICE, Hyacinthe, *Mémoires…*, *op. cit.*, t. III, col. 1122.
25. Arch. dép. de Loire-Atlantique, E 212/17.
26. Arch. dép. de Loire-Atlantique, B 14, f° 107 v°.
27. Arch. dép. de Loire-Atlantique, B 3, f° 96, 2 août 1464.
28. Arch. dép. de Loire-Atlantique, B 7, f° 120 v°, 2 septembre 1473.
29. Arch. dép. de Loire-Atlantique, B 12, f° 185 v°, 27 septembre 1490 et B 13, f° 4, 8 octobre 1490. LA BORDERIE, Arthur de, « Choix de documents inédits sur le règne de la duchesse Anne en Bretagne, 1488-1491 », *Bulletin de la Société archéologique d'Ille-et-Vilaine*, 6, 1868, p. 322-324.
30. Arch. dép. de Loire-Atlantique, E 212/15-16.
31. MORICE, Hyacinthe, *Mémoires…*, *op. cit.*, t. III, col. 1122.
32. Arch. dép. de Loire-Atlantique, B 13, f° 4, 8 octobre 1490.
33. MORICE, Hyacinthe, *Mémoires…*, *op. cit.*, t. III, col. 1122.
34. Arch. dép. de Loire-Atlantique, E 131, f° 24 v°, 10 juillet 1459.

1er mars au 15 avril[35]; ou encore en 1487 (15 janvier au 8 mars et la seconde du 17 avril au 31 mai[36]); voire semble-t-il, à une seule comme en 1473 (du 15 septembre à Noël[37]). La présence en mer d'une flotte peut se réduire à six semaines, par exemple en 1481[38] et ou 1503[39].

Certains convois peuvent recevoir une mission élargie. Le 2 août 1464, il est évoqué des destinations vers l'Espagne et le Portugal[40]. Le 17 mars 1471, la protection s'étend à l'ensemble du trafic, pour répondre au danger qui menace des navires bretons et d'« ailleurs » qui ne sont pas avertis de la présence d'un « grant nombre de navires d'Angleterre », alors qu'ils envisagent d'appareiller pour gagner la Normandie, la Picardie, la Flandre, la Hollande, la Zélande et « autres contrées ». Le duc ordonne au convoi d'escorter les navires bretons actuellement en « Poictou, en notre païs et ailleurs, aians entencion et vouloir de voaiger marchandamment es païs dessus nommez, et autres contrées du quartier du nort, que ilz ne passent oultre le raz Saint Mahé, pour faire les dits voiage[41] ».

### *Navires et effectifs d'escorte*

L'escorte peut rassembler un nombre et des effectifs de combattants plus ou moins importants selon les années (cf. Annexe). Les effectifs en combattants des huit premières flottes connues se situent entre 400 en 1473, et 1 890 combattants en 1503, trois d'entre elles recevant entre 500 et 555 combattants, une 650 (en 1464), une 800 (en 1459), et une autre encore 1 000 (en 1490). Dans cinq cas, le nombre de navires d'escorte est indiqué; il oscille entre quatre en 1473 et dix-sept en 1503, les valeurs intermédiaires étant de cinq et sept (en 1483). Il n'y a qu'en 1483 que le tonnage total des navires d'escorte est signalé : 720 tonneaux. Ces chiffres soulignent le caractère exceptionnel de la levée de 1490-1491 (guerre d'indépendance) et surtout de 1503 (guerre avec l'Espagne).

Pour la deuxième flotte, les effectifs des combattants ne sont connus que dans cinq cas; ils se situent entre 400 (en 1463, 1464, et 1487) et 600 combattants (en 1490); en 1487, trois navires (total : 681 tx) sont mobilisés. La deuxième flotte du convoi de 1483-1484 est un cas particulier : si elle comporte moins de navires que la première (six contre sept), elle regroupe plus d'hommes (887 contre 720) embarqués sur des navires tous de fort tonnage (de 160 à 300 tx, 1 390 tx pour l'ensemble de la flotte[42]). Pour la troisième flotte, pour les trois cas connus, on compte 300 (en 1463

35. Arch. dép. de Loire-Atlantique, E 212/17.
36. Arch. dép. de Loire-Atlantique, B 10, f° 111 v°-112, 9 janvier 1487.
37. Arch. dép. de Loire-Atlantique, B 7, 120 v°-121 v°.
38. Arch. dép. de Loire-Atlantique, E 202/15.
39. Arch. dép. de Loire-Atlantique, B 14, f° 107-108, 24 août 1503.
40. Arch. dép. de Loire-Atlantique, B 3, 96 v°.
41. Arch. dép. de Loire-Atlantique, E 217/21. La Nicollière-Teijero, « La marine bretonne aux xve et xvie siècles », *Revue historique de l'Ouest*, 1886/1, p. 412-413.
42. Arch. dép. de Loire-Atlantique, E 212/17.

et 1465) à 400 (en 1460) combattants. Pour la quatrième flotte de 1460, ce sont 150 combattants qui sont recensés. Ces variations annuelles de l'importance de l'escorte sont à mettre en relation avec l'importance du trafic attendu (et donc des récoltes), mais également avec la situation politique et les dangers liés à la guerre et à son cortège d'entreprises corsaires.

Concernant les navires[43], l'information n'est donnée que dans sept cas, et de façon incomplète (cf. Annexe). Les nefs dominent (16 mentions), les caravelles (3) ne sont pas absentes, non plus que les barques (2); caraque et baleinier ne sont cités qu'une seule fois. Pour les tonnages, le plus fort est de 300 tx et le plus faible de 10 tx. Les flottes associent des types et des tonnages variés (une exception cependant en 1484). La nécessaire présence d'une unité au moins de fort tonnage est soulignée en 1465. Cette variété est gage de capacités manœuvrières : les grosses unités offrent une forte capacité de défense alors que les moyennes et petites sont plus mobiles. La diversité de l'origine géographique des navires d'escorte est à souligner. Pour l'époque ducale, nos rares informations (cf. Annexe) soulignent l'importance de la côte nord (Morlaix, Saint-Malo, Saint-Pol-de-Léon) et de Brest, sans exclure la côte sud (Auray, Le Croisic). Le convoi de 1503, faisant appel à un plus grand nombre de navires, ouvre le spectre géographique à l'ensemble des côtes bretonnes (Saint-Malo, Tréguier, Morlaix, Quimper, Vannes, Le Croisic), afin de mobiliser un plus grand nombre de bâtiments. Quant aux propriétaires des navires, à l'époque ducale, ce sont des officiers militaires (amiral et vice-amiral), des officiers de finance (en 1483, Jean Péro, Geoffroy Estrillart et le trésorier Pierre Landais) et des armateurs (par exemple, Derien Le Du en 1483)[44]. Le duc peut également engager ses propres bâtiments[45]. En 1503, les officiers n'apparaissent plus, les navires sont ceux de gens de mer tel Portzmoguer[46].

Peut-on aller plus loin que cette vue impressionniste? Un *Mémoire*, non daté, trace une perspective générale. Il fait état d'« un grand renfort d'armée et des plus puissants navires du pays au nombre de dix ou douze, tant bonnes nefs que barques, esquipées d'environ mille cinq cens combatans, tant mariniers que autres gens de guerre »; mais parfois le nombre se limite à 800 ou 1000 hommes et 7 ou 8 navires, « sçavoir six nefs et deux barques ». Ce texte, qui a trait à la période ducale, pourrait dater de la fin du xv^e^ siècle et être destiné à étayer une demande des marchands adressée au roi Charles VII à laquelle celui-ci répond en 1493[47]. S'il en est bien ainsi, il est

43. Sur les aspects de la flotte bretonne en 1487 : Cassard, Jean-Christophe, « Des marins bretons au service du duc assiégé dans Nantes en 1487 », *Mémoires de la Société d'histoire et d'archéologie de Bretagne*, 88, 2008, p. 99-110.

44. Arch. dép. de Loire-Atlantique, E 212/7.

45. Arch. dép. de Loire-Atlantique, E 212/15.

46. La Borderie, Arthur de, « Hervé de Porzmorguer, documents inédits, 1503-1510 », *Bulletin de la Société archéologique du Finistère,* 12, 1885, p. 7.

47. Morice, Hyacinthe, *Mémoires…, op. cit.*, t. III, col.1121, le publie en regard d'un acte de 1555. La Borderie, Arthur de, « Le commerce et la féodalité en Bretagne », *Revue de Bretagne et de Vendée,* 1859/2, p. 451, le situe à la fin du xv^e^ siècle.

à penser que le convoi est présenté dans ce *Mémoire* sous un jour favorable aux requérants, insistant sur la qualité des navires d'escorte fournis et une quantité d'unités jugée, par eux, la plus satisfaisante, sans entrer plus avant dans les détails, en particulier dans l'évolution des effectifs selon les flottes qui se succèdent dans l'année. Par rapport à nos informations, le nombre de navires est supérieur, alors que les effectifs exprimés en équipage (et non en combattants, on admet que ceux-ci sont de nombre relativement égal à celui des hommes d'équipage selon la règle du « double équipage ») sont plus en rapport.

## Une stratégie de mutualisation des risques marchands confisquée par le pouvoir politique

Par certains de ces aspects, réponse à un péril, demande venant des marchands, réactivité pour sa mise en place, actions des navires d'escorte et efficacité de ceux-ci, le convoi breton peut apparaître une stratégie de sécurisation et de mutualisation des risques marchands.

### *Officiellement, une réponse à un péril, à la demande des marchands eux-mêmes*

À sa création en 1372, le convoi est une réponse aux « pertes et granz dommages de lours marchandies » infligées « sur la mer » par « plussours de divers nations » à « noz sugiez et especial les marchanz mareanz sur mer ». Il s'adresse aux Bretons, « marchenz et autres », mais également aux marchands étrangers venant commercer en Bretagne[48]. Cette volonté de défense se retrouve en novembre 1406, afin de faire face « aux pilleries et robries que font en sorte plusieurs escumeurs de mer[49] ». Par la suite, la menace est nommément désignée : elle est d'abord anglaise. La « lettre de convoy » du 31 août 1462, dénonce les Anglais « pirates de mer et autres ennemys » sur la route du vin vers l'Aunis et la Gascogne[50], Anglais nommément désignés le 1er août 1464[51], alors que, le 31 août 1470, sont évoquées les « invasions, pilleries et destrousses » dont sont responsables la flotte de Warwick, « ses gens et adherez, que autres pirates de mer[52] ». Le 17 mars 1471, il est encore fait état de la présence d'un « grant nombre de navires d'Angleterre, en entencion de prendre, piller et endommaiger », qui exige de protéger les navires bretons et d'« ailleurs[53] ». Le 2 septembre 1473,

48. Arch. dép. de Loire-Atlantique, E 126/7; Jones, Michael, *Recueil…*, *op. cit.*, n° 201.
49. Blanchard, René, *Lettres et mandements de Jean V, duc de Bretagne, de 1402 à 1442*, Nantes, Société des bibliophiles bretons et de l'histoire de Bretagne, 5 vol., 1889-1895, n° 365.
50. Arch. dép. de Loire-Atlantique, B 2, f° 91.
51. Arch. dép. de Loire-Atlantique, B 3, f° 96-96 v° et 97 v°. Voir également f° 86 v°, 12 juillet 1464. Russon, Marc, *Les Côtes guerrières…*, *op. cit.*, p. 260.
52. Arch. dép. de Loire-Atlantique, E 127/20.
53. Arch. dép. de Loire-Atlantique, E 217/21. La Nicollière-Teijero, « La marine bretonne… », *op. cit.*, p. 412-413.

le spectre de la menace s'élargit : aux « pirates, larrons et escumeurs de mer », de Fowey et de Dartmouth (Angleterre), s'ajoutent ceux « des parties d'Espaigne et de Portugal que d'autres contrées[54] ».

À la fin du XVe siècle, la désignation géographique du danger n'apparaît plus. Le 9 janvier 1487, il est fait état de « pirates, larrons et escumeurs de mer » de « diverses nacions et autres[55] », alors que le 27 septembre 1490, sont dénoncés « noz ennemis et adversaires, aussi des pirates et escumeurs de mer[56] », puis le 8 décembre 1490, « les hostilitez des guerres », et la présence de « pluseurs gens de guerre, pirates et escumeurs [qui] se tiendront en flote et armée sur mer[57] ». À ces dates, ces formules désignent le danger français lors de la guerre d'indépendance[58]. Le *Mémoire*, déjà cité et qui pourrait être lié à un acte de 1493, associe le convoi à la guerre « ouverte » avec les Anglais, à la sécurité de la navigation des flottes du vin et dans son fonctionnement ne fait écho qu'aux navires en provenance de ports bretons[59]. Le 25 août 1503, l'inquiétude vient de la présence de la flotte espagnole[60].

Officiellement, comme le rappelle un acte du 8 décembre 1490 de la chancellerie ducale, le convoi fait suite à une demande « de la part de plusieurs marchans de nostre pays et duché frequentans la mer[61] ». En novembre 1493, Charles VIII s'engage à y répondre[62]. Le 25 août 1503, la demande émane des « bourgeoys et marchans » assemblés à Vannes, pour les États, qui s'inquiètent de la présence de la flotte espagnole alors que se profile « prochainnement la saeson des vendenges[63] ».

Le convoi a-t-il répondu à ces attentes ? En fait, la navigation et l'action des navires escorteurs restent une grande inconnue. Parmi les rares documents disponibles, citons une lettre de rémission du 3 avril 1531. Elle met en présence un navire et son équipage « tenant convoy aux marchans de Bretaigne pour aller seürement avec leurs marchandises sur mer de paour des ennemys[64] » qui, « apres avoir esté par plusieurs jours sur mer a chassé les ennemys, se seroint trovez tous las et fatiguez et retirez à terre en en havre de la coste de Bretaigne entre les isles de Groy, de Nons [?] et de Bourg nouveau, pour eulx refrescher et avitailler lesdits navires[65] ».

---

54. Arch. dép. de Loire-Atlantique, B 7, f° 120 v°.
55. Arch. dép. de Loire-Atlantique, B 10, f° 111 v°.
56. Arch. dép. de Loire-Atlantique, B 12, 27 septembre 1490, f° 185 v°. LA BORDERIE, Arthur de, « Choix de documents inédits sur le règne de la duchesse Anne... », *op. cit.*, p. 322-324.
57. Arch. dép. de Loire-Atlantique, B 13, f° 4, 8 septembre 1490.
58. LE PAGE, Dominique et NASSIET, Michel, *L'Union de la Bretagne à la France, Morlaix*, Skol Vreizh, 2003, p. 86-103 (mise au point récente sur cette guerre dont les trois épisodes se déroulent entre 1487 et 1491).
59. MORICE, Hyacinthe, *Mémoires*..., *op. cit.*, t. III, col. 1121.
60. Arch. dép. de Loire-Atlantique, B 14, f° 107-108.
61. Arch. dép. de Loire-Atlantique, B 13, f° 4, 8 septembre 1490.
62. MORICE, Hyacinthe, *Mémoires*..., *op. cit.*, t. III, col. 746.
63. Arch. dép. de Loire-Atlantique, B 14, f° 107-108.
64. Arch. dép. de Loire-Atlantique, B 33, f° 53 v°.
65. Arch. dép. de Loire-Atlantique, B 33, f° 53 v°-56 v°. Les faits sont antérieurs à la lettre de rémission de deux ans et demi.

L'efficacité de telles actions de « chasse » ne peut être appréciée qu'indirectement. L'absence de documents concernant la capture d'une flotte entière (à l'image des flottes flamandes en 1371, 1387, ou flamande, zélandaise, hollandaise et hanséatique en 1449[66]), ou d'une partie de celle-ci, plaide pour l'efficacité du système[67]. La progression en convoi, la présence de navires d'escorte aux caractéristiques manœuvrières variées ont un incontestable caractère dissuasif. D'autre part, sur cette route du vin qu'emprunte le convoi, à une époque où le pavillon ne garantit pas la neutralité (ce qui ouvre le champ des menaces potentielles), les cargaisons embarquées par les navires rouliers bretons étant souvent, au moins en partie, possédés par des Anglais, celles-ci ne sont pas des cibles pour la marine anglaise, une des seules capables de s'emparer de telles flottes[68]. Il en va différemment lors des guerres avec la France (1490) et l'Espagne (1503), l'escorte est alors renforcée.

Toutefois, notre documentation, dont d'origine est publique, met en valeur un autre aspect du convoi : son caractère d'institution publique que ce soit par sa finalité, sa procédure de mise en place, son organisation, et sa fiscalité.

## Une institution politique de plus en plus contraignante pour les marchands

### *Une finalité : « le bien publicque »*

La lettre de convoi du 31 août 1462 rappelle le devoir du duc de « pourveoir à la garde, protection et deffence » de ses sujets, de préserver les marchands, leurs biens et leurs navires sur la route du vin vers l'Aunis et la Gascogne[69]. Le 25 août 1503, la puissance publique affirme assurer la sécurité alors que se profile « prochainnement la saeson des vendenges », période de navigation et d'échanges qui « tourne au bien universel », à l'augmentation des « deniers » publics[70] et plus largement au « bien publicque[71] », notion liée à l'exercice du pouvoir régalien. Ce discours se prolonge au-delà de la période ducale ; en 1555, le roi Henri II déclare que la taxe de convoi est instituée pour « le bien, repos et tranquilité de ses sujets », afin qu'ils puissent « librement faire et continuer leur trafic de marchandise sur mer » et de « conserver leurs biens et personnes sans tomber en l'oppression de nos ennemis[72] ».

La puissance publique peut viser encore d'autres objectifs. En effet, les navires escorteurs du convoi peuvent, le cas échéant, être affectés à

66. Paviot, Jacques, *La Politique navale des ducs de Bourgogne…, op. cit.*, p. 201-205.
67. Russon, Marc, *Les Côtes guerrières…, op. cit.*, p. 262.
68. *Ibidem*, p. 262.
69. Arch. dép. de Loire-Atlantique, B 2, f° 91.
70. Arch. dép. de Loire-Atlantique, B 14, f° 107-108.
71. Arch. dép. de Loire-Atlantique, E 127/10, 31 août 1470.
72. Morice, Hyacinthe, *Mémoires…, op. cit.*, t. III, col. 1123.

des usages plus particuliers, d'ordre politique ou/et militaire. En 1483, des navires de la première flotte du convoi (5 sur 7) sont utilisés, pendant un mois, pour faire passer clandestinement en Angleterre les seigneurs de Richemont et de Pembroke. François II, ayant décidé de mettre une flottille à la disposition d'Henri Tudor, le « convoi de mer » est une couverture idéale[73]. En novembre 1493, Charles VIII, en réponse aux marchands qui entendent que le convoi ne soit organisé qu'en cas de danger pesant sur la navigation, se réserve le droit de l'imposer en cas de « besoin et urgente necissité », c'est-à-dire sans l'accord des marchands[74] et sans doute dans une logique fiscale ou militaire. Le convoi apparaît alors pleinement comme une institution.

## *Une procédure administrative*

Durant la période ducale, la procédure de mise en place du convoi est du ressort du conseil ducal. Un registre plumitif du conseil ducal fait état, le 29 juin 1459, de l'envoi par le duc de Maurice de La Noé et de Maurice de L'Isle « pour parler aux gens, marchans, mariniers frequentans la mer, touchant le convoy de la mer et leur dire et signiffier, de par le duc et son conseil, qu'ilz ne se departent de ceste ville de Vennes, jusques à en avoir ouy leurs opinions » et nomme pour « y besongner » plusieurs personnes, dont l'amiral et le chancelier[75]. Le 4 juillet 1459, au conseil ducal (à l'ordre du jour duquel figure également la question de la paix avec le Portugal), s'expriment Colin Héron de Saint-Malo, Maurice de La Noé, Maurice de L'Isle, Alain Le Sandevez, Daniel de Saint-Alouarn, Guillaume Gousselin de Saint-Malo, Guillaume Baud de Quimper, Guillaume Le Breton, Paul Pinart, Guillaume du Quenquizou de Tréguier, Guillaume Rocquel de Saint-Brieuc, Olivier Avalleuc, Antoine de Bichaut de Saint-Brieuc, Jean de Cozcastel, Jean Geort, Goulven de La Boexière. Certains sont des gens de finances[76], d'autres des marchands[77]. Le conseil ducal doit se prononcer sur la nécessité et les

73. POCQUET DU HAUT-JUSSÉ, Barthélemy Anatole, *François II duc de Bretagne et l'Angleterre (1458-1488)*, Paris, de Boccard, 1929, p. 249-250; la *Marie* d'Auray et le *Léon* restant affectés au convoi.

74. MORICE, Hyacinthe, *Mémoires…*, *op. cit.*, t. III, col. 746.

75. Arch. dép. de Loire-Atlantique, E 131, f° 15. Autre exemple de consultation, à une date inconnue, le duc convoque à Pontivy le sieur de Coitivy, chambellan, le sénéchal de Vannes et Jamet Thomas, bourgeois de Nantes, avec plusieurs personnes « a ce cognoessans » (PLANIOL, Marcel, *Histoire des institutions…*, *op. cit.*, p. 61-62, note 22).

76. Maurice de La Noé, ancien trésorier, fermier des ports et des havres; Alain Le Sandevez, receveur de Concarneau, Daniel de Saint-Alouarn, ancien receveur de Quimper, Antoine de Bréhant, fermier des ports et havres d'entre le Couesnon et l'Arguenon, Goulven de La Boissière, fermier des ports et havres du Léon, Olivier Avalleuc fermier de l'impôt de l'évêché de Saint-Malo : KERHERVÉ, Jean, *Les Gens de finances des ducs de Bretagne, 1365-1491 : catalogue prosopographique*, 3 vol. dactyl., Paris, 1986, *passim*.

77. Maurice de L'Isle de Morlaix, Guillaume Gosselin de Saint-Malo, Guillaume du Quenquizou de Tréguier, Guillaume Rocquel de Saint-Brieuc, Jean de Cozcastel, Jean Geort (KERHERVÉ, Jean, *L'État breton aux 14e et 15e siècles…*, *op. cit.*, p. 682).

modalités du convoi. S'exprimant le premier, Colin Héron préconise trois flottes, dont la première de la mi-septembre à la Saint-André ; puis, Maurice de La Noé précise les effectifs – respectivement 800, 500 et 300 hommes –, et les dates : de mi-septembre à la Saint-André, février-mars, avril-mai. Pour l'avitaillement des navires d'escorte, des dépôts de vivres sont envisagés : « A Saint-Malo, Brehat, Treguier, Leon [...] y aura vitaille de biscuit et de chairs[78]. » La discussion se conclut par « touz disent que le convoi n'y pourroit suffire », et aucune décision n'est arrêtée[79]. La question est reprise le 10 juillet 1459, en présence de l'amiral, du chancelier, du « grant maistre », du procureur général, du trésorier général, de Villebranche, Labbé, Le Feron, des maîtres des requêtes, du sénéchal d'Hennebont et d'« autres ». Il est alors décidé la constitution de quatre « flottes », de leurs dates, et de leurs effectifs[80].

Il faut attendre 1462 pour disposer d'une documentation permettant d'appréhender la mise en place opérationnelle du convoi. Les décisions nécessaires sont enregistrées en chancellerie. Le 23 août, une mesure préalable est prise : elle fait défense « aux subgiz du duc frequentants sur mer de non mareer ne se metre sur mer pour faire voyage en quelque contrée que ce soit jucques quinzieme jour de septembre[81] ». Puis, le 31 août, est publiée « la lettre de convoy » qui rappelle l'interdiction précédente, indique les effectifs, la durée, le positionnement de la « flote[82] » et les obligations que le convoi implique. Pendant la durée du convoi, les navires marchands viticoles bretons doivent naviguer sous la protection des navires d'escorte ; les contrevenants s'exposent à être « reputez rebelles et desobeissants » et à la « confiscation de leurs navires biens et marchandises dedans estans[83] ».

Pour l'escorte, les navires requis peuvent être désignés dans la lettre de convoi, comme c'est le cas en 1503[84]. Figurent alors leur nom, leur propriétaire, leur tonnage, le nombre de combattants qui est à leur bord, le nom du capitaine et du maître de navire. Une « monstre » des navires et des « gens de guerre » précède l'embarquement. Elle est faite par des commissaires désignés par le duc : en 1457, ce sont Henri de Saint-Noan et Yvon de Tréanna[85] ; le 22 septembre 1490, le seigneur de Keinmarch, le chambellan

78. Arch. dép. de Loire-Atlantique, E 131, f° 18 v°.

79. Arch. dép. de Loire-Atlantique, E 131, f° 18-18 v°.

80. Arch. dép. de Loire-Atlantique, E 131, f° 24 v°, 10 juillet 1459 ; indiqué pour le 10 juillet 1469 par La Nicollière-Teijero, « La marine bretonne... », *op. cit.*, p. 413.

81. Arch. dép. de Loire-Atlantique, B 2, f° 90. Morice, Hyacinthe, *Mémoires...*, *op. cit.*, t. III, col. 1122.

82. Arch. dép. de Loire-Atlantique, B 2, f° 91.

83. Arch. dép. de Loire-Atlantique, B 2, f° 91 v°-92. Morice, Hyacinthe, *Mémoires...*, *op. cit.*, t. III, col. 1122. Sur cet officier militaire, Jones, Michael, « L'amirauté et la défense des côtes à la fin du Moyen Âge », dans Bois, Jean-Pierre (dir.), *Défense des côtes et cartographie historique,* Actes du 124e Congrès des Sociétés historiques et scientifiques, Nantes, 19-26 avril 1999, Paris, éd. du CTHS, 2002, p. 17-32.

84. Arch. dép. de Loire-Atlantique, B 14, f° 107-108, 25 août 1503.

85. Morice, Hyacinthe, *Mémoires...*, *op. cit.*, t. II, col. 1717.

et capitaine de Quimper, Jean du Bouyer, sénéchal de Cornouaille, Jean du Bouyer le jeune, alloué d'Hennebont, Pierre Rouxelin, procureur d'Auray, ou deux d'entre eux[86]. Un capitaine est désigné pour chaque navire, « homme de bien congnoissant au fait de la mer, et par-dessus les autres capitaines un capitaine general, quel estoit grand personnage, craint et douté sur tous les autres capitaines[87] ». En 1503, ce capitaine est Tanguy Madeuc[88]. Les navires escorteurs sont avitaillés et reçoivent de l'armement : en 1459, des dépôts de vivres sont prévus[89] ; le 22 septembre 1503, il est demandé au capitaine de Morlaix de fournir des « poudres de canon, hallebardes et picques qui sont audit Morlaix, jucques au nombre qu'ils verront suffire[90] », alors que mandement est donné aux fermiers du devoir de convoi de fournir les vivres nécessaires et aux juges de Lamballe et Moncontour de prendre l'artillerie de feu Jean de La Chapelle « et autres » avec une « autre grosse pièce d'artillerie[91] ». L'application de l'ensemble des mesures prises est confiée à l'amiral[92].

### *La fiscalisation de l'institution*

Selon le principe « puisqu'ils prennent prouffilt doivent en la charge[93] », les marchands contribuent à la dépense du convoi. En 1372, ils sont soumis à une taxe levée au cours de l'année dans chaque port sur des marchandises vendues, s'élevant, aux entrées, à 20 sous sur chaque tonneau de vin vendu provenant « de autre païs » mais à 10 sous si le vin est issu de Bretagne ; aux sorties, à 8 sous par tonneau de « blé », 12 sous par tonneau « de char » ou de « sueff », 20 sous par tonneau « de quier de miele et de oint », 10 sous par « cont de coue », et 4 sous par « mue de sel[94] » (voir Annexe, figure 2).

Ensuite, la liste des produits taxés se réduit. En 1384-1386, dans un compte tenu par le receveur ordinaire de Guérande figure une récapitulation du « minu de certain subside ordrenné par mondit seignour le duc pour le fet de la mer » dont le montant est d'un franc à l'entrée de chaque tonneau de vin de « hors » et 5 sous pour l'issue de chaque tonneau de

86. Arch. dép. de Loire-Atlantique, B 13, f° 5, 8 octobre 1490. LA BORDERIE, Arthur de, « Choix de documents inédits sur le règne de la duchesse Anne... », *op. cit.*, p. 320-321.
87. MORICE, Hyacinthe, *Mémoires...*, *op. cit.*, t. III, Col. 1123.
88. Arch. dép. de Loire-Atlantique, B 14, 121 v°, 22 septembre 1503.
89. Voir *Supra*.
90. Arch. dép. de Loire-Atlantique, B 14, f° 118 v°, 19 septembre 1503.
91. Arch. dép. de Loire-Atlantique, B 14, 121 v°, 22 septembre 1503.
92. Arch. dép. de Loire-Atlantique, B 2, f° 91 v°-92. ; MORICE, Hyacinthe, *Mémoires...*, *op. cit.*, t. III, Col. 1122. Sur cet officier militaire, JONES, Michael, « L'amirauté et la défense des côtes... », *op. cit.*, p. 17-32.
93. Arch. dép. de Loire-Atlantique, E 202/5.
94. Arch. dép. de Loire-Atlantique, E 126/7. JONES, Michael, *Recueil...*, *op. cit.*, n° 201. Vicomte de Blois, « Le Président de Boisbilly et les exactions commises par les fermiers et receveurs des droits de ports et havres en Bretagne », *Bulletin de la Société archéologique du Finistère*, 17, 1890, p. 194.

froment[95]. En 1406, il est encore taxé « certaines especes de marchandies pour entrée et issue, pour durer jusques à ung an[96] ».

Au XVe siècle, levé à l'issue du convoiement, le prélèvement, dont le montant et l'assiette ont pu varier, concerne les vins quelle qu'en soit la provenance, transportés par voie maritime pendant la période qui s'ouvre avec la mise en place du convoi et se clôt avec la fin de celui-ci. En 1459 et 1462, il représente le 20e des vins venant de Bordeaux, de Bayonne, de La Rochelle ou d'Anjou débarqués en Bretagne, mais le 40e de ceux venant de la zone située entre la « rivière de Loire » et le Morbihan, ainsi que sur les « vins mareyés hors Bretaigne durant le convoy[97] ». En 1464, une exemption porte sur les vins venant « de la rivière de Loire ou havre de Morbihan et es autres havres entre Loyre et Morbihan[98] », exemption confirmée en 1473[99].

En 1487, ce système laisse la place à une imposition uniforme de 10 sous par tonneau de vin importé en Bretagne venant des « parties de La Rochelle, Bordeaux, Bayonne et la riviere de Loire descendans » – l'exemption concernant les vins venant « de la riviere de Loire ou havre de Morbihan et es autres havres d'entre Loire et Morbihan » étant maintenue –, et de 5 sous par tonneau pour les vins descendus en « riviere de Loire », de même que pour ceux déchargés dans les ports de la baie de Bourgneuf en provenance de la mer et « hors des isles » (alors qu'il y a exemption pour les cargaisons ne transitant pas par la haute mer mais entre les îles et le continent, c'est-à-dire lorsqu'elle n'avait pas recours au convoi) et encore sur ceux non destinés au duché[100]. Des exemptions personnelles peuvent être accordées, ainsi le 2 janvier 1461 à l'amiral pour 62 pipes et demie de vin de « Gascoigne[101] ».

En 1490, on revient à une imposition au *prorata* du prix du vin montant au 20e des vins venant des « parties de La Rochelle, Bordeaux, Bayonne et aultres parties accoustumée » descendus en Bretagne « dela [ou oultre] le havre du Morbihan », et au 40e sur « ceulx qui viendront par la riviere de Loyre jusques audit havre, [et autres havres d'entre Loire et Morbihan] aussi qui seront tirés et menez hors » du duché[102]. À cette date, les expéditions de vin entre l'estuaire de la Loire et le golfe du Morbihan sont soumises au droit de convoi. Si la situation politique (guerre d'indépendance) a pu jouer pour expliquer une telle taxation sur une navigation de proxi-

95. Arch. dép. de Loire-Atlantique, B 2964. Ce compte révèle une flotte d'automne (les trois navires guérandais enregistrés le sont le 8 novembre 1384, un navire vannetais l'étant le 18), et une autre de printemps (avril-mai 1385).

96. BLANCHARD, René, *Lettres et mandements*..., *op. cit.*, n° 365.

97. Arch. dép. de Loire-Atlantique, E 131, f° 24 v°, 10 juillet 1459; *ibid.*, B 2, f° 92-92 v°.

98. Arch. dép. de Loire-Atlantique, B 3, 98 v°, 3 août 1464.

99. Arch. dép. de Loire-Atlantique, B 7, f° 121.

100. Arch. dép. de Loire-Atlantique, B 10, f° 111 v°-112.

101. Arch. dép. de Loire-Atlantique, E 131, f° 117 v°.

102. Arch. dép. de Loire-Atlantique, B 12, f° 185 v°, 7 septembre 1490; *ibid.*, B 13, f° 4 v°, 8 octobre 1490.

mité, elle est aussi, et surtout, l'expression d'une logique fiscale : la taxe du convoi porte alors sur l'ensemble du trafic maritime du vin[103].

Les sommes réunies n'étant pas toujours suffisantes, le budget ducal est sollicité : 2500 livres en 1459[104]; 1500 livres en 1462[105]; 2000 livres en 1464[106]; en février 1487, à propos du convoi ordonné « nagueres », 3900 livres[107]. Il n'y a pas de subvention mentionnée en 1487[108], ni en 1490[109]. Selon le *Mémoire*, déjà évoqué, la possible participation du budget est de l'ordre de 5 sous sur l'ensemble des feux fiscaux du duché, ou le versement d'une somme de 3000 à 4000 livres provenant des « fouages, havres ou impostz[110] ».

Le devoir de convoi est d'abord levé par les officiers ducaux de l'amirauté ou éventuellement de la trésorerie générale. Puis, à partir de 1481, il est baillé à ferme, autre signe tangible de la fiscalisation du droit de convoi. En 1481-1482, il est adjugé 9625 livres (pour un coût réel de 6450 livres); en 1482-1483, 15200 livres (pour 7000 livres), 1483-1484, 10250 livres. Lors de ce dernier exercice, une partie de l'argent obtenu aide à la construction de deux nefs et l'entretien de leur personnel[111]. En 1490, « l'outreplus » de la ferme du devoir de convoi est affecté à l'amiral[112]. La fiscalité liée au convoi a une finalité, plus large, de politique navale, dont on peut penser qu'elle est, au moins en partie, utile au convoi.

En janvier 1555, il est fait état d'une fiscalité nouvelle consistant en une taxe de 20 sous tournois sur chaque tonneau de marchandise, sans que l'on puisse préciser la date de cette nouvelle imposition, sinon qu'elle paraît dater du règne d'Henri II[113]. Finalement, détourné de sa fonction première, celle de répondre à un péril, le convoi est devenu une charge fiscale supplémentaire, mal supportée par les marchands car soumise à une forte réglementation, qui entrave le commerce plus qu'il ne le protège, surtout après la fin de la guerre avec la France en 1491. Malgré les réactions et les oppositions, la royauté le conserve encore plus d'un demi-siècle.

103. KERHERVÉ, Jean, *L'État breton aux 14e et 15e siècles*..., *op. cit.*, p. 686.
104. Arch. dép. de Loire-Atlantique, E 131, f° 18 v°.
105. Arch. dép. de Loire-Atlantique, B 2, f° 91 v°.
106. Arch. dép. de Loire-Atlantique, B 3, f° 99.
107. MORICE, Hyacinthe, *Mémoires*..., *op. cit.*, t. III, col. 535.
108. Arch. dép. de Loire-Atlantique, B 10, f° 111 v°-112.
109. Arch. dép. de Loire-Atlantique, B 13, f° 4 v°, 8 octobre 1490.
110. MORICE, Hyacinthe, *Mémoires*..., *op. cit.*, t. III, col. 1122.
111. Arch. dép. de Loire-Atlantique, E 212/15-17. KERHERVÉ, Jean, *L'État breton aux 14e et 15e siècles*..., *op. cit.*, p. 684.
112. Arch. dép. de Loire-Atlantique, B 13, f° 7 v°-8.
113. MORICE, Hyacinthe, *Mémoires*..., *op. cit.*, t. III, col. 1123.

## Les oppositions au convoi et sa suppression

### *Les oppositions à l'institution*

Les documents sont comptés et surtout de source publique, c'est-à-dire filtrés et interprétés. Ils font état de réticences à la mobilisation des navires de l'escorte, navires marchands en temps ordinaire « retenus » pour la durée d'une des flottes du convoi. Le 8 octobre 1490, l'ordre de constitution du convoi est renouvelé[114]. Le 28 septembre 1503, quatre mandements sont pris « affin de contraindre incontinent se equipper et se mectre sur mer allencontre des Espaigneulx », sauf peine d'arrestation[115]. La promesse faite que les capitaines et compagnons « joyront [...] des prinses et conquestes qu'ilz feront sur les navires qu'ilz pourront avoir et explecter dessur les ennemys ad ce qu'ilz aint meilleur couraige de deffendre le pays[116] » pourrait être un argument pour favoriser les enrôlements. Ces réticences pourraient être une réaction à la contrainte imposée, voire aux rémunérations proposées. Dans l'état annuel de finances commencé le 1er octobre 1481, il est fait état de 4 livres par mois par homme et pour le navire de 10 sous par tonneau de fret par mois[117]; celui commencé le 1er octobre 1483 est plus complet : 4 livres par homme et par jour, 10 livres pour le maître et le capitaine (plus les 4 livres pour combattants), 6 livres pour le contremaître, et pour le fret du navire 10 sous par tonneau et par mois[118]; chiffres que l'on retrouve le 22 février 1487[119]. Un *Mémoire*, non daté et déjà cité, qui pourrait être de la fin du XVe siècle, fait état, « communs ans », de 30 sous pour « vitaille », 40 sous de solde par homme et 10 sous par tonneau de fret à chaque navire par mois[120].

Le volet fiscal est mal supporté : le 13 avril 1464, l'amiral obtient « executoire [...] sur ceux qui seront debiteurs audit amiral du devoir de convoy des sommes deues à celle cause »; en cas d'opposition, ajournement est prévu devant le duc et son conseil[121]. La fraude est pratiquée : le 5 février 1491, Éonnet du Bollan et ses « consors fermiers » du devoir de convoi obtiennent que les officiers de justice de Vannes, Cornouaille, Auray, Hennebont et Quimper enquêtent sur les marchands qui ont débarqué des vins sans le notifier aux fermiers[122]. À une date inconnue, mais vers la fin de la période ducale, l'amiral se plaint du refus de Thomas Le Roy et d'autres marchands de Nantes de payer « le devoir de convoi » prétextant une exemption portant sur l'ensemble des vins, et non uniquement sur

114. Arch. dép. de Loire-Atlantique, B 13, f° 7 v°-8.
115. Arch. dép. de Loire-Atlantique, B 14, f° 128, 28 septembre 1503.
116. Arch. dép. de Loire-Atlantique, B 14, f° 107-108.
117. Arch. dép. de Loire-Atlantique, E 212/15, f° 24-25 v°.
118. Arch. dép. de Loire-Atlantique, E 212/18, f° 18-18 v°.
119. Morice, Hyacinthe, *Mémoires*..., *op. cit.*, t. III, col. 535.
120. *Ibidem*, col. 1123.
121. Arch. dép. de Loire-Atlantique, B 3, f° 45.
122. Arch. dép. de Loire-Atlantique, B 13, f° 112.

certains d'entre eux[123]. En 1493, les États entendent que le devoir de convoi ne soit qu'un simple impôt[124].

C'est en fait tout le dispositif qui paraît susciter des oppositions de la part des marchands et des transporteurs. À cet égard, deux mandements émanant de la chancellerie ducale peuvent être invoqués bien qu'ils constituent une source limitée et difficile à interpréter en raison de son laconisme. Le 27 février 1462, Guillaume Clenzière, maître d'une pinasse de Penmarc'h, Guillaume Le Corre, contremaître d'une escaffe d'Audierne, et Henri Pochin, maître d'une caravelle de La Forêt-Fouesnant, rapportent qu'ils ont gagné La Rochelle « puix Noel derroin ». Après avoir chargé une cargaison de vin, sur le chemin du retour, ils trouvent trois navires du Croisic affectés au convoi dont les maîtres (Guillaume Boulet, Jean Lespeau et Jacob Josses) s'engagent à les mener « jusques à certaines metes en la mer ». Les bas-Bretons paient alors « des vins [...] pour ledit devoir », se placent sous la protection du convoi, et... poursuivent tout bonnement leur route hors convoi. Or, le lendemain, ces trois navires marchands sont pris par un baleinier anglais, avant, qu'« une heure » après, ils ne soient délivrés par trois autres navires du Croisic qui les conduisent à l'Île d'Yeu où se trouvent les trois navires croisicais du convoi qui les mènent au Croisic, sans que l'on puisse savoir s'ils sont considérés de bonne prise (puisque pris sur les Anglais) ou confisqués pour ne pas avoir suivi la réglementation[125]. Le 31 mars 1462, le duc enjoint que soient rendus navires et marchandises aux bas-Bretons. On ignore les attendus de cette décision qui ne sanctionne les fautes ni des uns, ni des autres[126] : les bas-Bretons n'ont pas respecté les obligations du convoi, ni à l'aller, ni au retour; les Croisicais n'ont pas confisqué les navires, ont levé (à leur avantage?) la taxe qui aurait due ne l'être qu'à l'issue du convoiement et n'ont pas tenu leur engagement de protection. Toujours est-il qu'en août 1462, le duc précise que la taxe de convoi ne peut être levée « jusques à ce que les vexeaux et vins soint descendus ou arrivez en seürté en noz portz et havres[127] ». Dans ce cas, la navigation marchande s'est engagée hors du convoi, avec, sans doute, l'espoir de ne pas être soumis à la fiscalité du convoi, puis, contrôlés à leur retour, les navires poursuivent leur route. La prise de risque que représente l'absence de la protection du convoi pour ces navires se justifie par l'espoir de vendre une cargaison sur un marché que l'arrivée des navires du convoi ne sature pas. Chez certains marchands et transporteurs, la logique économique l'emporte; cette logique s'oppose aux contraintes qu'impose le convoi : calendrier imposé, incidences sur le marché du vin et fiscalité.

Ces oppositions ont pu conduire à l'annulation d'une décision de mise en œuvre du convoi. En novembre 1406, elle l'est sur la « remonstrance » de

123. Arch. dép. de Loire-Atlantique, E 202/5.
124. MORICE, Hyacinthe, *Mémoires*..., t. III, col. 746.
125. Arch. dép. de Loire-Atlantique, B 2, f° 16 v°.
126. Arch. dép. de Loire-Atlantique, B 2, f° 31-31 v°.
127. Arch. dép. de Loire-Atlantique, B 2, 92, 31 août 1462.

l'évêque de Nantes[128]. On ignore le contenu de cette « remonstrance », mais il est tentant de rapprocher cette annulation du convoi de l'ordre donné à l'amiral Jean de Penhoët d'armer une flotte destinée à aller à Bordeaux au secours du roi de France, financée sur les revenus des ports et havres[129] : dans un premier temps, le duc aurait été tenté de détourner le convoi à des fins militaires. En 1470, le convoi est également annulé, mais pour une autre raison : il l'est à la demande des marchands dont il entravait les opérations commerciales[130]. Cependant, pour les milieux marchands, jusque dans les années 1550, le principe même du convoi n'est pas remis en cause, mais il ne peut se justifier qu'à certaines conditions bien précises. En réponse à leur demande, en novembre 1493, Charles VIII s'engage à ne le mettre en place qu'en cas de « guerre et non seur accès d'aller par mer », tout se réservant le cas d'imposer le convoi en « besoin et urgente necissité[131] ». Pour les milieux marchands, il a une utilité : permettre le trafic du vin en temps de guerre.

La fin de l'indépendance bretonne ne signifie pas la fin du convoi. Notre documentation ne permet pas de corréler le convoi, et ses possibles évolutions, avec les étapes du dispositif d'intégration du duché au royaume[132]. Soulignons, cependant, quelques éléments. D'abord, l'attention portée par le pouvoir aux demandes émanant des milieux engagés dans le commerce, ce qui le conduit à rapporter des projets de taxation sur le sel (exemple, en 1499-1500[133]) ou à des mesures d'interdiction d'exporter des céréales et parfois d'autres produits comme en septembre 1519[134]. D'autre part, lorsque le roi fait appel à l'aide maritime des Bretons, il se présente comme étant agressé par des ennemis du royaume (Espagne, Angleterre) et soucieux d'assurer la défense de la Bretagne. Plus profondément, dans un premier temps, le pouvoir royal intègre la marine (hommes, navires, chantiers navals) de la péninsule à ses objectifs et n'est pas hostile aux anciennes institutions bretonnes[135]. Cependant, dans le courant des années 1550, l'utilité même du convoi est discutée.

---

128. Blanchard, René, *Lettres et mandements…, op. cit.*, n° 365 et 372.
129. *Ibidem,* n° 378.
130. BnF, Clairambault 825, f° 101, cité par Darsel, Joachim, « La protection des flottes du vin au Moyen Âge… », *op. cit.*, n° 2, p. 194.
131. Morice, Hyacinthe, *Mémoires…, op. cit.*, t. III, col. 746.
132. Le Page, Dominique, *Finances et politique en Bretagne au début des temps modernes au début des Temps modernes : étude d'un processus d'intégration au royaume de France,* Paris, Comité pour l'histoire économique de la France, 1997; et sous une forme plus synthétique, Le Page, Dominique et Nassiet, Michel, *L'Union de la Bretagne à la France…, op. cit.*
133. Arch. dép. de Loire-Atlantique, E 129/28, proposition d'une taxe nouvelle de 5 sous tournois par pipe de sel exporté de Bretagne, Poitou et Saintonge.
134. Archives municipales de Nantes, HH 196, 11 septembre 1514, report des mesures prises le 9 août interdisant l'exportation des blés, sels et vins à partir de la Bretagne.
135. Cassard, Jean-Christophe, « Frontière de mer et marine ducale : l'exemple breton, fin du xv^e^ et début xvi^e^ siècle », dans Bois, Jean-Pierre (dir.), *Défense des côtes et cartographie historique…, op. cit.*, p. 33-51, sur le rôle de la marine dans l'intégration du duché au royaume, p. 40-49.

### *La dénonciation de la taxe et sa suppression en 1559*

Le 25 septembre 1554, lors de la réunion des États de Bretagne, une des remontrances adressées au roi concerne le convoi : « Que le droit de 20 sous par tonneau ne puisse être exigé des marchands qui ne sont nullement convoyés et obligés de se défendre eux-mêmes. » Le 17 janvier 1555, en réponse, le conseil du roi fait savoir que « le roi veut entendre l'affaire plus amplement pour y mettre une résolution que l'on pourra garder à l'avenir. En attendant, que les habitants se gouvernent comme par le passé et organisent quelque sûreté pour les marchands[136] ».

En Bretagne, la taxe est dénoncée comme « de grande foule, charge et oppression ». Auprès du roi, Arthur Le Forbeur, le procureur des États, fait « amplement entendre l'incommodité, préjudice et dommage » d'une telle taxe. Il se fait l'écho des fermiers qui exposent les risques qu'elle fait peser sur le commerce et leurs ressources : les marchands, qui sont « accoustumé faire leurdit trafic audit païs, délaissent et abandonnent chacun jour leurs négociations »; la « force et la richesse d'icelui païs » s'en trouvent menacées. À court terme, il est à attendre que les navires « soient contrains de périr et pourrir es ports », et le paiement des fermes ne pourrait plus être assuré. Au-delà du côté convenu et excessif de cet exposé, la réalité fiscale apparaît crûment : « Nosdits sujets n'ont été aucunement convoiez, et neanmoins continuent à payer lesdits vingt sols pour ledit convoi. » Il est dénoncé une « exaction », une chose « inutile et dommageable ». Sa suppression est décidée par le roi Henri II le 17 janvier 1555 et confirmée le 21 mars 1555. Elle est assortie d'une condition selon laquelle les « habitans se soutiendront comme il l'ont fait par le passé, faisant et donnant telle assurance à ceux qui entreprendront leur navigage, soit pour la négociation ou le fait de la guerre, qu'ils ne se présentent sans quelques asseurances à ce qu'ils ne puissent donner si facilement en proie aux ennemis, et que pareillement quand ils partiront pour le fait de la négociation nos édits soient confirmés[137] ». À cette date, l'on sait donc que les marchands eux-mêmes prenaient à leur charge en commun certains aspects de la sécurité maritime, « négociation [sauf-conduit] ou fait de guerre [convoi] ». Leurs pratiques en la matière étaient désormais reconnues par l'État et devenues obligatoires, ce qui, si l'on suit la documentation disponible[138], n'était pas

136. LA LANDE DE CALAN, Charles de, *Documents inédits relatifs aux États de Bretagne de 1491 à 1589*, Nantes, Société des bibliophiles bretons et de l'histoire, 2 vol., 1908, t. I, p. 131. 2013-05-30T11:02:42

137. MORICE, Hyacinthe, *Mémoires…*, t. III, Col. 1123.

138. Des formes de mutualisation concernant les rapports maritimes des marchands et marins d'un port breton et l'étranger se ne sont pas absentes mais paraissent s'appliquer à d'autres éléments. En atteste la « bourse commune » (sur celle-ci, PLANIOL, Marcel, *Histoire des institutions…, op. cit.,* t. IV, p. 182), système mal renseigné mais attesté au Croisic. Le 5 octobre 1420, au Croisic, entre autres privilèges octroyés aux Croisicais, le duc Jean V leur accorde la possibilité de faire « bourse commune » sur « eulx et leurs biens », afin de faire « poursuytes de leurs vesseaux, biens et marchandies des lieux ou seront empeschez », c'est-à-dire d'entamer les procédures nécessaires afin de recouvrer

avéré auparavant, le convoi ayant empêché la mise en place d'autres stratégies de mutualisation.

Cependant, lors de la session extraordinaire des États de mai 1555, le représentant du roi demande qu'il soit délibéré sur « le nombre des navires qu'il sera besoin armer et équiper pour faire le convoi [et] quels sera requis ». Les États répliquent : « Puis la guerre commencée les marchands de ladite coste se sont équippés et fortiffiés tellement d'artillerie et vaisseaux de guerre pour resister aux entreprises, incursions et assauts des ennemis que maintenant, la grâce à Dieu, ne craignent plus les rencontrer faisant leur route et trafic aux pays étranges. » Pour les États, le convoi est désormais inutile, les marchands assurent leur protection avec des navires d'escorte disposant d'artillerie. Toutefois, le roi entend persévérer dans son projet, deux navires de 100 à 120 tx et quatre galions de 50 tx, une moitié demeurant « deça le Raz », et l'autre escortant les navires. Les États s'engagent à fournir artillerie, munitions et avitaillement mais « en espèces et non en deniers ». Dans sa réponse délibérée au conseil du roi le 11 juin 1555, le roi justifie le convoi par l'état de guerre (plus de 200 vaisseaux perdus depuis le début de la guerre). Il prend acte des mesures prises par les marchands, mais impose un convoi composé de deux navires de 150 tx et de quatre galions de 60 à 70 tx, dont le service couvrirait l'année entière et non plus seulement l'été et l'hiver pour le trafic lié aux vins et au pastel de Guyenne : en cela, la mesure évoque plus une flotte militaire affectée à la protection sur une route maritime[139] qu'un convoi tel qu'il a existé à l'époque ducale. Les États s'inclinent et demandent à nommer ceux qui en auront la charge, que les prises faites par ces navires soient leur propriété et que le droit de 20 sous par tonneau ne soit pas levé sur les marchands commerçant en Normandie ou en Guyenne. Le roi accepte et précise que l'armement des navires est de la responsabilité de l'amiral, mais que les États peuvent présenter les officiers destinés à les commander[140].

La question du convoi réapparaît à la session extraordinaire des États de novembre 1557. Les États offrent 60 000 livres tournois pour l'abolition

le cas échéant navires et biens capturés à l'étranger (Blanchard, René, *Lettres et mandements…, op. cit.*, n° 1451). Ce droit leur est confirmé en 1485 (Travers, Nicolas, *Histoire civile, politique et religieuse de la ville et du comté de Nantes*, 3 vol., Nantes, 1836-1841, t. II, p. 187). Le 15 juillet 1491, soit en plein cœur du conflit franco-breton, le roi Charles VIII confirme, précise et élargit les privilèges du Croisic. Pour la bourse commune, une taxe d'un denier par livre, *ad valorem*, soit 1/240$^{e}$, sera levée sur toutes les marchandises vendues ou déchargées en la paroisse de Batz (dont dépend Le Croisic), et sur celles qui ne font que transiter, sauf sur les blés, le beurre, le lard, les « chairs », bois et fagots, fèves, poissons frais et vins du « creü » qui seront vendus au détail (Arch. dép. de Loire-Atlantique, E, dépôt 38, Le Croisic, AA 2; *ibid.*, 114 J, Le Croisic, 37, f° 12-27; *ibid.*, C 704).

139. À rapprocher de cette « force de la mer tant en Normandie, Bretagne que Provence » qui figure à l'état de finances de 1523, et auquel la Bretagne contribue pour 20 000 livres tournois sur un total de 50 500 livres tournois (Doucet, Roger, « L'état de finances de 1523 », *Bulletin philologique et historique*, Paris, 1922, p. 80).

140. La Lande de Calan, Charles de, *Documents inédits relatifs aux États de Bretagne…, op. cit.*, p. 134-135.

du droit de convoi, ainsi que 40 000 livres tournois pour la suppression des offices de présidents, conseillers, gardes des sceaux créés dans les présidiaux. Par lettres patentes du 20 février 1559, le roi entérine la décision des États[141]. À cette date, le convoi disparaît. Aux yeux des marchands, il ne répond plus à leurs besoins, et il est perçu comme une contrainte à leur commerce et une charge fiscale.

•

Certes, le système du convoi suscite des oppositions portant sur la fiscalité, son utilisation à des fins militaires par la puissance publique et plus profondément en raison des contraintes de calendrier et des incidences sur le marché qu'elle impose aux marchands et aux transporteurs. Cependant, longtemps, pour les milieux marchands, le convoi se justifie en temps de guerre, la sécurité assurée par les navires d'escorte leur garantissant une sorte de statut de neutralité. Aussi malgré ces réticences, le convoi breton se caractérise-t-il par une grande continuité, puisqu'on peut le suivre de 1372 à 1559. En effet, il est à même de répondre à des intérêts variés : pour les marchands et les transporteurs, en termes de sécurisation et de mutualisation des risques ; pour l'État, il concourt au « bien publicque[142] », il est l'affirmation d'une fonction régalienne de protection des personnes et de leurs activités, ainsi qu'une source de rentrée d'argent. Mais la longue durée du convoi breton (jusqu'à la fin du règne des Montfort et au-delà), qui ne survit que peu de temps à la réunion des couronnes de France et de Bretagne sur une même tête (en 1547[143]), appelle d'autres explications. Elle traduit la volonté du pouvoir ducal d'être présent sur un territoire maritime où se trouve une route commerciale internationale, dont les limites dépassent celle du duché au sud, d'affirmer ainsi sa présence sur une sorte de « marche » et d'y imposer ses décisions à ses ressortissants, leur assurant avec une certaine sécurité, une sorte de statut de neutralité[144].

Il n'en est plus de même dans les années 1550. Dans une Bretagne, où désormais la couronne ducale est réunie à la couronne de France, le convoi devient une simple taxe levée alors qu'il n'y a plus de convoiement ; au mieux il concourt à la mise en place d'une force navale mobilisée pour l'année au service du roi, ce que refusent les milieux maritimes. À cette date, ceux-ci ont développé d'autres formes de sécurisation et de mutualisation pour le transport maritime : le convoi breton est condamné, il disparaît définitivement en 1559.

---

141. Arch. dép. d'Ille-et-Vilaine, C 2877. La Lande de Calan, Charles de, *Documents inédits relatifs aux États de Bretagne*..., *op. cit.*, p. 139 et p. 141.

142. Arch. dép. de Loire-Atlantique, E 127/10, 31 août 1470.

143. Le Page, Dominique et Nassiet, Michel, *L'Union de la Bretagne à la France*..., *op. cit.*, p. 153-174.

144. Cassard, Jean-Christophe, « Frontière de mer et marine ducale : l'exemple breton, fin du xv^e^ et début xvi^e^ siècle », dans Bois, Jean-Pierre (dir.), *Défense des côtes et cartographie historique*..., *op. cit.*, p. 41.

## Annexe 1 – *Navires et effectifs affectés au convoi*

- 1457 : 1 000 combattants sont mobilisés[145].
- 1459-1460 : 4 flottes avec respectivement, 800, 500, 400, 150 combattants[146].
- 1460-1461 : le convoi est attesté, 2 navires du Croisic participent à la deuxième flotte[147].
- 1462-1463 : 3 flottes avec respectivement 500, 400 (dont 140 affectés au « navire de Saint-Malo et des autres havres jusques à Bréhat ») et 300 combattants[148].
- 1464-1465 : 3 flottes avec respectivement 650 combattants en 5 navires (dont la carraque de l'amiral et 2 caravelles), 400 (dont la nef de La Trinité appartenant à l'amiral si elle est alors présente sur les côtes bretonnes, sinon « ung autre le plus gros navire que on y pourra trouver ») et 300 combattants[149].
- 1473 : pour la première flotte, 400 combattants et 4 navires, dont l'un est la nef de « feu seigneur du Quelenec » d'un port de 300 tx, deux caravelles de 80 à 100 tx chacune et un navire de 50 tx[150].

- 1481[151]

*Première flotte*

<table>
<tr><th>navire, nom et type</th><th>propriétaire</th><th>capitaine</th><th>tonnage</th><th>combattants</th><th>coût</th></tr>
<tr><td>La Françoise (nef)</td><td></td><td>Bizien Merien (Morlaix)</td><td>250 tx</td><td>120</td><td>1 280 l.</td></tr>
<tr><td>(barque)</td><td>Alain de La Motte (vice-amiral)</td><td></td><td></td><td>55</td><td>500 l.</td></tr>
<tr><td>« La grant neff »</td><td>le duc de Bretagne</td><td>Alain de La Motte</td><td></td><td>200</td><td>224 l. 15 s</td></tr>
<tr><td>(nef)</td><td>Pierre Landais</td><td></td><td>240 tx</td><td>150</td><td rowspan="2">1 450 l.</td></tr>
<tr><td>(baleinier)</td><td>Pierre Landais</td><td></td><td>10 tx</td><td>30</td></tr>
<tr><td>total : 5</td><td></td><td></td><td></td><td>555</td><td>3 454 l. 15 s.</td></tr>
</table>

145. MORICE, Hyacinthe, *Mémoires…*, *op. cit.*, t. II, col. 1717.
146. Arch. dép. de Loire-Atlantique, E 131, f° 24 v°, 10 juillet 1459 ; indiqué à tort pour 1469 par LA NICOLLIÈRE-TEIJERO, « La marine bretonne… », *op. cit.*, p. 413.
147. Arch. dép. de Loire-Atlantique, B 2, f° 16 v°.
148. Arch. dép. de Loire-Atlantique, B 2, f° 91 v°-92.
149. Arch. dép. de Loire-Atlantique, B 3, 96-96 v°.
150. Arch. dép. de Loire-Atlantique, B 7, f° 120 v°.
151. Arch. dép. de Loire-Atlantique, E 212/15.

*Seconde flotte* : 3000 l. lui sont assignées.

– 1483-1484 : *Première flotte (1483)*[152]

| navire, nom et type | propriétaire | capitaine | tonnage | combat-tants | coût |
|---|---|---|---|---|---|
| « *Le Leon* » (Lyon) (nef) | amiral | Jacob du Parc | 200 tx | 120 | 1816 l. |
| pinasse de Saint-Malo | | | 40 tx | 40 | 573 l. 6 s. |
| barque | Alain de La Motte vice-amiral | Jean Le Barbu | 60 tx | 60 | 824 l. |
| *La Marguerite de Brest* (nef) | Derien Le Du (Brest) | | 160 tx | 99 | 1507 l. 12 s. |
| *La Michelle* d'Auray (nef) | Jean Péro (Auray) | | 90 tx | 75 | 1201 l. 5 s. |
| *La Marie* d'Auray (nef) | Geoffroy Estrillat (Auray) | | 90 tx | 69 | 852 l. 10 s. |
| *La Trésorière* de Saint-Malo (nef) | Pierre Landais (Saint-Malo) | Louis Berthelot | 80 tx | 50 | 256 l. |
| total : 7 | | | 720 tx | 513 | 7030 l. 13 s. |

*Seconde flotte (1483-1484)*[153]

| navire, nom et type | proprié-taire | capitaine | tonnage | combat-tants | coût |
|---|---|---|---|---|---|
| « *Le grant Lyon* » (« *La grant nef* ») | amiral | Yvon Kerbescat | 300 tx | 197 | 1 447 l. 10 s. |
| « *Le petit Lyon* » | amiral | Jacob du Parc | 180 tx | 120 | 864 l. |
| *La nef de Morlaix* | | Jean Fleuriot | 250 tx | 140 | 2 051 l. 10 s. |
| « La Crullier »(Saint-Pol) | | | 250 tx | 150 | 2 099 l. 10 s. |
| Le David | | Jean Lehen | 250 tx | 160 | 1 159 l. 10 s. |
| La Marguerite (Brest) | | André Théaaut | 160 tx | 120 | 843 l. |
| total : 6 | | | 1390 tx | 887 | 8 465 l. |

152. Arch. dép. de Loire-Atlantique, E 212/18.
153. Arch. dép. de Loire-Atlantique, E 212/18, f° 18-21.

– En 1487 : le 10 janvier, pour la seconde flotte du convoi de 1486-1487, 400 hommes et 3 navires appartenant à l'amiral[154].

| navire, nom et type | propriétaire | capitaine | tonnage |
|---|---|---|---|
| Le Grand Lion (nef) | amiral | Bizien de Kerrousy | 300 tx |
| Le Petit Lion | amiral | Olivier, bâtard de Quelenec | 300 tx |
| La Bonnaventure (barque) | | Denis Coëtedrez | 80 tx |
| total : 3 | | | 680 tx |

– 1490 : 3 flottes avec respectivement 1 000, 600, 400 hommes[155].

– 1503 : *Première flotte*[156]

| navire, nom et type | propriétaire | équipage |
|---|---|---|
| « *La grant neff* » avec sa « barcque neuve » | sr de La Bouvardière | 300 |
| « *La grant nef* » de Saint-Malo | | 150 |
| (nef) | sr de Guémadeuc | 60 |
| *La nef de Lantriguier* | | 70 |
| (4 navires du « capitaine » Portzmoguer « o sa bande ») | | 300 (« par estime ») |
| « *L'Espaigneul* » de Quimper | | 70 |
| « *La grant nef* » | Guillaume Finamour | 100 |
| « *le navire de Jean Frolai* » | | 80 |
| *La nef de Vannes* | | 120 |
| *La Michelle* du Croisic | | 140 |
| « *Le Senechal* » | | 300 |
| « *Le Chappon* » | | |
| + navire « recoupvré » par Portzmoguer (300 tx) | Portzmoguer | 200 |
| total : 17 | | environ 1 890 |

154. Arch. dép. de Loire-Atlantique, B 10, f° 111 v°-112 ; MORICE, Hyacinthe, *Mémoires…*, *op. cit.*, t. III, col. 535.
155. Arch. dép. de Loire-Atlantique, B 12, f° 185 v° et *ibid.*, B 13, f° 4, septembre 1490.
156. Arch. dép. de Loire-Atlantique, B 14, f° 107-108. Peu après le 19 septembre, La Catherine de Loctudy remplace la nef de Guillaume Finamour (f° 118 v°).

**Figure 1 – *Le convoi à la fin du* XV*e siècle***

*(Source : Kerhervé, Jean,* L'État breton aux 14e et 15e siècles. Les ducs, l'argent et les hommes, *Paris, Maloine, 1987, t. II, p. 685)*

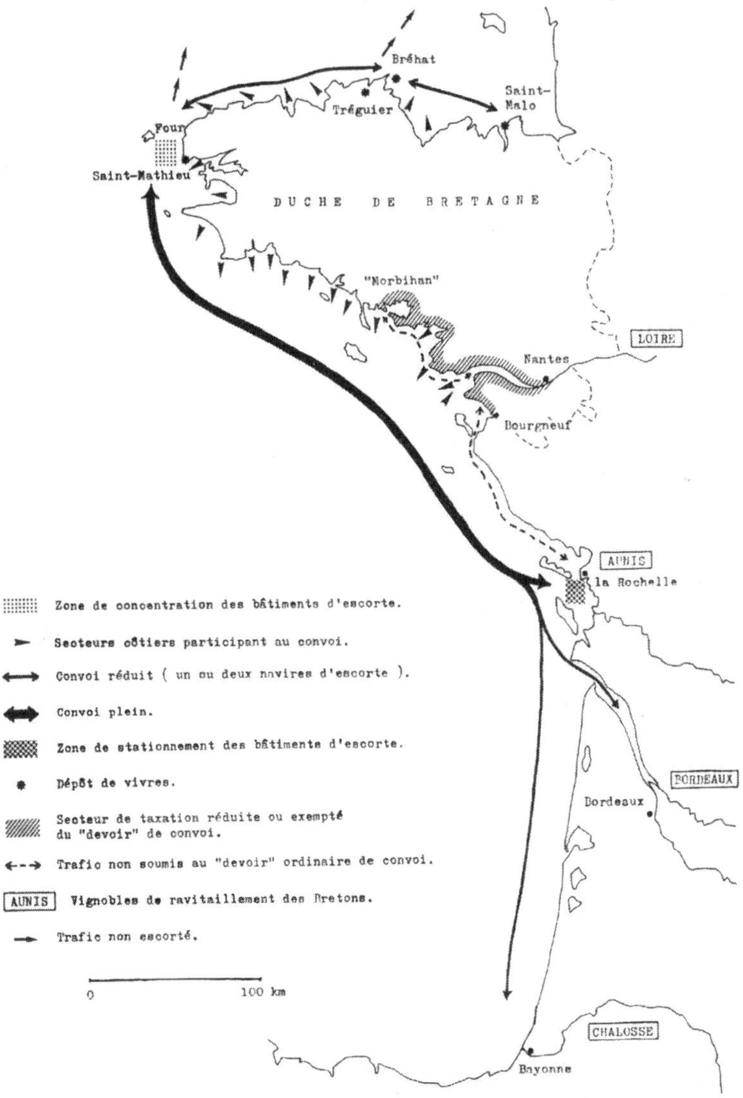

**Figure 2 – *Les ports bretons au* XV*e siècle où étaient perçus les devoirs d'« entree et d'yssue »***
*(Source : Kerhervé, Jean,* L'État breton aux 14e et 15e siècles…, *op. cit., t. I, p. 110)*

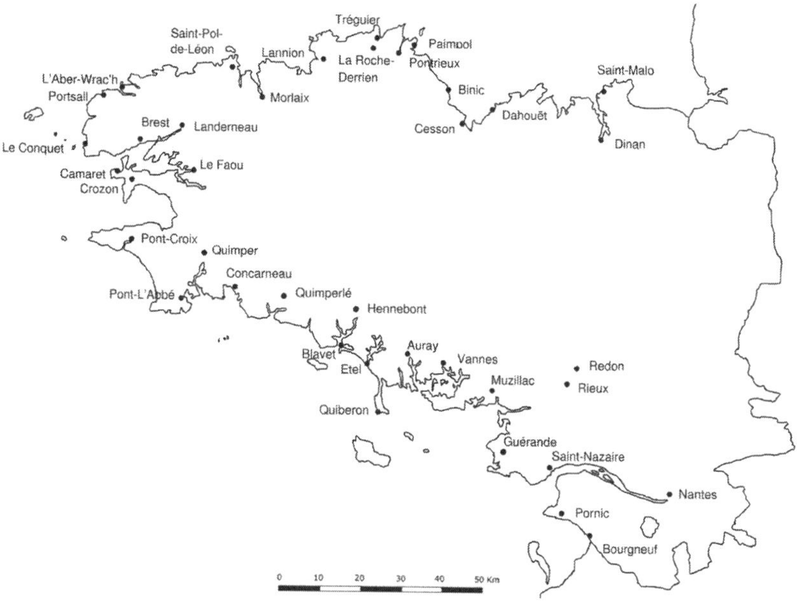

**RÉSUMÉ**

**L'originalité du convoi breton, institué en 1372, répond à la fois à un problème d'insécurité publique et à des préoccupations économiques et fiscales. La souplesse de l'organisation lui permet de s'adapter rapidement aux réalités commerciales et politiques. À l'origine, il s'agit d'une stratégie de lutte contre le risque de piraterie, voulue par les marchands eux-mêmes, mais le convoi devient de plus en plus contraignant avec une fiscalisation accrue, inhérente à la politique d'affirmation princière menée par la dynastie Montfort dans le duché. S'il survit à la réunion de la Bretagne à la France, le système suscite de plus en plus d'oppositions qui conduisent à sa suppression en 1559.**

*ABSTRACT*

*The specificity of the Breton sea convoy, instituted in 1372, was a result of the problem of public safety and of financial and economic fears. The organisation's flexibility allowed it to cope rapidly with changing commercial and political realities. Originally, it was a way to fight against the risk of piracy and was requested by the merchants themselves. But the convoy became increasingly restrictive with a more burdensome taxation – a consequence of the assertion of princely power by the Montfort dynasty. Even though it outlasted the reunification of Brittany with France, the system met with increasingly opposition, which eventually led to its abolition in 1559.*

# Les gens de mer du quartier de Marennes et l'institution des invalides de la Marine (milieu XVIIIe-milieu XIXe siècle)

Thierry SAUZEAU
professeur d'histoire moderne, CRiHAM-EA4270 – Université de Poitiers

Lorsqu'à la fin du XVIIe siècle, Colbert mit sur pied le système des classes, il se proposait de mettre les gens de mer occupés à la pêche, au cabotage ou au long cours, sous la contrainte. Cette surveillance inédite sous l'Ancien Régime avait pour but la mobilisation – on disait alors la « levée » – de marins expérimentés pour constituer les équipages des navires de la flotte de guerre. D'abord mis en œuvre sous la seule contrainte, le système évolua vers une base contractuelle avec l'instauration d'avantages en échange du service. C'était tout simplement la naissance d'un nouveau privilège. Deux textes, l'un de 1681 et l'autre de 1689, mirent les arsenaux, la flotte et les équipages du roi en ordre de bataille avant d'affronter l'ennemi anglo-hollandais. En échange du service militaire, le titre IV du livre huitième de la grande ordonnance de la marine (1681) posait les bases de l'institution d'un secours, une « récompense des Officiers mariniers, matelots et soldats estropiez au service[1] ». Il était question des « hospitaux que sa Majesté a destiné de faire bastir » mais aussi de la « demi solde ». Installé dans l'urgence d'un règne très belliqueux, le système ne put atteindre sa pleine maturité sous le règne de Louis XIV. Mises à mal par la Régence, les classes de la marine reçurent finalement, en la personne de Maurepas, un continuateur digne de leur fondateur. Ce ministre de Louis XV inaugura, avec le règlement du 10 mai 1728, une reconstruction étendue à l'institution des invalides. La notion de « hors de service » était alors reconnue *de jure* : un marin âgé de plus de 60 ans ne pourrait plus être appelé au service. En 1778, Sartine, ministre de Louis XVI, réaffirma les privilèges des gens de mer, avant que le maréchal de Castries ne régularise, grâce au règlement

1. « *Ordonnance de Louis XIV pour les armées navales et les arcenaux de la marine* (1689) », publiée en pièce justificative dans MÉMAIN, René, *Matelots et soldats des vaisseaux du Roi sous le règne de Louis XIV*, Paris, 1937.

du 31 octobre 1784[2], une situation qui n'avait cessé d'évoluer tout au long du XVIII^e^ siècle.

L'étude des profils des marins ayant pu bénéficier de l'exemption comme hors de service et/ou de la pension de demi-soldier (on dira aussi « pensionné[3] ») dans le quartier de Marennes permet d'illustrer concrètement l'impact de cette institution sur le quotidien des gens de mer. Au nombre de 451, les hors de service recensés parmi les 3363 inscrits de la période 1760-1825 représentaient 13,4 % de l'effectif. Si l'on exclut les apprentis n'ayant pas poursuivi la navigation, cette cohorte rassemblait tout de même 19,4 % des gens de mer du quartier. Loin d'être marginal, ce phénomène amenait un marin du quartier sur cinq à être considéré comme exempt du service et à pouvoir prétendre à une pension. Aussi convient-il de se pencher sur l'organisation de ces secours dispensés aux travailleurs de la mer, de l'Ancien Régime au XIX^e^ siècle. Après une présentation des dispositifs en vigueur à la fin du XVIII^e^ siècle, le profil des invalides devra ensuite être esquissé sans omettre d'examiner les états de service de chacun et les causes d'exemption ou d'indemnisation. Par la suite, on pourra vérifier comment les gens de mer invalides et hors de service assumaient leur quotidien : une étude de leurs activités sera alors esquissée et la fin de la vie de ces bénéficiaires de la protection sociale sera observée.

## Aux sources des systèmes de retraite par répartition : la caisse des invalides de la Marine

La reconstitution des carrières des gens de mer des classes de Marennes en Saintonge permet de mesurer les effets d'une telle politique de solidarité. Possible sans lacune, à partir de 1760, l'étude des fins de carrières s'aligne principalement sur le texte de 1784 qui régla le passage aux hors de service et l'entretien, ou non, à la demi-solde jusqu'à la fin de l'Ancien Régime. En réalité, si les marins âgés de plus de 60 ans se voyaient classés hors de service, il y avait aussi les infirmes, accidentés du travail ou blessés de guerre, nécessairement plus jeunes. Pour tous, le dernier grade atteint au service – le classement – servait de base de calcul pour l'attribution de la demi-solde. Les hors de service pour « grand âge » étaient entretenus au prorata de leurs années de service. Pour les infirmes, le calcul était lié au degré d'incapacité et à l'origine de l'infirmité. L'invalide devait recevoir un tiers de sa dernière solde au service en cas d'incapacité partielle due à un accident survenu au commerce, une demi-solde en cas d'incapacité totale. Pour les accidents survenus au service, le taux allait de la demi-solde pour

2. Captier, Jacques, *Étude historique et économique sur l'inscription maritime*, thèse de droit, Paris, 1907, p. 212.

3. Le terme est apparu dans la loi du 13 mai 1791 ; il fut d'abord réservé aux inscrits dont la solde était supérieure ou égale à 81 francs au service (grade de chef timonier au service) puis il a été généralisé au XIX^e^ siècle. Voir Lemagnen, Sylvette, *Aspects de la vie maritime dans le Quartier de Cherbourg (1816-1850)*, univ. Caen, mémoire de maîtrise, 1983, p. 106.

incapacité partielle aux deux tiers pour une incapacité totale. Depuis le règne de Louis XIV, une comptabilité commune unissait la caisse des invalides (cotisation salariale de 2,5 % pour les marins au commerce), la caisse des gens de mer (reliquat de soldes pour désertion, insubordination, décès sans héritier) et la caisse des prises (activité des corsaires) ; elle permettait à la Trésorerie générale d'enregistrer des excédents. Par ailleurs, une compensation géographique liait les trésoreries particulières des quartiers. Les excédents des grands ports, riches d'abondantes cotisations, étaient ventilés vers les quartiers ruraux afin de subvenir aux besoins des gens de mer. Le règlement des invalides de janvier 1786[4] précisait les conditions d'accès à la demi-solde et de versement de celle-ci. L'article II stipulait qu'« aucun Invalide ne [serait] porté sur les matricules que sur présentation de l'ordre du Roi, ou de l'extrait des listes signées en commandement ». L'article I réglait que « les invalides [seraient] payés, à l'avenir, lors des revues qui [seraient] faites à la révolution précise de chaque semestre ». Sur ces bases, les textes révolutionnaires vinrent remodeler l'institution des invalides. La « loi sur les classes des gens de mer » (7 janvier 1791) abaissa d'emblée à 56 ans l'âge de « dispense de l'obligation au service ». Remplaçant les classes de la marine par l'inscription maritime, la loi du 3 brumaire an IV (25 octobre 1795) porta même cet âge à 50 ans.

Par la suite, les lois sur l'inscription maritime[5] n'ont plus remis en cause cet âge. Seuls les modes de calcul des services et de l'indemnité auxquels ils ouvraient droit continuèrent à faire débat. En effet, si l'Ancien Régime finissant avait laissé à la discrétion du pouvoir royal l'inscription sur la liste des demi-soldiers[6], la Révolution donna le coup d'envoi d'une période de rationalisation et de normalisation. Il n'entre pas dans le cadre de cette étude de traiter de l'évolution des modes de calcul des droits à la demi-solde ; il faut cependant remarquer que progressivement, l'administration en vint à prendre en compte, au-delà du service, les années de navigation au commerce puis à la petite pêche. Ainsi, pour l'attribution de la demi-solde, le système des classes ne tenait compte que des seuls services dans la marine royale. À partir du 3 brumaire an IV, l'inscription maritime comptabilisa les navigations commerciales. Une année au long cours ou au cabotage comptait désormais pour 6 mois, un an au service pour 18 mois. Enfin, sous la Restauration, les ordonnances des 17 septembre 1823 et 24 janvier 1824 ouvrirent la prise en compte du temps passé à la pêche ou au pilotage[7], sur

4. Service Historique de la Défense, Rochefort, sous-série 2P « service de Classes puis de l'Inscription Maritime », 2P5 « Instructions relatives aux fonds des Invalides et des Gens de Mer, janvier 1786 ».

5. Évoqués par Captier, Jacques, *Étude historique et économique… op. cit.* ; les textes figurent dans Blanchard, René, *Répertoire général des lois, décrets, ordonnances, règlements et instructions sur la Marine,* Paris, Impr. Nat., 1848-1850, 2 vol.

6. Certains ont pu être retrouvés sur les listes de « Proposition à la demi-solde », Archives Nationales, fond Marine, C 4.

7. La prise en compte du pilotage devait enrayer la désaffection des jeunes pour ce métier, Lemagnen, Sylvette, *Aspects de la vie maritime dans le Quartier de Cherbourg…, op. cit.,* p. 22.

la base de 6 mois de service pour 1 an de navigation. Au total, l'institution des invalides de la marine n'a cessé de se développer et de préciser ses règles de fonctionnement.

## La réalité des secours distribués aux gens de mer de l'estuaire de la Seudre

La biographie collective de plusieurs centaines de gens de mer entrés dans la carrière entre 1760 et 1825 entraîne un certain décalage chronologique lorsqu'il s'agit d'étudier leur profil de retraité. Âgé d'une quinzaine d'années en 1760, un mousse atteignait l'âge légal de la retraite d'Ancien Régime – 60 ans – en 1805. Or, à cette époque, l'inscription maritime avait organisé un nouveau régime qui faisait passer l'inscrit hors de service à 50 ans. Il n'en demeure pas moins qu'on recense 157 hors de service – 34,8 % – âgés de moins de 50 ans à leur passage aux invalides. Les accidents du travail et blessures de guerre étaient donc responsables du tiers des exemptions de service, même s'ils ne débouchaient pas systématiquement sur le versement d'une pension. Au sein de la population d'ayants droit, l'évolution historique du rapport entre retraités et infirmes éclaire finalement les mutations d'une politique sociale au sein de laquelle, progressivement, la fonction de récompense prend le pas sur celle de la réparation.

**Figure 1 – *Structure par âge des invalides***

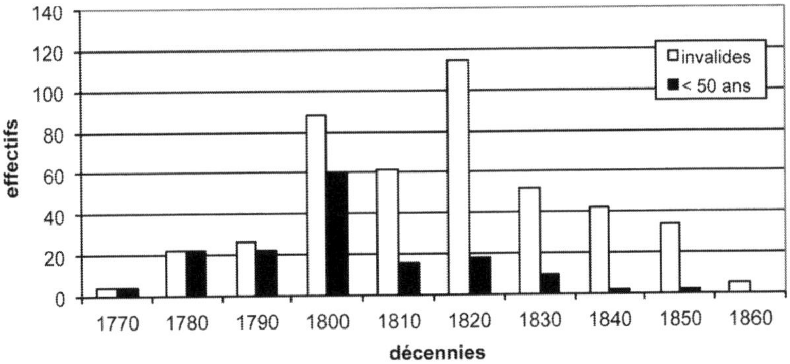


Au cours des seules décennies 1770 à 1800, les hors de service et invalides de la cohorte étudiée affichaient ces mêmes moyennes d'âge précoce : les classés hors de service l'étaient en grande majorité sur blessure ou accident du travail. Les dernières décennies d'Ancien Régime avec 30 « passés aux hors de service », dont 13 étaient admis à la demi-solde, illustrent pourtant bien la politique volontariste d'un Louis XVI soucieux des choses de la mer, attentif aux gens de mer et épaulé par des ministres compétents. Charles Deloumeau[8] (Bourcefranc, né en 1751, inscrit de 1762 à 1787) « estropié sur le vaisseau le Triton » et débarqué à Cherbourg par le Sieur d'Estienne fut ainsi admis aux hors de service et à la demi-solde « par ordre du Roi ». Même si les demi-soldes étaient irrégulièrement versées, la monarchie absolue semble les avoir plus largement distribuées, alors que leur attribution était restée limitée durant le XVIII^e^ siècle[9]. Les décennies 1790 et 1800 vinrent rompre avec cette politique d'indemnisation des « estropiés » faute de crédits, les ayants droits s'étant multipliés par suite de la guerre.

**Figure 2 – *Invalides du quartier de Marennes (cohorte des inscrits 1760-1825)***

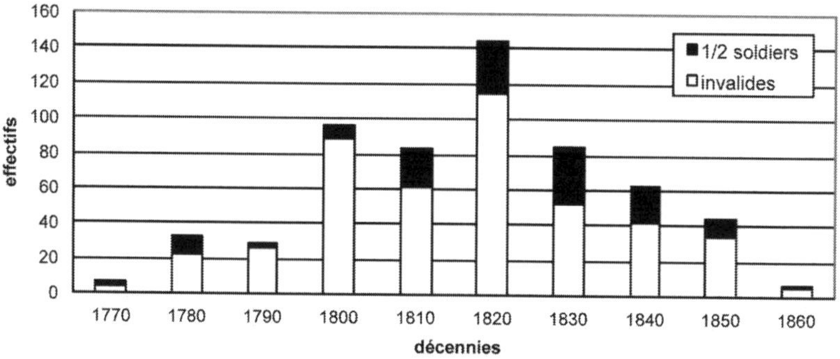


Sans argent mais avec un cruel besoin de main-d'œuvre, la République choisit de maintenir le système d'exemption du service mais limita ses secours à quelques situations désespérées : 8 sur 114. Pierre Graslé[10] (l'Éguille, né en 1753, inscrit de 1766 à 1795), maître d'équipage sur la frégate *L'Expériment* était ainsi apostillé « a eu le bras coupé durant la campagne »; le 1er octobre 1795, il fut admis aux invalides. Plusieurs facteurs expliquaient sans doute le bon rapport d'indemnisation observable à partir de 1810. Démobilisée sous l'Empire, la marine était une arme bien moins dangereuse que le service par terre, tandis que les activités commerciales et de pêche demeuraient côtières : les marins estropiés cédèrent la place

8. Service Historique de la Défense, Rochefort, début de carrière sur le Registre des Mousses du quartier de Marennes (1764-1776) 10P3.1, f° 56, n° 54.

9. Comptages réalisés par BOYER, Grégory, *La Marine berckoise de Louis XIV à 1945 : vie et mort d'un port de pêche*, univ. du Littoral, thèse de doctorat en histoire, 2001. Ils donnent ainsi 86 matelots passés aux Invalides entre 1706 et 1789, mais seulement 8 admis à la demie solde, p. 67.

10. Service Historique de la Défense, Rochefort, début de carrière sur le Registre des Mousses du quartier de Marennes (1776-1790), 10P3.3, f° 154, n° 9.

aux « hors d'âge ». Enfin, le rétablissement des finances publiques permit assurément une meilleure indemnisation[11].

Cela n'empêchait nullement les retards de classement aux invalides, une habitude permanente depuis le XVIII$^e$ siècle[12]. Étienne Bertrand[13] (Marennes, né en 1777, inscrit de 1800 à 1844) fut ainsi « classé hors de service d'office au 3$^e$ trimestre 1843 » alors qu'il était entré dans sa 66$^e$ année! Encore n'était-il pas question, pour lui, de revendiquer un quelconque droit à la demi-solde... Techniquement, le classement dans les hors de service dépendait de deux types de facteurs, l'un structurel, l'autre conjoncturel. De la tenue « à jour » des registres du quartier découlait le recensement par le sous-commissaire aux classes des individus susceptibles d'être « passés aux H.S. ». Point noir, une interrogation de notre base de données fait apparaître la présence de 109 marins âgés de plus 50 ans à la fin de leur carrière mais n'ayant pas fait l'objet d'un classement aux H.S. Abus d'autorité de la part d'une marine à la recherche de matelots pour la flotte? Volonté des inscrits quinquagénaires de ne pas se rappeler au bon souvenir de l'inscription maritime dans des périodes troublées? C'est sous l'Empire et la Restauration que le phénomène a connu ses maxima. Au moment de leur cinquantième anniversaire, le statut des individus concernés fait apparaître tout un lot de situations ayant entraîné une amnésie administrative plus ou moins structurelle. L'inactivité prolongée de 25 des oubliés était à l'origine de leur absence des listes de H.S. On recense d'autre part 29 marins officiellement maintenus « sous les drapeaux » (13 au service, 8 en captivité et 8 employés aux passages d'eau ou aux tours de guet), que l'administration avait vraisemblablement oublié de rayer des actifs. Plus loin, 19 marins, patrons ou matelots des barques n'avaient peut-être pas jugé utile de se faire déclasser, à moins qu'en période de crise de l'État, l'administration n'ait montré que peu d'empressement à grossir les rangs des candidats à la demi-solde... Restés outre-mer sans avoir été considérés comme déserteurs, 8 quinquagénaires étaient loin du quartier. On comptait encore 8 gens de mer apparus sur les matricules après leurs 50 ans! Enfin, 15 titulaires de congés illimités ou définitifs – souvent pour cause de blessure – continuaient d'être classés aux matelots alors même qu'ils étaient *de facto* hors de service. Le passage aux hors de service n'était donc pas toujours accordé, souvent par négligence de l'administration et par ignorance des intéressés.

11. Des comptages réalisés par sondages chronologiques dans les matricules ont permis d'enregistrer le même phénomène et de le mesurer. Dans le Calvados, Dominique Briand a compté 6 % de demi soldiers parmi les H.S. en 1817, mais 31 % en 1845 et 38 % en 1857 (*Hommes et navires de la région de Caen-Courseulles (1816-1861)*, univ. Caen, mémoire de maîtrise, 1983, p. 115).

12. Grégory Boyer cite le cas de Claude Dez (Service Historique de la Défense, Cherbourg 2P2.21) inscrit à la demie solde en juin 1754, alors qu'il est décédé depuis avril, ce qui illustre bien le fait que les délais de classement étaient parfois très longs (*La marine berckoise de Louis XIV à 1945..., op. cit.*).

13. Service Historique de la Défense, Rochefort, début de carrière sur le Registre des Novices du quartier de Marennes (an XII-1815), 10P3.20, f° 22, n° 243.

De manière plus conjoncturelle, la décision de classement était souvent retenue à l'échelon du quartier et ne se débloquait qu'à la faveur d'un événement exceptionnel. Cela pouvait venir d'une revue d'effectif dirigée par un inspecteur. En octobre-novembre 1803, le général Cambis, nommé par Napoléon à la tête de la réforme des Équipages permanents, présida une revue dans le quartier et procéda au classement de 47 individus aux H.S. En juillet 1810, l'inspecteur des classes Dupéreau distinguait à son tour 15 marins. L'habitude perdura après 1815. Par exemple, l'inspecteur Gachot exempta 31 marins durant la seule journée du 20 septembre 1816, le contre-amiral Baudin fit de même avec 20 inscrits le 1^er^ avril 1823. À côté des revues d'effectif, les levées donnaient aux services de santé l'occasion d'exempter nombre d'individus. En septembre 1789, le chirurgien de la marine Vénot déclarait H.S. 6 marins et, en mars 1793, le chirurgien major de la marine Clémot en « réformait » 6 autres. C'est un officier de santé qui procédait à la revue du 1^er^ floréal an V (20 avril 1797), au sortir de la Terreur, il attribuait à 8 marins un « bulletin d'exemption définitive ». Le classement aux H.S. était donc la conséquence d'une décision de l'autorité centrale, sanitaire durant la Révolution, et de plus en plus administrative ensuite. Il faut noter qu'après la visite du contre-amiral Baudin, les classements aux H.S. se firent plus rigoureux et systématiques : l'individu était alors dit « porté aux H.S. sur décision de Son Excellence le Ministre de la Marine ». Avec la normalisation des critères d'accès aux H.S., les gens de mer finirent donc par être traités à égalité. Il n'empêche que l'examen des derniers classements des H.S. donne un avantage numérique aux « gradés » (52 %) sur les simples matelots. Nulle discrimination dans ce rapport mais plutôt l'illustration nette d'une situation sociale incertaine pour les matelots, plus exposés aux risques de la navigation, en temps de paix comme en temps de guerre. Il en résultait une espérance de vie moindre et la disparition de nombreux « prolétaires de la voile » bien avant l'âge légal de la retraite.

La discrimination était ailleurs, dans l'octroi de la demi-solde à 179 individus (39,7 % des H.S.) notamment. Un matelot H.S. sur six environ touchait finalement une pension. Du côté de ceux qui s'étaient distingués au service, comme gabier ou par un « grade » d'officier marinier, la proportion s'élevait à la moitié. Ainsi, les résultats des savants décomptes de la caisse des invalides étaient-ils en conformité avec ceux du tableau d'avancement militaire, sanctionné par le classement. La prime au patriotisme était évidente dans la mesure où les services de l'État étaient affectés d'un coefficient 1,5 dans les décomptes qui n'associaient aux navigations civiles (commerce, pêche et pilotage) qu'un coefficient 0,5. Étudié dans le quartier d'Auray, à la fin du XIX^e^ siècle, le même phénomène touchait les matelots H.S., dont seulement 21 % percevaient la demi-solde[14].

14. AULARD, Patricia, *Mobilité et adaptation chez les inscrits maritimes des Quartiers de Vannes et Auray dans la 2^nde^ moitié du XIX^e^ siècle*, univ. Rennes II, mémoire de DEA, 1995, présente ces résultats en se basant sur le registre 6P2.27 des Hors de Service et Pensionnés du Quartier d'Auray (1876-1883). Assortie d'un récapitulatif des services,

**Figure 3 – *Classement d'origine des invalides***

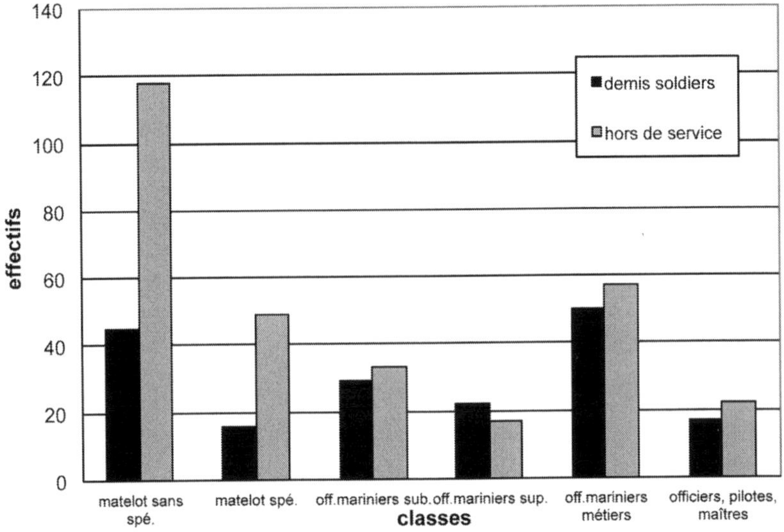


Deux marins de l'Éguille peuvent servir à illustrer la barrière séparant H.S. et demi-soldiers. Clément Chemin[15] (L'Éguille, né en 1810, inscrit de 1819 à 1865) et Laga Chardavoine[16] (L'Éguille, né en 1810, inscrit de 1820 à 1865) sont deux contemporains, nés la même année, dans deux familles de pêcheurs d'estuaire. Ils ont débuté leur carrière comme mousses, très jeunes, comme l'autorisait l'apprentissage sur la barque familiale et dans les eaux calmes de la Seudre et comme le commandait le souci de leur éviter le service dans la Grande Armée, en faisant d'eux, au plus tôt, de vrais et incontestables inscrits maritimes. Ils sont ensuite passés matelots, le premier dans sa 19e année, le second dans sa 20e. Patrons de barque vers 27 ans pour Clément, vers 34 ans pour Laga, ils passèrent tous les deux H.S. par décision ministérielle, début décembre 1860, dans leur 50e année. Semblables, leurs carrières ne débouchèrent cependant pas sur un même droit à une pension. Tout en ayant travaillé davantage – enrôlé 91,6 % du temps – que Laga Chardavoine (85,5 %), Clément Chemin ne fut pas admis à la demi-solde. À y regarder de plus près, ce qui fit pencher la balance du côté du moins actif, ce fut la durée passée au service (77 mois contre 69). Affecté du coefficient 1,5 pour le calcul des pensions (contre 0,5 pour les autres navigations), le service crédita Laga Chardavoine de 325 mois alors

cette matricule permet de séparer les H.S. en trois catégories : les demi-soldiers, les H.S. qui naviguent en vue de compléter leurs services, et une catégorie apostillée « n'auront jamais le temps », p. 173.

15. Service Historique de la Défense, Rochefort, début de carrière sur le Registre des Mousses du quartier de Marennes (1815-1825) 10P3.27, f° 13, n° 102.

16. *Idem*, 10P3.27, f° 15, n° 119.

que Clément Chemin n'afficha que 299 mois. Résultat ? Laga fut admis à la demi-solde le 5 mars 1861 tandis que Clément n'y eut pas droit. Sous le second Empire, le seuil d'admission aux demi-soldiers tournait donc autour des 300 mois – comptables – de service, sans possibilité de faire prendre en compte les navigations ultérieures[17]. La gestion du dossier des invalides à Marennes était-elle représentative de la mise en œuvre de la politique sociale de la marine aux différentes époques ? Il semble qu'un peu plus de 80 % des ayants droit[18] étaient versés aux H.S., les autres devenant H.S. *de facto*, sans faire l'objet d'une inscription particulière. Parmi les H.S. *de jure*, un peu moins de 40 % de demi-soldiers devaient finalement être inscrits sur les listes de pensionnés, dans un apparent respect des critères de service. Cependant, comme partout sur le littoral[19], la demi-solde était irrégulièrement versée et ce problème occupa la majeure partie de la correspondance au départ du bureau de Marennes[20]. Les opérations de versement de 1797 donnent une idée des difficultés en cas de crise : le 3 prairial an V (22 mai 1797), le sous-commissaire Josse informa les syndics de La Tremblade, Chaillevette et Saujon que la demi-solde du premier semestre était à la disposition des invalides au bureau. Cependant, le 28 novembre, Josse alerta l'ordonnateur de la marine[21] que « les 4000 livres [*sic*] envoyées [étaient] insuffisantes pour payer les demi-soldes promises aux invalides ». Il semble que l'indemnisation du second semestre ait été plus difficile à honorer, puisqu'une nouvelle requête fut envoyée à Rochefort en ce sens, le 28 décembre... Cet exemple suffit à démontrer que les secours étaient trop faibles et irréguliers pour faire subsister l'invalide et sa famille.

## Faiblesse des pensions, poursuite de la navigation

Pour 227 marins « versés » aux H.S. – 50,3 % des retraités/infirmes –, la poursuite d'une activité professionnelle était finalement inévitable. Les registres matricules du quartier révèlent 1678 enrôlements réalisés par ces retraités, soit 7,4 par marin. La structure des activités laisse la part belle aux petites navigations (96 %), même si quelques individus ne renonçaient pas au long cours (12 marins) ou au service « de bonne volonté » (18). Limitées aux mers bordières de la Seudre, les activités l'étaient aussi dans le temps puisque plus de la moitié des H.S. ne réalisaient pas plus de 5 campagnes de pêche ou transport tandis que les H.S. ayant réalisé de 6 à

17. Ce que la III^e^ République semble avoir autorisé suivant Patricia Aulard (*Mobilité et adaptation chez les inscrits maritimes des Quartiers de Vannes et Auray... op. cit.*, p. 173).

18. On entend par cette expression les « estropiés » et autres « hors d'âge », âgés de plus de 50 ans aux termes des règlements postérieurs à la loi du 3 brumaire an IV (25 octobre 1795).

19. Grégory Boyer indique que « cette demi-solde pouvait parfois mettre des années avant de parvenir aux matelots » (*La Marine berckoise de Louis XIV à 1945... op. cit.*, p. 67).

20. Service Historique de la Défense, Rochefort. Correspondance au départ du bureau de l'Inscription Maritime de Marennes, 10P2.1 (pluviose an V à thermidor an VIII) et 10P2.2 (thermidor an VIII à 1810).

21. Successeur révolutionnaire de l'intendant de marine avant l'installation d'un préfet.

10 voyages constituaient 25 % de l'effectif. Seul un petit quart des retraités avaient donc une activité prolongée. Un créneau existait sur le marché pour ces invalides, en rapport avec leurs compétences, puisque 74,8 % des enrôlements l'étaient comme patron de barque. Cette tendance était d'ailleurs accentuée chez les titulaires de plus de 10 campagnes qui étaient patrons sur 90,3 % des rôles. Avec une moyenne d'âge à l'entrée établie à 48 ans et une disparition des registres à l'âge moyen de 62 ans, c'étaient en fait 14 années dont disposait, statistiquement, chaque invalide pour continuer à naviguer. Cette moyenne recouvrait bien une réalité pour 50,6 % des invalides, ceux qui étaient entrés à 49 ou 50 ans aux hors de service et qui avaient pu poursuivre leur carrière entre 10 et 20 ans. Versés aux H.S. à un âge moyen ne dépassant pas 47 ans, pour l'autre moitié, les invalides, les plus jeunes, adoptaient des profils diamétralement opposés.

**Figure 4 – *Navigations des H.S.***

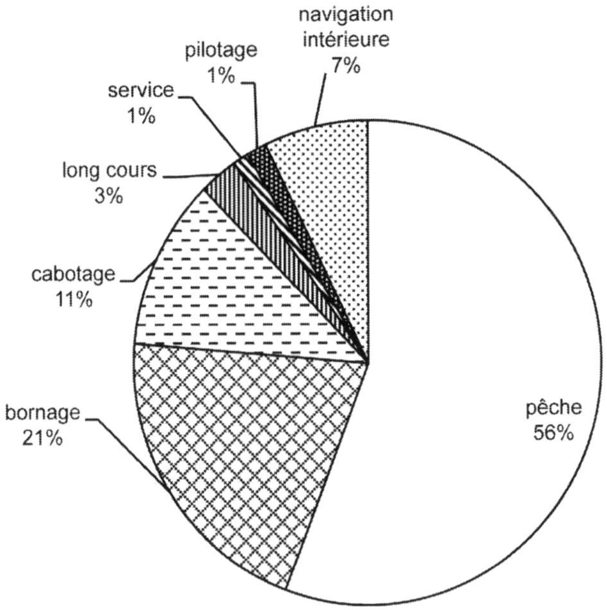


Pour 28,5 % l'expérience ne se poursuivait pas au-delà de la cinquième année, tandis qu'à l'inverse 20,9 % prolongeaient leurs activités au-delà de la 20e année. Versés aux invalides pour raisons médicales, les sujets les plus jeunes qui survivaient à leur pathologie avaient une espérance de vie prolongée : leur disparition des matricules intervenait à 73 ans en moyenne. Pierre Hervé[22] (Chaillevette, né en 1747, inscrit de 1769 à 1775) fut versé aux H.S. le 1er mai 1775, avec l'apostille « hors d'état de naviguer et de gagner sa vie, a les jambes perdues ». Dans son cas, le pronostic était tristement exact et sa jeunesse (28 ans) n'empêchait pas une inactivité immédiate et définitive. À l'inverse, H.S. à 28 ans lui aussi, Jean Baptiste Tuloup[23] (Marennes, né en 1776, inscrit de 1788 à 1834) malgré l'apostille du port de Toulon, « pied droit écrasé et par suite des dépôts à la jambe, gêne des mouvements », navigua de 1803 à 1834 à la petite pêche et au bornage. La condition d'invalide, pensionné ou non, était donc très variable en fonction des circonstances de passage aux hors de service. Si tous les marins exempts du service étaient placés devant l'impératif économique de poursuivre la navigation pour gagner de quoi subsister, tous n'étaient pas en état de le faire. La moitié des invalides, les exemptés car « hors d'âge », avaient encore quelques forces et un savoir-faire à mettre au service des barques du quartier. Les plus jeunes, versés aux H.S. sur blessure ou maladie, ne purent envisager de poursuivre leur activité professionnelle qu'au terme d'une convalescence réussie. Sur cinq estropiés, seuls deux pouvaient, avec le temps, reprendre une activité professionnelle comme matelot ou patron de barque et la prolonger aussi longtemps que leur âge le leur permettait. La majeure partie des réformés n'était cependant plus apte à aucun type de navigation et ces hommes quittaient aussitôt le métier. Eu égard à la faiblesse de leurs services et au caractère mal défini de leur pathologie, ils recevaient le secours d'une demi-solde dans un tiers des cas seulement.

Le bureau des classes de Marennes offre donc un exemple de traitement de la question des invalides entre la fin du XVIIIe et le XIXe siècle. Avec 20 % de gens de mer classés, finalement versés aux hors de service (451 sur 2 325), la Saintonge ne se démarquait pas de la Manche orientale (Cherbourg, Caen, Berck). La croissance de la proportion de demi-soldiers parmi les H.S. (39,7 %) était tout aussi comparable aux quartiers de référence : 10 % sous l'Ancien Régime jusqu'à 50 % au milieu du XIXe siècle. Cependant, le recours à la prosopographie permet de faire apparaître un groupe de marins – 109 – « hors d'âge » n'ayant été versés ni aux H.S. ni à la demi-solde. Parmi les gens de mer âgés, on comptait finalement un « exclu » pour quatre H.S. Sans établir clairement les responsabilités de cette omission, il convient finalement d'en relativiser la portée : ces marins profitaient *de facto* d'une situation d'exemption. Au reste, tous les hors de service, y compris ceux qui percevaient – avec difficulté – la demi-solde, devaient poursuivre une activité autant que leur santé le leur permettait. Tous n'étaient d'ailleurs pas des marins « hors d'âge » puisque de la cohorte 1760-1825, sortirent 157 « estropiés » et autres « malades » âgés de moins de 50 ans. La période

22. Service Historique de la Défense, Rochefort, début de carrière sur le Registre des Novices du quartier de Marennes (1764-1790), 10P3.4, f° 156, n° 26.

23. Service Historique de la Défense, Rochefort, début de carrière sur le Registre des Officiers mariniers et matelots du quartier de Marennes (1796-an XII), 10P3.18, f° 41, n° 60.

révolutionnaire et l'Empire virent se multiplier ces incidents de parcours. Le diagnostic médical et son pronostic étaient assez sûrs pour que trois exemptés sur cinq disparaissent du métier, incapables de naviguer davantage. Centrée sur les barques du quartier, une retraite active attendait les rescapés : c'est en septuagénaires qu'ils mettaient finalement sac à terre. Elle était aussi le lot commun des inscrits hors d'âge, versés aux H.S. La petite pêche et les navigations à très faible rayon d'action (bornage, navigation intérieure) constituaient l'essentiel de leurs activités. Sur le rôle d'armement, l'inscrit H.S. était embarqué comme patron trois fois sur quatre. Ce recours systématique à la navigation mettait finalement en lumière les limites d'un système de protection sociale unique en son genre dans la société d'Ancien Régime et du premier XIX$^{e}$ siècle. Plus qu'un droit au repos après des années de labeur, la demi-solde était une sorte de gratification patriotique, dans la mesure où elle s'adressait en priorité aux individus ayant servi l'État. Pour la minorité qui touchait cette demi-solde, ce revenu minimum était insuffisant et nécessitait la poursuite d'une activité normale. Exemple de privilège maintenu et développé au-delà de l'Ancien Régime, l'institution des invalides de la marine a finalement permis aux membres les plus âgés de la population maritime de subsister, en leur donnant les moyens de poursuivre leurs activités au milieu des gens de mer classés. Elle était exemplaire d'une modernité réelle de l'institution maritime. Elle a inauguré les pratiques de répartition ou de solidarité entre caisses, entre régions, finalement entre générations, toutes choses constitutives d'une citoyenneté sociale adossée à un État Providence que l'on croirait à tort inventé au XX$^{e}$ siècle.

•

Relevant du privilège d'Ancien Régime, le statut d'invalide de la marine a évolué au gré des régimes politiques. La loi instituant l'inscription maritime (3 brumaire an IV) sur des critères de plus en plus objectifs et comptables abolit bien le fait du prince pour l'attribution des exemptions de service et la demi-solde. Si 451 inscrits marennais purent finalement bénéficier de l'exemption de service, seuls 179 d'entre eux bénéficièrent de l'octroi d'une demi-solde pour retraite. Pour les classes du quartier de Marennes, dont le centre de gravité se faisait plus populaire au XIX$^{e}$ siècle, le bilan de la politique sociale de la marine apparaît cependant contrasté. En effet, seuls 20 % des gens de mer classés accédèrent aux hors de service et parmi eux, pas plus de 40 % finirent pensionnés. Seule la poursuite d'une activité professionnelle pouvait permettre aux invalides de subsister. Issus de la bourgeoisie ou des couches populaires de la société maritime, les gens de mer du quartier ont donc pris part à la gestation d'une institution contemporaine, née sous la monarchie absolue. La prosopographie d'un petit peuple de marins ruraux en illustre quelques caractères. Le destin des gens de mer inscrits entre 1760 et 1825 à Marennes est significatif d'une évolution vers un système de protection sociale contemporain. Des progrès ont été enregistrés dans le respect de règles de plus en plus transparentes pour le passage aux hors de service. Simultanément, le pourcentage de marins admis à la demi-solde ne cessa de croître, préfigurant un souci de protection sociale croissant des autorités[24]. Dans le quartier de Marennes, l'invalide semble avoir préfiguré les premiers développements d'un embryon de citoyenneté sociale. Ainsi, au début du Second Empire, les promesses sociales de l'Ancien Régime paraissent enfin tenues. Suit immédiatement une période de turbulences, lorsque Napoléon III fait basculer la France dans une ère libérale et industrielle. À bord, la motorisation de la marine marchande et la professionnalisation de la marine de guerre entraînent une dévalorisation du personnel issu de l'inscription maritime, matelots des navigations et pêches côtières en majorité. Devenus moins nécessaires à l'économie de la défense nationale, ces gens de mer se retrouvent accusés de profiter du système des invalides, sans assumer les charges du service militaire telles que les avait définies Colbert. Pourtant tant décriés, ces modestes acteurs sont à l'origine du rebond de l'économie maritime à Marennes, avec le développement de l'ostréiculture dont la valeur ajoutée redonna un nouveau souffle à l'institution des invalides, au XX^e^ siècle[25].

24. Le mouvement mutualiste est impulsé par un décret de Louis Napoléon en 1852 (Toucas, Patricia, « Solidarité mutualiste et prévoyance maritime sur le littoral charentais aux XIX^e^ et XX^e^siècles », dans Actes de la *Table ronde du Centre de Recherche sur les Sociétés Littorales du Ponant*, Lorient, janv. 1995).

25. À Marennes, on peut ainsi reconnaître la validité de l'analyse menée en Bretagne-sud autour des économies sardinière et ostréicole par Le Bouëdec, Gérard, Le Hunsec, Mathieu et Malonda, Frédéric, « Les inscrits à la petite pêche et leur rapport au service de la Marine : l'exemple de la Bretagne-sud au XIX^e^ siècle », dans Le Bouëdec, Gérard (dir.), *Histoire du cabotage européen aux XVI^e^ et XIX^e^ siècles*, PUPS, *Revue d'Histoire Maritime*, n° 8, 2008, p. 187-205.

**RÉSUMÉ**

**Pendant le règne de Louis XIV, la monarchie française essaie de mettre en place un nouveau système de recrutement des marins de la flotte de guerre : le système des classes. Les marins résistent à ce projet et Colbert doit leur offrir des contreparties. Parmi elles, figure l'institution des invalides, pour les marins âgés ou blessés. Alimentée par des cotisations sur les salaires des pêcheurs et des matelots du commerce, une caisse organise les secours pour les invalides. En suivant les générations de marins inscrits dans le quartier de Marennes (France, Charente-maritime) entre 1760 et 1825, cette communication montre qu'il a fallu attendre plus d'un siècle pour voir cette organisation fonctionner correctement, à la veille de la Révolution. Au XIX<sup>e</sup> siècle, la croissance des pêches et des navigations côtières permet l'attribution de secours à ceux qui en ont besoin, avant une remise en question à la fin du siècle.**

*ABSTRACT*

*During the reign of Louis XIV, the French monarchy tried to implement a new system of recruitment for seamen of the fleet: the class system. Sailors opposed this project and Colbert was forced to offer some concessions in return. Among them, was the institution of the "invalides", for old or injured sailors. Underwritten by contributions taken from the wages of fishermen and sailors engaging in trade, the fund organised support for the retired seamen. By documenting the generations of sailors registered in the district of Marennes (France, Charente-Maritime) between 1760 and 1825, this paper shows that it took over a century for this organisation to be run correctly and was effective only shortly before the Revolution. In the nineteenth century, the growth of fisheries and coastal navigation allowed relief to be granted to those in need, though this was increasingly challenged by the end of the century.*

# La mutualisation des risques et ses effets sur le fonctionnement des gouvernements des villes côtières portugaises au Moyen Âge

Mário FARELO

Docteur en histoire médiévale, chercheur membre de l'Instituto de Estudos Medievais – Universidade Nova de Lisboa

Les Portugais ont, au Moyen Âge, tout à la fois recherché et craint la mer. L'océan fut très tôt un espace de travail, pour les pêcheurs d'abord, mais aussi pour les professionnels du transport, dès lors que le commerce dans et hors du royaume s'intensifia. La pêche s'est imposée comme une activité essentielle. Si l'importance des captures fluviales ne doit pas être sous-estimée[1], les espèces marines – comme la sardine – formaient une part essentielle du régime alimentaire des populations lusitaniennes, non seulement dans les villages (*póvoas marítimas*) et les villes du littoral, mais aussi chez les gens de l'intérieur. Le poisson frais était acheminé quotidiennement vers l'*hinterland* par les routes et les fleuves[2]. L'océan et ses ressources constituaient donc une opportunité et une richesse potentielle pour les communautés littorales, comme d'ailleurs pour la Couronne qui ne cessa de promouvoir mais aussi d'imposer fiscalement les activités liées à la mer. Toutefois, l'océan restait une source de craintes : peur des dangers naturels de la mer (naufrages, pertes de vies et de biens...) ; peur des agressions par voie maritime (les Musulmans infestent jusque très tard les eaux portugaises, puis la course et la piraterie des autres nations européennes constituent un danger récurrent)[3]; peur enfin de périls imaginaires incarnés dans des créatures

1. L'étude fondamentale sur cette question demeure celle de CRUZ COELHO, Maria Helena da, « A Pesca Fluvial na Economia e Sociedade Medieval Portuguesa », *Cadernos Históricos*, n° 6, 1992, p. 81-102.

2. Un exemple parmi beaucoup d'autres, les marchands de Santarém venaient chaque jour chercher des sardines à Lisbonne. Arquivo Nacional da Torre do Tombo, *Chancelaria de D. Dinis,* liv. 3, f° 125 v°-126 v° (1318).

3. Ce n'est pas un hasard si, encore en 1294, le roi Denis Ier décide de construire une muraille à Lisbonne pour protéger en premier lieu la Rue Nouvelle et les équipements ser-

fantastiques et maléfiques, souvent imaginées à partir d'animaux réels[4]. Face à cette somme d'aléas, les gens de la mer recherchèrent la protection des autorités civiles et spirituelles. Nous laisserons de côté les secondes[5] pour nous centrer sur les premières dans la présente étude.

La première information relative à une protection collective du trafic maritime lusitanien apparaît dans un document de la fin du XIII^e^ siècle. Le Portugal connaissait alors une période d'expansion commerciale. Cette croissance, soutenue par la Couronne qui ne ménageait pas ses efforts pour privilégier les agents et les intérêts portugais, nécessitait l'injection de capitaux importants. Mais les marchands portugais devaient faire face sur ce terrain à la concurrence des compagnies italiennes et des autres négociants ibériques qui bénéficiaient eux aussi de privilèges consentis par la royauté. Ce problème ne cessa pas d'occuper les marchands portugais durant les deux derniers siècles du Moyen Âge. Ils devaient défendre leurs prérogatives tout en surveillant l'évolution des privilèges accordés à leurs concurrents étrangers. Il leur fallait aussi aller à la conquête des marchés ibériques et européens. Par voie de conséquence, l'internalisation du commerce portugais favorisa le développement de formes d'entraide et de solidarité entre les marchands[6].

---

vant aux activités maritimes. L'activité des corsaires étrangers au Portugal a été étudiée pour le XV^e^ siècle par MORAIS BARROS, Amândio Jorge, « O Porto contra os corsários (a expedição de 1469) », *Revista da Faculdade de Letras. História,* 3^e^ serie, vol. 1, 2000, p. 11-27.

4. LOPES, Paulo, *O Medo do Mar nos Descobrimentos: representações do fantástico e dos medos marinhos n° final da Idade Média*, Lisbonne, Tribuna da História, 2009.

5. Sur la religiosité des marins portugais au Moyen Âge, voir MORAIS BARROS, Amândio Jorge, « Entre a perdição e a salvação : a religiosidade dos mareantes portugueses na Idade Média e na época Moderna », dans MELONI, Maria Giuseppina et SCHENA, Olivetta (dir.), *Culti, santuari, pellegrinaggi in Sardegna e nella Penisola Iberica tra medioevo ed età contemporanea,* Cagliari, CNR/Istituto di Storia dell'Europa Mediterranea, 2006, p. 371-408; DIAS, José, « A religião dos pescadores portugueses », *Oceanos,* n° 47-48, 2002, p. 94-112. Les confréries de mariniers étaient aussi très présentes dans la procession du *Corpus Christi,* comme le soutient MORAIS BARROS, Amândio Jorge, « S. Pedro de Miragaia : uma confraria de gentes do mar do Porto n° século XV », *Actas do Congresso Internacional « Bartolomeu Dias e a sua época »,* vol. IV, Porto, Universidade do Porto – Comissão Nacional para as Comemorações dos Descobrimentos Portugueses, 1989, p. 301-310; « A procissão do Corpo de Deus do Porto nos séculos XV e XVI : a participação de uma confraria », *Revista da Faculdade de Letras. História,* 2^e^ série, vol. 10, 1993, p. 117-136. La participation des pêcheurs à la procession du Corps de Dieu à Lisbonne est connue par un document de 1474. Arquivo Nacional da Torre do Tombo, *Leitura Nova. Livro 4º da Estremadura*, f° 10.

6. Le commerce portugais avec le nord de l'Europe au Moyen Âge a été traité en particulier par OLIVEIRA MARQUES, António Henrique de, « Notas para a História da Feitoria Portuguesa na Flandres, n° século XV », *Ensaios de História Medieval Portuguesa*, 2^e^ édition, Lisbonne, Vega, 1980, p. 159-193; *Hansa e Portugal na Idade Média*, Lisbonne, Editorial Presença, 1993; VERLINDEN, Charles, « Deux aspects de l'expansion commerciale du Portugal : Harfleur au XIV^e^ siècle, Middlebourg au XIV^e^ et XV^e^ siècles », *Revista Portuguesa de História,* n° 4, 1949, p. 169-209; « Draps des Pays-Bas et du Nord-Ouest de l'Europe au Portugal au XV^e^ siècle », *Anuario de Estudios Medievales,* n° 3, 1966, p. 235-261; PAVIOT, Jacques, *Portugal et Bourgogne au XV^e^ siècle : recueil de documents extraits des archives bourguignonnes*, Lisbonne-Paris, Fondation Calouste Gulbenkian – Centre

Ce sujet est d'un abord difficile compte tenu de la rareté des sources lusitaniennes qui se limitent à des documents normatifs : pour l'essentiel une documentation royale peu diserte sur la question et de rares archives de confréries. Ne disposant pas des protocoles notariaux[7], ni des comptabilités douanières centrales et locales, ni – ou bien très peu – de documents relatifs aux corporations, ni même de contrats de transport qui étaient souvent conclus par oral[8], c'est une ample panoplie de sources de la pratique

Culturel portugais, 1995; SHILLINGTON, Violet Mary, et CHAPMAN, Annie Beatrice, *The commercial relations of England and Portugal,* réimpression, New York, Burt Franklin, 1970; GEOUGE, Jennifer, « Anglo-Portuguese Trade during the Reign of João I of Portugal, 1385-1433 », dans BULLON-FERNANDES, María (dir.), *England and Iberia in the Middle Ages, 12th-15th century : cultural, literary, and political exchanges,* New York, Palgrave Macmillan, 2007, p. 119-134; CHILDS, Wendy, « Anglo-Portuguese Relations in the Fourteenth Century », dans : GILLESPIE, James (dir.), *The Age of Richard II,* New York, Palgrave Macmillan, 1997, p. 27-49; « Anglo-Portuguese Trade in the Fifteenth Century », *Transactions of the Royal Historical Society,* 6e série, n° 2, 1992, p. 195-219. Pour la Méditerranée voir notamment THEMUDO BARATA, Filipe, *Navegação, comércio e relações políticas : os portugueses n° Mediterrâneo ocidental (1385-1466),* Lisbonne, Fundação Calouste Gulbenkian, 1998; ADÃO DA FONSECA, Luís, *Navegación y corso en el Mediterraneo occidental. Los portugueses a mediados del siglo XV,* Pampelune, Ediciones Universidad de Navarra, 1978; « Portugal e o Mediterrâneo n° final da Idade Média : uma visão de conjunto », dans : ADÃO DA FONSECA, Luís et CADEDDU, Maria-Eugenia (dir.), *Portogallo mediterraneo,* Cagliari, Consiglio Nazionale delle Ricerche, 2001, p. 13-25; « As relações comerciais entre Portugal e os reinos peninsulares nos séculos XIV e XV », *Actas das II Jornadas luso-espanholas de História Medieval,* vol. III, Porto, Centro de História da Universidade de Porto, 1987, p. 541-561; RAU, Virgínia, *Portugal e o Mediterrâneo século XV. Alguns aspectos diplomáticos e económicos das relações com a Itália,* Lisbonne, Centro de Estudos de Marinha, 1973; BERTI, Marcello, « Le aziende da Colle: une finestra sulle relazioni commerciali tra la Toscana ed il Portugallo a metà del Quattrocento », *Toscana e Portogallo. Miscellane storica del 650° anniversario dello Studio Generale di Pisa,* Pisa, ETS, 1994, p. 57-105; MUÑOZ POMER, María Rosa, NAVARRO ESPINACH, German et IGUAL LUÍS, David, « El comercio portugués en el Mediterráneo occidental durante la Baja Edad Media », dans GONZÁLEZ JIMÉNEZ, Manuel et MONTES ROMERO-CAMACHO, Isabel (dir.), *La Península Ibérica entre el Mediterráneo y el Atlántico. Siglos XIII-XV,* Sevilla-Cadíz, Diputación de Cádiz-Sociedad Española de Estudios Medievales, 2006, p. 73-81; HINOJOSA MONTALVO, José, « De Valencia a Portugal y Flandres. Relaciones durante la Edad Media », *Anales de la Universidad de Alicante. Historia Medieval,* n° 1, 1982, p. 149-168. En ce qui concerne les synthèses, le manque de recherche fondamentale impose le recours à GAMA BARROS, Henrique da, *História da Administração Pública em Portugal nos séculos XIII a XV,* édition annotée par Torquato Sousa Soares, vol. IX-X, Lisbonne, Livraria Sá da Costa, 1950-1954; OLIVEIRA MARQUES, António Henrique de, *Portugal na crise dos séculos XIV e XV,* Lisbonne, Editorial Presença, 1987, p. 150-180.

7. Ceux-ci sont pourtant souvent mentionnés dans la documentation de l'époque. Le plus ancien registre conservé est celui d'Antão Diiz, allant d'août 1473 à août 1474 (CRUZ COELHO, Maria Helena da, « Os tabeliães em Portugal. Perfil profissional e sócio-económico (sécs. XIV-XV) », *Historia. Instituciones. Documentos,* n° 23, 1996, p. 173-211; étude mise à jour dans *Estudos de Diplomática Portuguesa,* Lisboa, Edições Colibri - Faculdade de Letras a Universidade de Coimbra, 2001, p. 93-137; AGUIAR ANDRADE, Amélia, « A estratégia régia em relação aos portos marítimos n° Portugal medieval: o caso da fachada atlântica », dans : ARÍZAGA BOLUMBURU, Beatriz et SOLORZÁNO TELECHEA, José Ángel [dir.], *Ciudades y villas portuárias del Atlântico en la Edad Media. Nájera. Encuentros Internacionales del Medievo. Actas,* Logroño, Instituto de Estudios Riojanos, 2005, p. 58).

8. VERA-CRUZ PINTO, Eduardo, « Os Seguros Marítimos nas Rotas Portuguesas do Ultramar : Uma perspectiva Histórico-Jurídica (Século XV-XVI) », *Revista da Faculdade de*

qui ne peut pas être mise à contribution. Cette pénurie documentaire limite considérablement notre connaissance des risques maritimes pesant sur l'activité commerciale et déforme nécessairement l'image que nous pouvons en avoir. Si nous disposons de rares informations sur l'assurance maritime, les données sont un peu plus nombreuses et précises pour les pratiques de type mutualiste et les solidarités horizontales. Nous en sommes réduits, par conséquent, à centrer davantage l'analyse sur ces dernières.

S'agissant des assurances, les contacts noués avec les marchands étrangers, dans et hors du Portugal, laissent à penser que les négociants lusitaniens étaient au fait des techniques commerciales les plus avancées au sein de la Chrétienté. La démonstration en a déjà été faite à propos du crédit[9]. Les affréteurs avaient aussi l'habitude d'expédier leurs denrées en les répartissant entre plusieurs navires. L'étude de rares testaments de marchands laisse même apparaître l'usage de la parsonnerie[10]. Certains auteurs soutiennent aussi l'idée de l'existence au Portugal du *resseguro* (réassurance), pratique consistant à partager les risques entre divers assureurs. Assurance et réassurance auraient donc été des pratiques beaucoup plus courantes que la médiocrité des sources ne le laisse entrevoir. Ce mode de compensation des risques maritimes ne se substituait toutefois pas au mutualisme, que l'historiographie considère comme une forme de pré-assurance[11]. S'agissant du cas portugais, ce type de solidarité s'exerçait au sein de deux institutions totalement distinctes, disposant chacune d'une organisation propre, poursuivant des objectifs différents et entretenant des relations singulières avec les pouvoirs établis : les caisses communes des marchands (*Bolsa dos mercadores*) d'une part, d'autre part, les dispositifs d'assistance mutuelle promus par diverses associations urbaines à but caritatif, connues sous les appellations de confréries et d'hôpitaux de marchands, dont certaines s'étendaient aux pêcheurs et aux marins.

## Les caisses communes

Les caisses communes représentaient une forme de mutualisation très répandue au Portugal à la fin du Moyen Âge. Elles fonctionnaient à partir

---

*Direito da Universidade de Lisboa*, vol. XXXIX, n° 1, 1998, p. 260. Une loi du roi Ferdinand Ier sur la preuve des contrats, datée de 1379, ordonne qu'il ne soit pas obligé de consigner par écrit les ventes et les achats de marchandises entre les étrangers et les Portugais lorsque celles-ci sont faites par l'intermédiaire de courtiers. *Ordenações do Senhor Rey D. Affonso V*, vol. III, Lisbonne, Fundação Calouste Gulbenkian, 1984, p. 179.

9. Themudo Barata, Francisco, « Negócios e crédito : complexidade e flexibilidade das práticas creditícias (século xv) », *Análise Social*, vol. xxxi, n° 136-137, 1996, p. 683-709.

10. Oliveira Marques, António Henrique de, *Portugal na crise dos séculos xiv e xv*, *op. cit.*, p. 174-177. Il arrivait aussi qu'une même personne assure tous les navires provenant d'un même port, comme en témoigne une lettre de pardon d'Alphonse V destinée à Diogo Álvares Pinto. Arquivo Nacional da Torre do Tombo, *Chancelaria de D. Afonso V*, liv. 21, f° 38 v°-39.

11. Oliveira Marques, António Henrique de, *Para a história dos seguros em Portugal. Notas e documentos*, Lisbonne, Arcádia, 1977, p. 16.

de mises de fonds effectuées par les municipalités[12] ou des groupements professionnels qui cherchaient par ce moyen à protéger leurs membres[13]. La contribution à ces caisses était devenue obligatoire comme l'indique *a contrario* la documentation royale relative à des exemptions individuelles ou collectives. À partir de la deuxième moitié du XV^e^ siècle, on pouvait être dispensé de contribuer à ces caisses au même titre que la monarchie exemptait de certaines charges municipales : paiement d'impôts, prêt ou transport d'argent, surveillance des prisonniers, tutelle et curatelle des orphelins, charge d'arbalétrier municipal, service sur les vaisseaux du roi, participation aux milices municipales, obligation de détenir un cheval et des armes, ou de donner le gîte et le couvert, etc.[14].

Ce type de mutualisation semble avoir été précoce parmi les gens de mer. En 1293, le roi Denis I^er^ (1279-1325) confirma le règlement municipal (*postura*) des marchands portugais qui créait une caisse commune ayant pour but de couvrir leurs investissements commerciaux en Normandie, en Angleterre, en Flandres et dans le nord-ouest de la France (Bretagne et La Rochelle). Les paiements, obligatoires, étaient répartis en deux catégories : les propriétaires de navires de plus de cent tonneaux devaient payer 20 sous sterling, tandis que les autres acquittaient seulement la moitié. Les sommes provenant de ces impositions devaient être placées en Flandres, lorsqu'elles atteignaient cent marcs d'argent en métal (ou 23 kilogrammes), tandis que le surplus était conservé au Portugal où les marchands décidaient de la meilleure façon de l'employer[15].

Malheureusement nous perdons très vite la trace de cette bourse, créée au temps de Denis I^er^. En témoignant de la vitalité du commerce portugais avec la Chrétienté septentrionale, elle a probablement permis en outre le développement de caisses « plus régionales » centrées autour des communautés marchandes des villes portuaires, dont les plus actives étaient Lisbonne et Porto[16]. Tout en demeurant des institutions visant à couvrir les dépenses de construction de navires et à recouvrer les sommes engagées en cas de saisie des nefs ou de perte suite à un accident survenu en cours de route[17], elles servirent également à défendre les intérêts de

12. Les bourses constituées par les municipalités sont présentes dans la documentation du règne d'Alphonse V (Arquivo Nacional da Torre do Tombo, *Chancelaria de D. Afonso V*, liv. 9, f° 15-15 v° ; liv. 2, f° 28 v°-29 v°; liv. 34, f° 61 ; liv. 12, f° 43).

13. Tel est le cas des hommes chargés de la surveillance des bois (*monteiros*). Arquivo Nacional da Torre do Tombo, liv. 34, f° 203 (1450).

14. Arquivo Nacional da Torre do Tombo, liv. 10, f° 55 (1454).

15. Ceux qui ne respectaient pas ce règlement municipal (*postura*) encouraient une amende de dix livres. *Descobrimentos portugueses. Documentos para a sua história*, édité par SILVA MARQUES, João Martins da, vol. I, Lisbonne, INIC, 1944, p. 21-22, n° 29.

16. L'existence d'une caisse créée par la municipalité de Setúbal (OLIVEIRA MARQUES, António Henrique de, *Para a história dos seguros em* Portugal, *op. cit.*, p. 27 ; *Descobrimentos Portugueses,* Suplemento ao vol. I, p. 336) laisse entendre que la méthode a pu s'appliquer à d'autres ports portugais.

17. *Descobrimentos Portugueses*, vol. I, p. 207-208 et 611-612 ; GAMA BARROS, Henrique da, *História da Administração Pública em Portugal nos séculos XIII a XV, op. cit.*, vol. X, p. 358.

leurs membres. L'exemple habituellement mis en avant est leur capacité à représenter les intérêts portugais lors des accords commerciaux signés avec l'Angleterre en 1352 et 1353 au nom des « communautés de la marine des cités et villes maritimes du Portugal[18] ».

Les divers fléaux de la deuxième moitié du XIV^e^ siècle n'ont pas manqué d'affecter l'efficacité de ces caisses[19] tout autant que l'activité commerciale et maritime en général, bien que l'historiographie considère que cette conjoncture de crise a aussi fourni des opportunités commerciales aux marchands ibériques[20]. C'est dans un contexte de relance du commerce maritime national[21] qu'il faut replacer l'ordonnance de Ferdinand I^er^ (1367-1383) sur la Compagnie des nefs (*Companhia das Naus*), connue seulement à travers le résumé qu'en a fait le chroniqueur Fernão Lopes dans sa *Crónica de D. Fernando*[22]. L'objectif premier de cette ordonnance était de remplacer les navires perdus par l'achat de nouveaux, même si le roi envisageait d'affecter l'argent collecté à « tout ce qui était considéré profitable à tous ».

Il s'agit d'une fondation à portée nationale, puisque les douze navires du roi devaient eux aussi verser, au même titre que les autres participants, les 2 % prélevés sur la valeur de tous les voyages et affrètements « à l'aller et au retour ». Un même souci de portée générale sous-tend la volonté royale de dresser un inventaire exhaustif de tous les navires de plus de cinquante tonneaux. L'objectif était clair : connaître à fond les capacités de la flotte marchande portugaise à l'époque, comme en

18. Oliveira Marques, António Henrique de, *Para a história dos seguros em Portugal, op. cit.*, p. 23 ; *Portugal na crise dos séculos XIV e XV, op. cit.*, p. 109-110 ; Gama Barros, Henrique da, *História da Administração Pública em Portugal nos séculos XIII a XV, op. cit.*, vol. X, p. 231-235 ; « Bolsas marítimas », dans Serrão, Joel (dir.), *Dicionário de História de Portugal*, vol. I, Porto, Editora Figueirinha, 1986, p. 355-356.

19. En 1397, Jean I^er^ affirme que la création de ces caisses était déjà une des préoccupations de ses prédécesseurs. Gama Barros, Henrique da, *História da Administração Pública em Portugal nos séculos XIII a XV, op. cit.*, vol. X, p. 259.

20. Oliveira Marques, António Henrique de, *Portugal na crise dos séculos XIV e XV, op. cit.*, p. 151 ; Morais Barros, Amândio Jorge, *A Confraria de S. Pedro de Miragaia do Porto n° Século XV*, mémoire de maîtrise en histoire médiévale multigr., Faculdade de Letras da Universidade do Porto, 1991, p. 80.

21. Cette ordonnance doit être mise en relation avec les autres mesures prises par Ferdinand I^er^ pour développer le commerce maritime (octroi de privilèges et exemption pour ceux qu'achetaient ou fabriquaient des navires de plus de 100 tonneaux, entre autres). Pour le détail de ces mesures, voir Lopes, Fernão, *Crónica de D. Fernando*, 2^e^ édition critique, introduction et index de Macchi, Giuliano, Lisbonne, Imprensa Nacional-Casa da Moeda, 2004, chap. XC, p. 317 ; Gama Barros, Henrique da, *História da Administração Pública em Portugal nos séculos XIII a XV, op. cit.*, vol. IX, p. 362-263 ; Azevedo, Lúcio de, *Elementos para a história económica de Portugal, sécs. XII-XVII*, Lisbonne, Gabinete de Investigação do Instituto de Ciências Económicas e Financeiras, 1967, p. 58 ; Vera-Cruz Pinto, Eduardo, « Os Seguros Marítimos nas Rotas Portuguesas do Ultramar: Uma perspectiva Histórico-Jurídica (Século XV-XVI) », art. cit., p. 265, note 58 ; Morais Barros, Amândio Jorge, *Porto : a construção de um espaço marítimo nos alvores dos tempos modernos*, thèse de doctorat en histoire moderne multigr., Faculdade de Letras da Universidade do Porto, 2004, vol. I, p. 229, note 498.

22. Lopes, Fernão, *Crónica de D. Fernando, op. cit.*, chapitre XCI, p. 319-324.

témoigne l'exhaustivité de l'enquête qui devait inclure des informations sur le prix d'achat ou de construction des bâtiments, leur valeur et la date de mise à l'eau. Par ailleurs, elle devait consigner tous les revenus générés par l'utilisation de ces mêmes navires. Ce type d'institution ne peut être confondu avec les caisses vues précédemment, même si cette nouvelle bourse était, elle aussi, établie à Lisbonne et à Porto. Il ne s'agit plus de bourses « régionales », mais bien d'une bourse « nationale » avec deux sièges, sur laquelle nous n'avons par ailleurs que très peu d'informations quant à son fonctionnement.

Il est probable que l'application de cette disposition fut très rapide, dans la mesure où un document de 1380 y fait déjà allusion. Même si le chroniqueur prétend que cette caisse s'imposa dans le royaume, les troubles dynastiques affectèrent très vite son fonctionnement, obligeant la municipalité de Porto à demander au roi sa réactivation, ce qu'il fit par des lettres datées de 1397[23]. Il reste à savoir dans quelle mesure cette compagnie s'est substituée aux antérieures caisses municipales, bien que le registre de la bourse des marchands de Lisbonne de 1472[24] suggère une complémentarité plus qu'une véritable substitution.

Par ailleurs, le principe mutualiste progressait dans les villes portuaires fréquentées par les Portugais. À défaut de pouvoir brosser un tableau d'ensemble, il est possible néanmoins de rendre compte de l'existence de ce type de caisse à Harfleur, où les marchands s'en servaient pour maintenir les privilèges acquis dans ce port depuis la première concession par Philippe Le Bel en 1310[25]. Son but n'était pas de couvrir le risque maritime mais bien de défendre les intérêts portugais. La plus connue demeure cependant la bourse des marchands portugais à Bruges, où tout marchand qui chargeait dans un vaisseau portugais devait contribuer à la caisse de cette nation. Celle-ci, peut-être une réminiscence de la bourse dionysienne déjà mentionnée, demeura active vers l'époque moderne[26]. Le même principe s'appliquait aux marchands étrangers qui fréquentaient les ports lusitaniens, bien que le seul exemple connu soit la caisse des marchands bourguignons à Lisbonne, mentionnée dans le règlement de la confrérie

23. Gama Barros, Henrique da, *História da Administração Pública em Portugal nos séculos XIII a XV, op. cit.*, vol. X, p. 259.

24. Arquivo Nacional da Torre do Tombo, *Leitura Nova. Livro 4º da Estremadura*, f° 49-50 ; *Livro 12º da Estremadura*, f° 30-31.

25. Arquivo Municipal de Lisboa – Arquivo Histórico, *Livro I de Cortes*, n° 14 (1395). Sur ces privilèges, voir Verlinden, Charles, « Deux aspects de l'expansion commerciale du Portugal : Harfleur au XIVe siècle, Middlebourg aux XIVe et XVe siècles », art. cit., p. 169-209. Pour son utilisation par les maîtres et les étudiants séjournant à l'Université de Paris : Farelo, Mário, *La* peregrinatio academica *portugaise vers l'*Alma mater *parisienne, XIIe-XVe siècles,* mémoire de maîtrise en histoire multigraphié, Université de Montréal, 1999 ; « Les Portugais à l'Université de Paris au Moyen Âge. Aussi une question d'acheminements de ressources », *Memini. Travaux et Documents publiés par la Société des études médiévales du Québec,* n° 5, 2001, p. 101-129.

26. Oliveira Marques, António Henrique de, *Para a história dos seguros em* Portugal, *op. cit.*, p. 27.

(*compromisso*) qu'ils établirent en 1472 dans une chapelle de l'église du couvent des Dominicains[27].

## Les associations d'assistance mutuelle

L'assistance mutuelle associée aux caisses pouvait aussi prendre corps à partir des institutions à but caritatif et confraternel présentes dans les villes sous la forme de confréries, d'hôpitaux et de maisons d'accueil (*albergarias*) fondés par les gens de mer. Ces institutions confraternelles d'entraide furent très tôt mises sur pied au Portugal, à la suite d'un mouvement entamé par les confréries ecclésiastiques au XIIe siècle[28]. Selon des travaux récents[29], les institutions de ce type liées aux confréries de mariniers se répartissaient dans deux aires spécifiques : le nord et l'extrême sud du Portugal.

La concentration des confréries et des hôpitaux était forte dans la zone nord dominée par Porto, ville très liée aux activités maritimes et en relation étroite avec la Galice. Elle se produit de bonne heure, puisque la confrérie de Notre-Dame de Sá d'Aveiro est connue dès 1200[30] et celle de Notre-Dame de la Bonne Nouvelle apparaît dès 1247[31]. La documentation de la fin du XIVe et du début du XVe siècle fait aussi état d'autres confréries de mariniers dans la région de Porto : la confrérie des âmes du Corps Saint dans le petit village de Massarelos (1394)[32], la confrérie du Sanctissime Sacrement et des âmes Porto même (1395) [33], la confrérie du Saint-Esprit de Miragaia

27. Gama Barros, Henrique da, *História da Administração Pública em Portugal nos séculos XIII a XV, op. cit.*, vol. X, p. 210-212.

28. Tavares Pimenta Ferro, Maria José, *Pobreza e morte em Portugal na Idade Média*, Lisbonne, Editorial Presença, 1989, p. 102.

29. Les données sont tirées de la thèse de Conceição Rodrigues, Jorge Manuel da, *A Confraria das almas do Corpo Santo de Massarelos e as suas congéneres de mareantes*, mémoire de maîtrise en histoire moderne multigr., Faculdade de Letras da Universidade do Porto, 2002, p. 29-64. Des détails sur la question peuvent être aussi recueillis dans l'article de Morais Barros, Amândio Jorge, « Irmandades do mar (marinheiros, mercadores e Inquisição n° Porto dos séculos XV e XVI) », dans Calo Lourido, Francisco (dir.), *Pontevedra e o mar. Simpósio de História Marítima do século XIII ao XVI*, Pontevedra, Concelho de Pontevedra, 2003, p. 73-94.

30. Ferreira Neves, Francisco, « A Confraria dos Pescadores e Mareantes de Aveiro (1200-1855) », *Arquivo do Distrito de Aveiro*, vol. 39, n° 156, 1973, p. 241-271 ; Conceição Rodrigues, Jorge Manuel da, *A Confraria das almas do Corpo Santo de Massarelos e as suas congéneres de mareantes, op. cit.*, p. 29-30.

31. Coutinho Lanhoso, Adriano, « Nossa Senhora Protectora dos Mareantes do Velho Burgo do Porto », *Boletim Cultural da Câmara Municipal do Porto*, vol. 29, 1966, p. 109-112 ; publié ensuite dans *O rio e o mar na vida da cidade. Exposição documental*, Porto, Câmara Municipal do Porto – Gabinete de História da Cidade, 1966, p. 200-230 ; Conceição Rodrigues, Jorge Manuel da, *A Confraria das almas do Corpo Santo de Massarelos e as suas congéneres de mareantes, op. cit.*, p. 30.

32. Conceição Rodrigues, Jorge Manuel da, *A Confraria das almas do Corpo Santo de Massarelos e as suas congéneres de mareantes, op. cit.*, p. 34.

33. *Ibidem*, p. 34.

(1405)[34] ou encore de la Fraternité de Notre-Dame de la Pitié, elle aussi à Porto (1484)[35]. Ces institutions se caractérisent, semble-t-il, par un recrutement qui ne semble pas faire de distinction entre les divers professionnels de la mer. En effet, un ensemble varié de professions se retrouve dans celles-ci, allant des charpentiers de navires aux marchands[36]. Cela explique que les marchands de Porto, bien que dotés d'un véritable pouvoir politique[37], n'ont pas de confrérie spécifique avant le XVIe siècle[38].

L'autre pôle de développement confraternel concernant les gens de mer se localise dans l'Algarve, région marquée par la proximité de la mer et l'importance des activités liées à la pêche. Les confréries et les hôpitaux apparaissent dans la documentation à la fin du XIVe siècle : les confréries du Corps Saint des mariniers de Tavira (1382)[39], de Faro (1392)[40] et de Lagos (1412)[41], celle du Saint-Esprit de Tavira (1442)[42] et la fraternité de Notre-Dame de l'Espoir de Portimão (1497)[43].

Ces institutions se mettent également en place dans d'autres régions au cours du XVe siècle, à l'instar de celles qui se créent dans la péninsule de Setúbal (la confrérie des mariniers de Sesimbra et la confrérie et l'hôpital du corps Saint à Setúbal)[44]. L'important travail de dépouillement de Jorge Rodrigues sur les confréries et les hôpitaux ne fait pas état de la présence de ces institutions à Lisbonne avant le XVIe siècle[45], ce qui semble être contradictoire au regard de la création précoce des caisses présentées auparavant. En réalité, ce constat reflète avant tout les carences de la

34. *Ibid.*, p. 34; MORAIS BARROS, Amândio Jorge, *A Confraria de S. Pedro de Miragaia do Porto n° Século XV*, *op. cit.*, p. 32.

35. CONCEIÇÃO RODRIGUES, Jorge Manuel da, *A Confraria das almas do Corpo Santo de Massarelos e as suas congéneres de mareantes, op. cit.*, p. 40.

36. GUIMARÃES SÁ, Isabel, « Confrarias e misericórdias », dans : OLIVEIRA, César, (dir.), *História dos municípios e do Poder Local (dos finais da Idade Média à União Europeia)*, Lisbonne, Círculo de Leitores, 1996, p. 57-58.

37. Les oligarchies municipales à Porto et la présence des marchands dans cette ville donnèrent lieu à l'élaboration de trois études importants: SOUSA, Armindo de, « Conflitos entre o bispo e a Câmara do Porto nos meados do século XV – 1ª parte », *Boletim Cultural da Câmara Municipal do Porto*, 2e serie, vol. 1, 1983, p. 9-103; MILLÁN COSTA, Adelaide, *« Vereação » e « Vereadores » : o governo do Porto em finais do século XV*, Porto, Câmara Municipal-Arquivo Histórico, 1993; BRITO, Pedro de, *Patriciado urbano Quinhentista: as famílias dominantes do Porto (1500-1580)*, Porto, Câmara Municipal-Arquivo Histórico, 1997.

38. MORAIS BARROS, Amândio Jorge, *Porto : a construção de um espaço marítimo nos alvores dos tempos modernos, op. cit.*, p. 110.

39. CONCEIÇÃO RODRIGUES, Jorge Manuel da, *A Confraria das almas do Corpo Santo de Massarelos e as suas congéneres de mareantes, op. cit.*, p. 30.

40. *Ibidem*, p. 33.

41. *Ibid.*, p. 37.

42. *Ibid.*, p. 37.

43. *Ibid.*, p. 41.

44. *Ibid.*, p. 42. L'auteur de ce travail identifie encore pour la période médiévale la confrérie des mariniers de Caminha (1488) et la fraternité du Corps Saint à Funchal (XVe siècle).

45. *Ibid.*, p. 50 *sq.*

recherche sur cette question[46]. Cela justifie que l'on essaie de pallier ces

46. La question des confréries et des hôpitaux dans la Lisbonne médiévale a donné lieu à une abondante bibliographie, laquelle s'appuie surtout sur l'historiographie produite sur la ville de Lisbonne à l'époque moderne et sur la documentation des diverses institutions ecclésiastiques (collégiales et monastères) de la ville, étant donné la disparition de la documentation médiévale (Rosa, Maria de Lurdes, « Sociabilidades e espiritualidades na Idade Média : a historiografia portuguesa sobre os comportamentos religiosos dos leigos medievais », *Lusitania sacra,* 2^e^ série, 21 [2009], p. 78, note 18). Les études les plus importantes sur les institutions d'assistance à Lisbonne pendant le Moyen Âge sont celles de Aniceto, Maria Emília, et Jasmins Pereira, Fernando, « Assistência na Idade Média », dans : Banha de Andrade, António (dir.), *Dicionário de História da Igreja em Portugal,* vol. I, Lisbonne, Editorial Resistência, 1980, p. 640-661 ; Carmona, Mário, *O Hospital Real de todos os Santos da cidade de Lisboa,* Lisbonne, (s.n.), 1954 ; Carvalho, Sérgio Luís de, *Instituições assistenciais da idade média portuguesa,* Lisbonne, Grupo de Trabalho do Ministério da educação para as Comemorações dos Descobrimentos portugueses, 1995, p. 17-51 ; Castilho, Júlio de, « A extinta irmandade do Espírito Santo do Lumiar. Estudo do seu antigo compromisso », *Archivo Historico Portuguez,* n° 1, 1903, p. 97-101 ; Chaves, Luís, « Instituições dos homens do mar : confrarias e hospitais deles », *Lisboa nas auras do povo e da história: ensaios de etnografia,* vol. 4, Lisbonne, Câmara Municipal de Lisboa, 1969, p. 197-208 ; Silva Correia, Fernando da, « Os velhos hospitais de Lisboa Antiga », *Revista Municipal,* ano 2, n° 10 (1941), p. 3-13 ; *Origens e formação das misericórdias portuguesas,* Lisbonne, Henrique Torres, 1944 ; *Regimento do Hospital de Todos-os-Santos,* Lisbonne, Sanitar, 1946 ; Sousa Costa, António Domingues de, « Hospitais e albergarias na documentação pontifícia da segunda metade do século xv », *A pobreza e a assistência aos pobres na Península Ibérica durante a Idade Média. Actas das 1^as^ Jornadas Luso-Espanholas de Historia Medieval, Lisboa, 25-30 de Dezembro de 1972,* vol. I, Lisbonne, Faculdade de Letras da Universidade de Lisboa-Instituto da Alta Cultura, 1973, p. 259-327 ; Denis, Ferdinand Jean, *Le Portugal :* Lisbonne au Moyen Âge et Lisbonne au temps de la Renaissance. *Apogée et splendeur de cette cité*, Paris, Firmin Didot, 1846, p. 214-218 ; Costa, Goodolphim, *As Misericórdias,* 2^e^ ed., Lisbonne, Livros Horizonte, 1998 ; Leme, Margarida, *O património dos hospitais medievais na Lisboa manuelina,* rapport du séminaire *História Económica e Social* du cours de maîtrise en histoire et archéologie médiévales multigr., Faculdade de Ciências Sociais e Humanas de l'Universidade Nova de Lisboa, 2006 ; Gomes Martins, Miguel, « Entre a gestão e as ingerências: a administração hospitalar na Lisboa de Quatrocentos », *João Afonso de Santarém e a assistência hospitalar escalabitana durante o Antigo Regime,* Santarém, Câmara Municipal de Santarém, 2000, p. 121-131 ; Mörsdorf, Klaus, *A irmandade de São Bartolomeu dos alemães em Lisboa,* Lisboa, (s.n.), 1958 ; Nogueira, José Maria António, « Algumas notícias acerca dos hospitais existentes em Lisboa e suas proximidades antes da fundação do hospital de Todos os Santos – 15 de Maio de 1492 », *Esparsos : Arqueologia, etnografia, bibliografia e história,* Coimbra, Imprensa da Universidade, 1934, p. 75-125 ; Rosa Pereira, Isaías da, « As obras de misericórdia na Idade Média: as mercearias de Maria Esteves », *A pobreza e a assistência aos pobres na Península Ibérica durante a Idade Média, op. cit.,* p. 717-759 ; Oliveira Ramos, Luís de, « Do Hospital Real de Todos os Santos à história hospitalar portuguesa », *Revista da Faculdade de Letras. História,* 2^e^ série, n° 10, 1993, p. 333-350 ; Reis, Maria Fátima, « Resistências e sentidos do culto do Espírito Santo em Lisboa na Época Moderna », dans : Serrão, Vicente (dir.), *Em nome do Espírito Santo. História de um Culto,* Lisbonne, Instituto dos Arquivos Nacionais/Torre do Tombo, 2004, p. 61-67 ; Sampayo Ribeiro, Mário de, « A propósito da inscrição sepulcral do fundador da Ermida de Nossa Senhora da Oliveira », *Olisipo. Boletim do Grupo de Amigos de Lisboa,* année 21, n° 82, Abril 1958, p. 133-141 ; Rosa, Maria de Lurdes, « A religião n° século: vivências e devoções dos leigos », dans : Moreira Azevedo, Carlos (dir.), *História Religiosa de Portugal,* vol. I: *Formação e limites da Cristandade*, dans : Jorge, Ana Maria C. et Rodrigues, Ana Maria S. (dir.), Lisbonne, Círculo dos Leitores, 2001, p. 423-510 ; Mestrinho Salgado, Anastásia et Salgado, Abílio José, « Hospitais de Lisboa até ao séc. xv », *Oceanos,* n° 4, Julho 1990, p. 103-109 ; « Hospitais Medievais », dans : Santana, Francisco et Sucena,

lacunes, ne serait-ce que partiellement. En effet, les données qui suivent suggèrent l'idée que les hôpitaux des mariniers étaient plus spécialisés à Lisbonne que dans le reste du pays. Les divers métiers associés à l'activité maritime se partageaient entre les corporations, les confréries et les hôpitaux des pêcheurs, des courtiers, des charpentiers et des marchands.

Les pêcheurs lisbonnais disposaient au Moyen Âge de quatre institutions caritatives attestées pour la plupart à la fin du XIIIe ou au début du XIVe siècle. L'une des plus énigmatiques est l'hôpital situé dans la ville basse[47] et désigné sous le nom d'hôpital de Sainte-Marie (1418)[48], d'hôpital des pêcheurs (1433)[49] ou d'hôpital des pêcheurs de Cataquefarás (1494)[50]. Un document daté de 1418 assurait qu'à cette date il existait depuis au moins cent ans. Il se situait dans la paroisse Saint-Julien, rue de la Moreira[51]. En raison de son déplacement dans la paroisse des Martyres en 1494[52], on le localise tantôt dans la première tantôt dans la seconde paroisse[53].

Les pêcheurs de Lisbonne pouvaient compter sur trois autres institutions confraternelles dans le quartier de l'Alfama. Établie dans la paroisse de Saint-Étienne, près de la Fontaine des chevaux (*Fonte dos Cavalos*), et attestée entre les années 1366[54] et 1502[55], l'*albergaria* des pêcheurs (1366, 1374)[56] était aussi connue sous le nom d'hôpital de Pedro Gonçalves[57].

---

Eduardo (dir.), *Dicionário da História de Lisboa,* Lisbonne, Carlos Quintas & Advogados, 1994, p. 442-446 ; Veríssimo Serrão, Joaquim, *A Misericórdia de Lisboa. Quinhentos Anos de História,* Lisbonne, Livros Horizonte, 2000 ; Pimenta Ferro Tavares, Maria José, « Nótulas para o estudo da assistência hospitalar aos pobres, em Lisboa : os hospitais de D. Maria de Aboim e do conde D. Pedro », *A pobreza e a assistência aos pobres na Península Ibérica durante a Idade Média, op. cit.,* p. 371-400 ; *Pobreza e morte em Portugal na Idade Média,* Lisbonne, Editorial Presença, 1989.

47. Biblioteca Nacional de Portugal, *Fundo General,* códice 9463, f° 9 v°-12. Nous remercions le Dr. Pedro Pinto qui a attiré notre attention sur les documents concernant les confréries de pêcheurs de Lisbonne contenus dans ce registre.

48. Biblioteca Nacional de Portugal, *Fundo General,* códice 9463, f° 9 v°-12.

49. Arquivo Nacional da Torre do Tombo, *Convento do Salvador de Lisboa,* liasse 9, n° 181.

50. Arquivo Nacional da Torre do Tombo, *Leitura Nova. Livro 6º da Estremadura,* f° 124 v°-126.

51. Biblioteca Nacional de Portugal, *Fundo General,* códice 9463, f° 9 v°-12.

52. Arquivo Nacional da Torre do Tombo, *Leitura Nova. Livro 6° da Estremadura,* f° 124 v°-126 ; Leme, Margarida, *O património dos hospitais medievais na Lisboa manuelina, op. cit.,* p. 24.

53. Correia, Fernando, « Os velhos hospitais de Lisboa Antiga », art. cit., p. 11 ; Mestrinho Salgado, Anastásia et Salgado, Abílio José, « Hospitais Medievais », art. cit., p. 444.

54. Il fut prétendu en 1563 que cette institution avait alors plus de 200 ans d'âge. Biblioteca Nacional de Portugal, *Fundo General,* códice 9463, f° 52-54.

55. Arquivo Nacional da Torre do Tombo, *Mosteiro de S. Vicente de Fora de Lisboa,* première incorporation, liasse 14, n° 18 ; *Mosteiro de Sta. Cruz de Coimbra,* liv. 42, n° 15 ; *Colegiada de Sto. Estevão de Alfama de Lisboa,* liasse 7, n° 139 ; Biblioteca Nacional de Portugal, *Fundo General,* códice 9463, f° 9 v°-12.

56. Arquivo Nacional da Torre do Tombo, *Mosteiro de S. Vicente de Fora de Lisboa,* première incorporation, liasse 14, n° 18 ; *Mosteiro de Sta. Cruz de Coimbra,* liv. 42, n° 15.

57. Mestrinho Salgado, Anastásia et Salgado, Abílio José, « Hospitais Medievais », art. cit., p. 445 ; Leme, Margarida, *O património dos hospitais medievais na Lisboa manuelina, op. cit.,* p. 24-25.

À partir de 1390 cet hôpital semble avoir été administré par la fraternité ou la confrérie dédiée au Saint Esprit qui y fut créée par les pêcheurs et les mariniers du haut d'Alfama[58] (1457, 1536, 1563, 1564)[59]. Cela explique qu'il soit désormais identifié comme l'hôpital du Saint-Esprit (1402, 1418, 1459)[60]. Il est possible qu'au cours du XVI^e siècle, cette institution ait été rattachée aux pêcheurs de *Cataquefarás,* comme en témoigne un document de 1513. La création du nouvel hôpital de Tous les Saints par le roi Emmanuel I^er entraîna son déménagement en 1502 vers l'autre hôpital que les pêcheurs possédaient dans la paroisse de Saint-Michel de l'Alfama[61].

Ce dernier hôpital, situé près de la Porte de la Croix (*Porta da Cruz*) (1502), était associé aux pêcheurs *chincheiros*, qui utilisait un type d'appât spécifique appelé *chinche* et qui étaient regroupés dans la confrérie de Saint-Pierre-Telmo[62]. Par la suite, au cours du XVII^e siècle[63], ces deux confréries furent déplacées vers l'ermitage de Notre-Dame des Remèdes, appelé aussi ermitage du Saint-Esprit, situé près du *chafariz dos cavalos* et annexé à la collégiale Saint-Étienne[64]. Cette dernière institution est devenue désormais un important foyer de l'assistance et du mouvement confraternel des pêcheurs de Lisbonne.

Le troisième hôpital de l'Alfama associé aux pêcheurs était celui du Corps de Dieu. À l'instar de la dévotion au Saint Esprit[65], le culte du *Corpus Christi*

58. Reis, Maria de Fátima, « Resistências e sentidos do culto do Espírito Santo em Lisboa na Época Moderna », art. cit., p. 62 ; Mestrinho Salgado, Anastásia et Salgado, Abílio José, « Hospitais Medievais », art. cit., p. 444.

59. Paiva, João Pedro (dir.), *Portugaliae Monumenta Misericordiarum,* vol. II : *Antes da Fundação das Misericórdias,* Lisbonne, Centro de Estudos de História Religiosa - União das Misericórdias Portuguesas, 2003, p. 170 ; Biblioteca Nacional de Portugal, *Fundo General,* códice 9463, f° 7 v°-8 v°, 9 v°-12, 52-55.

60. Arquivo Nacional da Torre do Tombo, *Colegiada de Sta. Maria da Madalena de Lisboa*, liasse 1, n° 15, f° 4 ; Biblioteca Nacional de Portugal, *Fundo General,* códice 9463, f° 9 v°-12 ; Arquivo Nacional da Torre do Tombo, *Colegiada de Sto. Estêvão de Alfama de Lisboa,* liasse 7, n° 139.

61. Arquivo Nacional da Torre do Tombo, *Chancelaria de D. Manuel,* liv. 6, f° 89 v° ; *Leitura Nova. Livro 9º da Estremadura,* f° 119-119 v°.

62. Reis, Maria de Fátima, « Resistências e sentidos do culto do Espírito Santo em Lisboa na Época Moderna », art. cit., p. 63. Un document de 1564 l'appelle confrérie des Chincheiros de Alfama. Biblioteca Nacional de Portugal, *Fundo General,* códice 9463, f° 9 v°-12.

63. Maria de Fátima Reis situe ce passage en 1651-1652 (Reis, Maria de Fátima, « Resistências e sentidos do culto do Espírito Santo em Lisboa na Época Moderna », art. cit., p. 62).

64. Biblioteca Nacional de Portugal, *Fundo General,* códice 9463, f° 24 v°-25 ; Carvalho da Costa, António, *Corografia portugueza, e descriçam topográfica do famoso reyno de Portugal,* 2^e ed., Braga, Typographia de Domingos Gonçalves Gouveia, 1869, p. 384 ; Mestrinho Salgado, Anastásia et Salgado, Abílio José, « Hospitais Medievais », art. cit., p. 443 ; Reis, Maria de Fátima, « Resistências e sentidos do culto do Espírito Santo em Lisboa na Época Moderna », art. cit., p. 62. La réunion en 1502 de l'hôpital du Saint-Esprit avec celui des chincheiros explique que ce dernier soit aussi connu sous le nom d'hôpital de Notre-Dame des Remèdes dès le XVI^e siècle (Correia, Fernando, « Os velhos hospitais de Lisboa Antiga », art. cit., p. 11).

65. L'implantation et le développement de ce culte au Portugal pendant le Moyen Âge dans le cadre des institutions d'assistance sont désormais mieux connus grâces à une série d'études : Almeida, Justino Mendes de, *Da confraria do Espírito Santo à Santa Casa da Misericórdia e outros estudos*, Benavente, Santa Casa da Misericórdia, 1998 ; Brásio,

– lequel dans sa traduction portugaise est devenu paradoxalement le culte porté au Corps de Dieu (Corpo de Deus) – est très précoce, puisqu'on trouve déjà des informations sur son existence au temps de Alphonse III (1348-1279) – sans la procession – et avec celle-ci dès le règne de Jean I^er^ (1385-1433)[66]. Il s'élevait dans la paroisse Saint-Étienne, mais il n'y a pas unanimité quant à son emplacement précis. Les sources divergent sur ce point, les unes le situant au lieu appelé Lapa, d'autres faisant allusion à une fontaine, la *fonte do Bonabuquer* ou encore la *Fonte dos Cavalos*. Même si la première mention de son existence date de 1347[67], la documentation de l'époque situe sa création vers 1280 et la met en relation avec les dons d'un chevalier de Lisbonne. Cette institution n'était pas tournée vers l'assistance des pêcheurs à ses débuts. Elle ne le devient que lorsque ce groupe, très présent dans cette paroisse, prend le contrôle de la confrérie qu'y était fondée vers l'année 1410.

Le recoupement de ces données montre que les hôpitaux du Saint-Esprit et du Corps de Dieu constituèrent les principales institutions à travers lesquelles les pêcheurs de Lisbonne organisèrent leur protection face aux aléas de leur métier, tout en s'assurant des privilèges et des exemptions[68].

Le premier de ces deux patronages servit aussi pour l'hôpital que les marchands entretenaient dans la Pedreira, dans l'actuel Chiado connu comme l'hô-

António, « As confrarias medievais do Espírito Santo, paradigmas das misericórdias », *Actas do Colóquio Presença de Portugal n° Mundo,* Lisbonne, Academia Portuguesa da História, 1982, p. 69-85 ; Serrão, Vicente (dir.), *Em nome do Espírito Santo. História de um Culto,* Lisbonne, Instituto dos Arquivos Nacionais/Torre do Tombo, 2004 ; Mata, Luís, *Ser, Ter e Poder. O Hospital do Espírito Santo de Santarém nos finais da Idade Média.* Coimbra, Edições Magno, 2000.

66. Gonçalves, Iria, *As festas de "Corpus Christi" do Porto, na segunda metade do século* XV *: a participação do Concelho,* Porto, Livraria Cruz, 1985 ; Branco Marques da Silva, Maria João Violante, « A procissão na cidade: reflexos em torno da festa do Corpo de Deus na Idade Média Portuguesa », dans : Tavares Pimenta Ferro, Maria José (dir.), *A Cidade. Jornadas Inter e pluridisciplinares. Actas,* Lisbonne, Universidade Aberta, 1993, p. 195-217 ; Morais Barros, Amândio Jorge, « A procissão do Corpo de Deus do Porto nos séculos XV e XVI : a participação de uma confraria », art. cit., p. 117-136.

67. Arquivo Nacional da Torre do Tombo, *Colegiada de S. Lourenço de Lisboa,* liasse 3, n° 47. Nous possédons des informations jusqu'en 1466 (Arquivo Nacional da Torre do Tombo), *Ordem dos Frades Menores. Província de Portugal. Convento de Sta. Clara de Santarém,* liasse 13, n° 962 et 963 (1348) ; *Mosteiro de S. Vicente de Fora de Lisboa*, première incorporation, liasse 15, n° 35 (1373) ; *Mosteiro de Sta. Cruz de Coimbra,* deuxième incorporation, liasse 54, ancienne cote : Alm. 16, m. 10, n. 19 (1377) ; *Mosteiro de S. Vicente de Fora de Lisboa,* première incorporation, liasse 18, n° 22 (1382) ; *Colegiada de Sto. Estêvão de Alfama de Lisboa,* liasse 7, n° 137 (1454) ; Biblioteca Nacional de Portugal, *Fundo General,* códice 9463, f° 61 v°-64, 64 v°-67 (1410, 1418, 1460, 1466). Elle est désignée sous l'appellation d'*albergaria* du Corps de Dieu en 1436 (Arquivo Nacional da Torre do Tombo, *Colegiada de Sto. Estêvão de Alfama de Lisboa,* liasse 7, n° 133).

68. Le roi Edouard I^er^ confirma en 1434 la décision des pêcheurs lisbonnais de n'aller pêcher les dimanches et jours fériés que pour offrir le produit de leur pêche aux hôpitaux dont ils étaient confrères. *Portugaliae Monumenta Misericordiarum, op. cit.,* vol. II, p. 153 et 226-227. Cette question a été traitée dans Garcês Ventura, Margarida, « Em torno do cumprimento do preceito dominical pelos pescadores (sécs. XV-XVIII) », dans Barroca, Mário Jorge (dir.), *In Memoriam Carlos Alberto Ferreira de Almeida,* vol. II, Porto, Faculdade de Letras da Universidade de Porto, 1999, p. 435-448.

pital du Saint-Esprit des Marchands de Lisbonne (1400, 1467)[69]. Cette institution, dont nous commençons maintenant à connaître un peu mieux l'histoire, était administrée dès sa fondation par la confrérie des Marchands, qu'un document conservé jadis dans le chartrier de l'institution situe en 1279, à l'initiative d'un certain Adam *(Adão)* et de sa femme Sancha[70]. En 1445, elle fusionne avec l'autre confrérie des marchands de la ville, celle des marchands de Saint-François qui avait son siège dans le couvent des Franciscains[71]. Ce rapprochement fut sans doute opéré pour fortifier une institution à laquelle la Couronne avait accordé des privilèges[72] compte tenu du rôle important des marchands dans la vie économique et politique de la ville dès la fin du Moyen Âge[73].

D'autres associations de métiers liées à la mer étaient, elles aussi, organisées en confréries et en hôpitaux, à l'exemple des courtiers et des charpentiers. Les premiers avaient un hôpital lui aussi dédié à Saint-Pierre Martyr, ce qui semble attester leurs liens professionnels avec les gens de mer, notamment les pêcheurs[74]. Connu entre 1419 et 1502[75], cet hôpital est

---

69. Arquivo Nacional da Torre do Tombo, *Arquivo do Hospital de S. José,* liv. 7, f° 323-328 v° ; *Leitura Nova. Livro 4° da Estremadura*, f° 215v-216v. Voir à propos de sa localisation : Correia, Fernando, « Os velhos hospitais de Lisboa Antiga », art. cit., p. 12 ; Mestrinho Salgado, Anastásia et Salgado, Abílio José, « Hospitais Medievais », art. cit., p. 444.

70. Carvalho da Costa, António, *Corografia portugueza, e descriçam topográfica do famoso reyno de Portugal, op. cit.*, vol. iii, p. 445 ; Brandão Ferreira de Souza, Vicente, *Recopilação histórico-biographica do venerável Bartholomeu do Quental*, Lisbonne, Typographia de José Baptista Morando, 1867, p. 24-26 ; Serrão, Vicente, « Introdução », dans Serrão, Vicente (dir.), *Em nome do Espírito Santo. História de um Culto, op. cit.*, p. 9 ; Rocha, Ilídio, « ESPIRITO SANTO DA PEDREIRA (Convento do) », dans Santana, Francisco et Sucena, Eduardo (dir.), *Dicionário da História de Lisboa, op. cit.*, p. 351.

71. Carvalho da Costa, António, *Corografia portugueza, e descriçam topográfica do famoso reyno de Portugal, op. cit.*, vol. iii, p. 447 ; Rocha, Ilídio, « ESPIRITO SANTO DA PEDREIRA (Convento do) », art. cit., p. 351.

72. Il s'agit notamment de l'exemption de l'obligation d'assurer le gîte et couvert par Jean Ier et l'octroi d'un juge privatif au temps de son petit-fils Alphonse V en 1458 (Carvalho da Costa, António, *Corografia portugueza, e descriçam topográfica do famoso reyno de Portugal, op. cit.*, vol. III, p. 448 ; Brandão Ferreira de Souza, Vicente, *Recopilação histórico-biographica do venerável Bartholomeu do Quental, op. cit.*, p. 26).

73. Farelo, Mário, *A oligarquia camarária de Lisboa (1325-1433),* thèse de doctorat en histoire médiévale multigr., Faculdade de Letras da Universidade de Lisboa, 2008.

74. Le dominicain galicien, saint Pierre Gonçalves Telmo – le fameux « Corps Saint » –, est justement le protecteur des marins. Coelho Dias, Geraldo Amadeu, « O Mar e os Portos como catalizadores de religiosidade » *in O Litoral em perspectiva histórica (séc. xvi-xviii) : Actas,* Porto, Instituto de História Moderna – Centro Leonardo Coimbra, 2002, p. 283 ; Conceição Rodrigues, Jorge Manuel da, *A Confraria das almas do Corpo Santo de Massarelos e as suas congéneres de mareantes, op. cit.*, p. 24 ; Ordax, Salvador Andrés, « Un Patrono para los Navegantes Portugueses : "O Corpo Santo" », dans Ribot García, Luis Antonio et Belenguer Cebrià, Ernest (dir.), *Las sociedades ibéricas y el mar a finales del siglo xvi : congreso internacional,* tome v : *El Area Atlântica. Portugal y Flandres*, Valladolid, Sociedad Estatal para la Conmemoración de los Centenarios de Felipe II y Carlos V, 1998, p. 128 ; Galmes, Lorenzo, *El bienaventurado Fray Pedro González O.P., San Telmo (estúdio histórico),* Salamanca, Editorial San Esteban, 1991 ; Martins, Mário, « S. Pero Gonçalvez, O. P., o "corpo Santo" e Gil Vicente », *Lusitania Sacra,* n° 8, 1967-1969, p. 39-55.

75. Arquivo Nacional da Torre do Tombo, *Mosteiro de S. Vicente de Fora de Lisboa,* deuxième incorporation, boîte 13, n° 79, f° 6 v° ; *Leitura Nova, Livro 9º da Estremadura,*

certainement administré par la confrérie du même nom. Celle-ci ne semble pas relever de la municipalité, même si ses membres lui sont soumis en principe[76]. Le passage sous juridiction municipale ne fut effectif qu'avec son incorporation, à l'instar de nombreux autres hôpitaux de la ville, dans l'hôpital de Tous les Saints qui profita dès lors de ces installations situées dans la paroisse de Sainte-Juste, rue de Saint-Pierre Martyr, dans un quartier marqué par une forte présence musulmane[77]. Quant aux charpentiers dits *da Ribeira,* qui travaillaient dans le secteur de la construction et de la réparation navale à Lisbonne, ils possédaient l'hôpital de Saint-Vincent du Corbeau dans la paroisse de Saint-Sauveur[78].

Par ailleurs, les mariniers et les personnes associées aux activités maritimes bénéficiaient d'un réseau d'assistance organisé dans le quartier de l'Alfama autour d'un hôpital placé sous la protection du saint galicien Pierre Gonçalves Telmo. Nous ne disposons d'aucune information sur son fonctionnement pour la période étudiée, sauf qu'il était au nombre des hôpitaux lisbonnais qui furent rattachés à l'hôpital de Tous les Saints à la fin du XVe siècle[79].

---

f° 60-61 v° ; *Leitura Nova, Livro 5º da Estremadura,* f° 46-48 ; LEME, Margarida, *O património dos hospitais medievais na Lisboa manuelina, op. cit.,* p. 6 et 18. Le document de 1419 permet de reculer sa date de fondation d'au moins une cinquantaine d'années, dans la mesure où l'historiographie situait traditionnellement sa fondation en 1470 (CORREIA, Fernando, « Os velhos hospitais de Lisboa Antiga », art. cit., p. 10).

76. Les courtiers sont placés sous la juridiction municipale à Lisbonne, où le conseil de la ville règle leur activité en vertu de leur appartenance au corps des officiers du *concelho.* CAETANO, Marcello, « Prefácio », dans LANGHANS, Franz-Paul, *A antiga organização dos mesteres da Cidade de Lisboa,* Lisbonne, Imprensa Municipal, 1968, p. LXV ; CAMPOS RODRIGUES, Maria Teresa, *Aspectos da administração municipal de Lisboa n° século XV,* Lisbonne, Imprensa Nacional, p. 104-105 et 109-110.

77. Arquivo Nacional da Torre do Tombo, *Leitura Nova. Livro 5º da Estremadura,* f° 46-48 ; CORREIA, Fernando, « Os velhos hospitais de Lisboa Antiga », art. cit., p. 10 ; MESTRINHO SALGADO, Anastásia et SALGADO, Abílio José, « Hospitais Medievais », art. cit., p. 446. Sur la *mouraria* de Lisbonne, voir AZEVEDO, Pedro de, « Do Areeiro à Mouraria. Topographia histórica de Lisboa », *Archeologo Português,* vol. 5, 1899-1900, p. 212-224 et 257-278 ; OLIVEIRA MARQUES, António Henrique de, « A persistência do elemento muçulmano na História de Portugal após a Reconquista. O exemplo da cidade de Lisboa », *Novos Ensaios de História Medieval Portuguesa,* Lisbonne, Vega, 1988, p. 96-107 ; OLIVEIRA, Luís Filipe et VIANA, Mário, « A mouraria de Lisboa », *Arqueologia medieval,* n° 3, 1993, p. 191-209 et BARROS, Maria Filomena, *A comuna muçulmana de Lisboa (sécs. XIV e XV),* Lisbonne, Hughin, 1998.

78. Arquivo Nacional da Torre do Tombo, *Leitura Nova. Livro 9º da Estremadura,* f° 13-15 v° (1498) ; f° 91-93 v° (1499) ; *Leitura Nova. Livro 1º da Estremadura,* f° 266-267 (1499) ; CORREIA, Fernando, « Os velhos hospitais de Lisboa Antiga », art. cit., p. 10 ; MESTRINHO SALGADO, Anastásia et SALGADO, Abílio José, « Hospitais Medievais », art. cit., p. 445 ; SOUSA GOMES, Armando, *Carpinteiros da Ribeira das Naus,* Coimbra, Imprensa da Universidade, 1931 ; LEME, Margarida, *O património dos hospitais medievais na Lisboa manuelina, op. cit.,* p. 6 et 16-17.

79. L'intégration concerne les hôpitaux de Saint-Pierre des Pêcheurs à Saint-Michel et du Corps-Saint à Cata-que-Farás, ainsi que ceux des charpentiers et des courtiers.

Il n'en demeure pas moins que ces confréries et les hôpitaux qui leur étaient associés[80] – en procédant par analogie – ont dû avoir pour vocation principale la protection spirituelle de leurs membres et l'aide aux orphelins et aux veuves de ceux-ci en cas de difficultés, notamment économiques[81]. Leur configuration comme association confraternelle de métier faisait que la solidarité horizontale se doublait d'une assistance professionnelle. S'il est vrai que les rares règlements intérieurs médiévaux conservés passent sous silence les références expresses à cette mutualisation entre les marins dans l'exercice de leur activité, les rares données disponibles montrent tout de même cette dimension, lorsqu'il est question de l'aide apportée aux confrères qui ne pouvaient plus aller à la mer, du secours porté à des navires en danger ou même lors des opérations liées à l'activité maritime[82]. C'est une forme de mutualisation des risques, liée aux hasards de la vie. Ces divers degrés de protection vont dans le sens d'une consolidation de la cohésion qui pouvait même s'étendre à la protection des incertitudes de la propre activité commerciale, comme en témoigne le cas déjà cité de la confrérie des Bourguignons à Lisbonne.

## Les pratiques mutualistes et les gouvernements urbains

D'après ce que nous venons de voir, il apparaît que les pratiques mutualistes en relation avec les activités maritimes se présentaient comme un phénomène avant tout urbain et étaient liées à des individus remarquables ou à des groupes de pouvoir au sein de la ville. Cette réalité justifie que nous nous intéressions aux relations existant entre ces pratiques et les gouvernements des villes côtières portugaises.

Il n'est pas exagéré de penser que les types de pratiques mutualistes décrits ci-dessus se justifient avant tout par le fait que les municipalités qui dirigeaient les villes portuaires opéraient habituellement sur un mode collectif et que, de surcroît, elles portaient une grande attention aux affaires commerciales. Les magistrats urbains étaient habitués à agir dans un cadre collégial pour résoudre les problèmes, coopter leurs membres, décider des divers aspects de la vie de la communauté au sein de conseils plus ou moins ouverts selon les époques. Rien donc de plus normal que de gérer aussi de façon solidaire les affaires liées à la mer, d'autant plus qu'il existait une relation étroite entre les autorités municipales et le monde des activités maritimes. Les premières ont encadré et réglementé les activités, tel le fret, mais aussi les acteurs (marchands et

---

80. Morais Barros, Amândio Jorge, « Vida de marinheiro. Aspectos do quotidiano das gentes de mar nos séculos xv e xvi », dans Ribeiro da Silva, Francisco, Cruz, Maria Antonieta, Martins Ribeiro, Jorge et Osswald, Helena (dir.), *Estudos em homenagem a Luís António de Oliveira Ramos,* vol. I, Porto, Faculdade de Letras da Universidade de Porto, 2004, p. 255.

81. *Ibidem,* p. 20-21.

82. *Ibid.,* p. 20-21 et 28.

affréteurs entre autres) tout en défendant leurs privilèges dans le cas de Lisbonne et de Porto[83].

Par ailleurs, les instances de décision sont dominées par un patriciat très lié à l'activité marchande internationale, notamment dans les deux principales villes portuaires que sont Lisbonne et de Porto. Ce patriciat, lui-même en relation avec les gens de mer, peut agir plus facilement pour obtenir des décisions municipales ou des interventions royales en sa faveur. Il n'est donc pas surprenant de voir cette oligarchie mercantile organiser par un règlement municipal (*postura*) la caisse des marchands que le roi Denis confirma à la fin du XIII^e^ siècle. De la même façon, les conseils municipaux sont les promoteurs actifs du développement des caisses urbaines qui sont à l'œuvre au siècle suivant.

Cette compétence municipale s'est trouvée renforcée par la mise en place entre 1367 et 1380 de la Compagnie des nefs (*Companhia das Naus*). Bien qu'ayant en principe une portée nationale, cette fondation du roi Ferdinand I^er^ profita en premier lieu à Lisbonne. Outre le fait qu'une des caisses avait son siège dans cette ville, les deux juges (*executores*) de la compagnie – chargés de trancher les éventuels conflits survenus entre marchands ou entre ces derniers et les autorités publiques – furent des hommes dévoués au roi, mais aussi des oligarques qui firent des carrières remarquables dans le conseil municipal[84]. La volonté de réactiver cette caisse à Porto à la fin du XIV^e^ siècle – que l'on perçoit dans les actes produits alors par le conseil de cette ville – montre bien la place déterminante de l'organisation municipale dans ce processus.

La mainmise importante des municipalités sur ces affaires résulte en partie de la faiblesse du mouvement confraternel sur le plan politique au Portugal pendant tout le Moyen Âge[85]. Les causes sont connues et révèlent de l'inefficacité des confréries à jouer un rôle politique au sein des pouvoirs urbains[86], de même que de l'entrée tardive des corporations profession-

83. La figure du courtier a été étudiée dans MORAIS BARROS, Amândio Jorge, *Porto : a construção de um espaço marítimo nos alvores dos tempos modernos*, *op. cit.*, p. 99-100.

84. Voir les parcours de deux de ces juges, Lopo Martins et Gonçalo Peres Canelas, dans FARELO, Mário, *A oligarquia camarária de Lisboa (1325-1433)*, *op. cit.*, p. 454 et 541-547. Par ailleurs, outre leurs responsabilités judiciaires, ils étaient responsables également de l'arche à trois serrures dans laquelle se déposaient les espèces monétaires collectées. Pour l'ensemble de leur travail ils percevaient la somme annuelle de cinquante livres. OLIVEIRA MARQUES, António Henrique de, *Para a história dos seguros em* Portugal, *op. cit.*, p. 24-25.

85. Ce point de vue historiographique vaut tant pour le Portugal que pour la castille. Voir : CRUZ COELHO, Maria Helena da, « As confrarias medievais portuguesas : espaços de solidariedades na vida e na morte », *XIX Semana de Estudios Medievales. Estella, 20 a 24 de Julio de 1992, Cofradías, grémios, solidariedades en la Europa Medieval*, Pamplona, Gobierno de Navarra – Departamento de Educación y Cultura, 1993, p. 157 ; MONSALVO ANTÓN, José Manuel, « Aproximación al estudio del poder gremial en la Edad Media castellana : un escenario de debilidad », *En la España medieval*, n° 25, 2002, p. 144.

86. Si les élites impliquées dans le négoce international font partie des confréries urbaines (MORAIS BARROS, Amândio Jorge, *A Confraria de S. Pedro de Miragaia do Porto*

nelles dans les conseils municipaux[87]. Pour ce qui est des pratiques mutualistes, les rares règlements (*compromissos*) de confréries de gens de mer connus restent muets, certains datant pourtant du XIIIe siècle. Faut-il voir ici seulement le fait que ces pratiques n'étaient pas nécessairement mises par écrit, étant donné qu'elles découlaient des devoirs d'aide et assistance dus par tout confrère envers un autre ? Quoi qu'il en soit, il est probable que nous sommes ici confrontés à un problème de mentalité ou, du moins, à une question d'incapacité organisationnelle. En fait, l'historien ne peut que constater une faible réception au Portugal des solutions mutualistes mise en œuvre ailleurs, au même titre que le développement limité des associations commerciales sous la forme de sociétés ou de compagnies[88]. On ne repère pas non plus l'existence de solidarités autour des fédérations régionales telles que les *hermandades* castillanes[89].

---

*Século XV, op. cit.*, p. 82), ces associations ne pèsent pas sur le recrutement du conseil municipal comme c'est le cas en Castille (Monsalvo Antón, José Manuel, « Solidaridades de oficio y estruturas de poder en las ciudades castellanas de la Meseta durante los siglos XIII al XV (aproximación al estudio del papel político del corporativismo artesanal) », dans Vaca Lorenzo, Ángel (dir.), *El Trabajo en la Historia. Séptimas Jornadas de Estudios Historicos,* Salamanca, Departamiento de Historia Medieval, Moderna y Contemporánea de la Universidad de Salamanca, 1996, p. 39-40). La fondation d'une confrérie a pu parfois se décider en conseil, comme à Loulé, dans l'Algarve, à la fin du XVe siècle (Duarte, Luís Miguel, « Quando uma igreja morre : histórias do Cristianismo em Loulé n° final do século XV », dans Marinho Alves, Natália, Cunha, Maria Cristina et Ribeiro, Fernanda (dir.), *Estudos em homenagem ao Professor Doutor José Marques,* vol. III, Porto, Département de Sciences et Techniques du Patrimoine et Département d'Histoire, Faculté des Letres de l'Université de Porto, 2006, p. 88-89).

87. La vocation première de ces institutions pour l'assistance spirituelle débouchait aussi sur la légitimation du pouvoir par le culte funéraire qui s'y trouvait dispensé. Brand, Hanno, « Mémoire individualisée et conscience communautaire – souvenir, charité et représentation au sein des élites de Leyde à la fin du Moyen Âge », dans Brand, Hanno, Monnet, Pierre et Staub, Martial (dir.), *Memoria, communitas, civitas. Mémoire et conscience urbaines en Occident à fin du Moyen Âge*, Ostfildern, Jan Thorbecke Vergal, 2003, p. 88-89.

88. Oliveira Marques, António Henrique de, *Portugal na crise dos séculos XIV e XV, op. cit.*, p. 173; González, María Asenjo, « Ciudades y hermandades en la Corona de Castilla. Aproximación socio política », *Anuario de Estudios Medievales*, n° 27, 1997, p. 104; Cláudio, Ana Sofia, *São as confrarias refúgio dos humildes? Contributo para o Estudo das Elites Eborenses n° Final da Idade Média*, mémoire de maîtrise en Études historiques européennes multigr., Universidade d'Évora, 2002, p. 116.

89. La seule exception notable est celle de l'*hermandad* de Rica-Coa, qui s'explique par les racines léonaises des conseils municipaux de cette région incorporée dans le royaume de Portugal seulement après 1297 (Barrios García, Ángel, « El Proceso de Ocupación y de Ordenación del Espacio en la Raya Leonesa », *O Tratado de Alcanices e a importância histórica das terras de Riba Côa : actas do Congresso Histórico Luso-Espanhol, 12-17 Setembro, 1997*, Lisbonne, Universidade Católica, p. 155-183; Cruz Coelho, Maria Helena da, « Riba Côa em Cortes [séc. XV] », *O Tratado de Alcanices e a importância histórica das terras de Riba Côa, op. cit.*, p. 233-246; Baquero Moreno, Humberto, « A irmandade de Ribacoa nos fins do Século XIII », *Os municípios portugueses nos séculos XIII a XVI,* Lisbonne, Editorial Presença, 1986, p. 27-32; « A irmandade de Ribacoa : novos documentos », dans Barroca, Mário Jorge, [dir.], *In Memoriam Carlos Alberto Ferreira de Almeida, op. cit.*, vol. II, p. 121-128; « A zona de Ribacoa à luz do Tratado de Alcañices », *El Tratado de Alcañices. Ponencias y comunicaciones de las Jornadas conmemorativas del VII centenario del Tratado de Alcañices [1297-1997]*, Zamora, Fundación Rei Afonso Henriques, 1999, p. 173-184;

•

Il apparaît donc au terme de cet exposé que la protection des professionnels de la mer au Portugal au Moyen Âge reposait davantage sur les ressources provenant de leur travail et les institutions d'assistance qu'ils ont été capables de créer et d'entretenir. En effet, il faut attendre l'Époque moderne pour que la mutualisation progresse avec le développement des assurances maritimes et l'accroissement de l'intervention de la Couronne, dans le cadre d'une conjoncture tout à fait différente, avec l'établissement d'un courtier spécifique en 1529 et la constitution d'une Chambre des Assurances attestée pour la première fois en 1572[90].

**RÉSUMÉ**

**Selon les sources historiques disponibles, la protection des risques assumés par les marins portugais au Moyen Âge a pris moins la forme de l'assurance que de la pré-assurance. Cette dernière s'est organisée notamment autour de deux institutions, à savoir les caisses communes des marchands (*bolsas dos mercadores*) et les diverses associations urbaines à but caritatif connues sous les désignations de confréries et d'hôpitaux de marchands et de pêcheurs. Distinctes dans leurs organisations, leurs objectifs et leurs relations, l'une et l'autre ont constitué des rouages dans la visibilité des oligarchies urbaines et de leurs relations avec les autres pouvoirs établis dans la ville.**

*ABSTRACT*

*According to available historical sources, risk protection for Portuguese sailors in the Middle Ages took less the form of the insurance than that of the pre-insurance. The latter was organised mostly around two institutions, namely the pooled resources of merchants (*bolsas dos Mercadores*) and various urban charitable associations known under the names of fraternities and hospitals for merchants and seamen. Though separately organised, through their goals and their relations both were involved in highlighting the role of urban oligarchies and their dealings with other powers established in the city.*

---

DUARTE NOGUEIRA, José Artur, « Os municípios medievais em Riba-Côa », *O Tratado de Alcanices e a importância histórica das terras de Riba Côa, op. cit.*, p. 197-209). Sur les conflits internes aux conseils municipaux au temps du roi Denis Ier, voir MELO, Arnaldo, « Relações interconcelhias n° reinado de D. Dinis », *Revista da Faculdade de Letras – História*, 2e serie, vol. XV, n° 1, 1998, p. 545-575.

90. OLIVEIRA MARQUES, António Henrique de, *Para a história dos seguros em* Portugal, *op. cit.*, p. 35 et 37 ; BORGES DE SOUSA, Vicente, *O Controlo e Fiscalização dos Seguros em Portugal. Séculos XIV a XVIII*, Lisbonne, Instituto de Seguros de Portugal, 1989 ; VERA-CRUZ PINTO, Eduardo, « As navegações e os seus riscos : as viagens portuguesas e a origem do seguro marítimo », dans LUZ AFONSO, Simonetta, D'INTINO, Raffaella et SOROMENHO, Miguel (dir.), *Nossa Senhora dos Mártires. A última Viagem. Catálogo do Pavilhão de Portugal na Expo 98*, Lisbonne, Editorial Verbo, 1998, p. 143-153.

ANNALES DE BRETAGNE ET DES PAYS DE L'OUEST

ANJOU · MAINE · POITOU-CHARENTE · TOURAINE

# ABONNEMENT

FRANCE, 4 numéros : 32 € – Étranger, 4 numéros : 40 €
*(franco de port)*

**Année 20...**

ADRESSE D'EXPÉDITION
(pour toute commande)

Nom ............................................................................
Prénom ........................................................................
Organisme ....................................................................
Adresse ........................................................................
......................................................................................
Code postal .................................................................
Ville .............................................................................
Pays .............................................................................

Ce bon de commande accompagné d'un chèque à l'ordre de
**Agent comptable de l'Université Rennes 2**
est à envoyer à l'adresse suivante :

PRESSES UNIVERSITAIRES DE RENNES
Campus de La Harpe
2 rue du Doyen-Denis-Leroy
35044 Rennes cedex
France

## Quelques règles de présentation des textes à l'usage des auteurs

**1 – Indiquer sous le titre de l'article la qualité et l'adresse institutionnelle de l'auteur**
Ex. : Xxxx Xxxxxx, maître de conférences en histoire contemporaine, université de X., groupe de recherches de rattachement.

**2 – Remplacer les majuscules par des petites capitales exclusivement** pour les noms d'auteurs et les siècles : xve siècle et non XVe siècle.
Accentuer les majuscules.

**3 – Abréviations : en user le moins possible**
Pas d'abréviations pour le nom des revues, surtout pour les revues locales qui ne sont connues que des locaux.
Pour les dépôts d'archives :
- ne pas mettre ADIV ou AD 35 mais : Arch. dép. d'Ille-et-Vilaine, du Morbihan… ;
- préférer Arch. nat. à AN ;
- mettre les noms des bibliothèques en entier.

Développer les **sigles** entre parenthèses lors de leur première occurrence.

**4 – Références bibliographiques**
- **mettre toujours et partout les prénoms et les noms** (ne pas abréger le prénom par une initiale) ;
- **utiliser les petites capitales** pour le nom propre et non les majuscules, utiliser les minuscules pour le prénom ; les séparer par des virgules.

Nom, Prénom, *Titre de l'ouvrage en italique*, Lieu d'édition, éditeur, « collection » (éventuellement), année, pages.
Une bibliographie peut être donnée en fin d'article si cela est nécessaire.

**5 – Forme des notes**
Préférer la forme traditionnelle (référence biblio. développée lors de sa première occurrence, abrégée ensuite) à la forme anglo-saxonne (nom, date, page).

**6 – Titres et sous-titres**
Il est préférable de s'en tenir à deux niveaux. Mais si cela s'avère nécessaire afin de ne pas obtenir de trop longues pages trop compactes, un troisième niveau d'intertitres peut être utilisé.

**7 – Cartes et documents couleur ou noir et blanc… et autres questions non évoquées ici :**
Consulter la Rédaction (adresse ci-dessous).

**8 – Envoi de l'article**
- donnez le texte en fichier attaché au **format word (pas de PDF)**
- donnez **les images à part**, ne pas envoyer de fichiers trop lourds dans un premier temps
- accompagnez votre article d'**un résumé de 10 à 15 lignes, en français et en anglais**
- donnez **une adresse postale** qui servira pour l'envoi des tirés à part.

**9 – Contact**

**Annie Antoine**, Secrétaire de l'Association pour la publication des ABPO
université de Rennes 2, Département Histoire,
Place du Doyen-Henri-Le-Moal – 35043 Rennes Cedex
e-mail : *annie.antoine@uhb.fr*

***Les manuscrits sont à envoyer à l'adresse ci-dessus***

*Ouvrage achevé d'imprimer*
*sur les presses du service reprographique*
*de l'université Rennes 2 Haute-Bretagne*
*en juin 2013*

Imprimé en France

IMPRIM'VERT
Votre imprimeur agit pour l'environnement